• 라틴어 원서 번역 •

자연과학의 수학적 원리

프린키피아

PRINCIPIA

제2권 물체들의 움직임 (저항이 있는 공간)

아이작 뉴턴 씀
이 무 현 옮김

ISAAC NEWTON

KYOWOO

가장 위대한 과학자

아이작 뉴턴 박사

수학과 물리학에서의 그의 이 저작
우리 시대와 민족의 찬란한 영광

에드먼드 헬리(Edmund Hally)

보라, 하늘의 조화 그리고 물체들의 성스러운 균형을.
전지전능하신 창조주께서 심사숙고하여,
태초에 천지에다 어길 수 없는 법칙들을 새겨놓아,
그의 걸작의 기초를 확립하였도다.
하늘의 가장 깊숙한 영역이 이제 열리고 정복되어,
가장 요원한 천구를 회전시키는 힘이 공개되었도다.

해는 그의 왕좌에 앉아서 모두에게 명령한다.
아래로 내려오너라.
별의 전차들이 광대한 허공을 직선으로 움직임을 금하노라.
그 중심에서, 제각각 고정된 원을 허하노라.
이제 혜성들의 방랑의 여정은 두렵지 않네.
이제 별들의 꼬리 현상에 경탄치 않으리라.

이 저작에 의해서,
마침내 은색 포이베(달)의 걸음걸이가 다른 원인을 알게 되었네.
어떠한 천문학자도 그것을 숫자들로 굴레 씌울 수 없었지.
교점(node)들이 왜 역행하고, 원지점이 왜 순행하는지.
그리고 방랑하는 킨씨아(달)가 바다에 어떤 힘을 가하는지 알게 되었네.

파도가 일고, 해초를 흩어버리고,
드러난 모래톱은 뱃사람들의 두려움.
해변을 번갈아 강력하게 때리는구나.

고대 철학자들의 마음을 애태우던 문제.
학자들이 헛되이 말다툼만 벌이던 문제.
수학이 검은 구름을 몰아냄을 보는구나.
이제 미혹의 그림자는 사라졌다.
천재에게 허락된 아득한 높이의 하늘에 올라,
천국의 저택을 관통하라.

필멸의 인간들이여, 일어나라.
세속의 번뇌를 벗어버리고,
이제 하늘이 준 이성의 힘을 깨달아라.
축생의 삶을 멀리 벗어버려라.

법률을 제정하여 살인, 도둑질 그리고 간음을 억제하고,
그리고 사기와 위증을 처벌한 자.
유랑하는 사람들에게 도시의 성벽을 건축시킨 자.
그가 기획자로다.
세레스의 선물로 나라를 축복한 자.
또는 포도주로부터 진통제를 추출한 자.
또는 나일의 갈대에 소리를 그려서,
소리를 공유하고, 목소리를 눈에 보이게 한 자.
인류를 수월찮이 고양시켰구나.
비참한 인생들에게 약간의 지복이 내려졌도다.

그러나 이제 우리는 천상의 잔치에 초청 받아,
하늘의 법률을 다루게 되었노라.
이제 지구의 숨겨진 비밀을 밝히고,
불변의 질서,
그리고 과거에 숨겨져 있던 세계의 일들을 인식하자.

비밀을 밝혀 낸 뮤즈를 찬양하라.
그는 하늘의 감로주를 즐겨 마시는구나.
뉴턴이 진리의 창고를 열어젖혔도다.
뉴턴이 바로 뮤즈로다.
그의 가슴은 순수한 포에부스(해)를 지니고,
그의 마음은 신성을 소유하고 있도다.
필멸의 인간들 중에
신들에게 더 가까이 다가갈 자 누구인가.

프린키피아 2권
번역자 머리글

본 번역서는 아이작 뉴턴의 [프린키피아] 제 3판 라틴어 원서를 번역한 것이며, 그래서 그 내용을 가장 정확하게 전달해 주고 있다. 이는 물리학을 공부하는 학생들에게는 물론, 과학사를 연구하시는 분들에게도 크게 도움이 될 것이다. [프린키피아]의 중요성 및 과학사에서의 위치는 널리 알려져 있으니, 여기에서 새삼 언급하지는 않겠다.

2권에서는 유체 역학, 유체 속에서의 운동, 지구의 대기 등을 다루고 있다. [프린키피아]의 제 3판을 제 1판과 비교해 보면, 1, 2, 3권들 중에 가장 크게 변화한 것은 2권이다. 그 이유는, 그 기간 동안 영국과 프랑스에서 지구의 대기 및 유체 역학에 대한 활발한 연구가 있었으며, 그 성과들을 반영하였기 때문이다. 프랑스에서는 파스칼, 영국에서는 뉴턴 본인이 그러한 연구의 중심인물이었다.

2권에는 진자들의 운동이 많이 등장하는데, 독자 여러분들이 혼동하지 않도록, 한 가지를 짚고 넘어가겠다. 우리들은 대개 진자의 '한 번의 진동'이라는 용어로, 진자가 왕복 운동을 완결하여서, 원래 위치로 되돌아간 것을 가리킨다. 그러나 뉴턴은 2권에서 진자의 '한 번의 진동'이라는 용어로, 이를테면 왼쪽 끝에서 오른쪽 끝으로 이동하는 운동을 가리킨다. 그러니까 우리들이 대개 사용하는 의미의 절반의 운동을 가리킨다. 그러니 진자의 '한 번의 진동의 시간 또는 주기'라는 용어도, 우리들의 의미의 절반의 시간이 된다.

2권의 마지막 장은 제 9장 유체의 회전 운동인데, 여기에 대해서는 약간의 설명이 필요할 것 같다. 뉴턴은 제 9장에서 대륙의 철학자들인 데카르트, 라이프니츠를 공격하고 있다.

데카르트는 1630년에서 1633년 무렵에 [Le Monde]라는 책을 저술하였으며, 이 책은 그의 사후인 1662년에 라틴어 번역본으로 출판되었다. 데카르트는 이 책에서 유체의 소용돌이 운동으로 태양계 행성들의 공전 운동을 설명하였다. 에테르라는 유체가 태양을 중심으로 소용돌이 운동을 하고 있으며, 마치 물의 흐름이 나무토막을 운반하듯이, 행성들은 에테르의 운동에 의해서 태양의 둘레를 회전한다는 이론이었다.

서양의 철학자, 천문학자들은 전통적으로 구의 껍질(orb)을 사용하여 행성들의 공전을 설명하였다. 그러니까 거대하고 투명한 구의 껍질이 있어서, 행성은 거기에 박혀 있으며, 구의 껍질의 운동에 의해서 운반되는 것이 행성의 공전 운동이라는 것이다. 이러한 설명은 여러 가지 난점들을 낳게 된다. 과연 그렇게 거대하고 튼튼한 구조물이 실제로 존재하는지 여부가 당장에 의문스럽고, 그러한 구조물이 빛의 반사 또는 굴절 현상이 전혀 없어서, 전혀 감지할 수 없음도 문제였다. 행성들의 역행 운동을 설명하기도 매우 힘들었으며, 때때로 등장하는 혜성들은 그런 튼튼한 구조물들에 전혀 방해를 받지 않고 자유롭게 움직이는 것 같았다. 그리고 "구의 껍질을 움직이는 힘은 무엇인가?"라는 근본 문제를 낳게 된다.

그러니 데카르트의 소용돌이 이론은 구의 껍질을 대체하기 위한 새로운 시도라고 하겠다. 물론, 이 새로운 이론도 마찬가지 난점들을 낳게 된다. 엄청나게 많은 양의 에테르들이 존재하지만, 이들은 빛을 전혀 반사, 굴절시키지 않아서, 절대 감지할 수 없다. 혜성들의 운동을 설명하기는 매우 어려우며, 에테르의 소용돌이 운동은 어떤 힘에 의해서 생겨나고 유지되는지도 문제였다.

데카르트는 [Le Monde]를 1630년대 초반에 저술하였지만, 이 책의 출판을 자신의 사후로 미루었다. 데카르트는 이 책의 출판을 먼 훗날로 미룬 까닭을

[방법서설]에서 설명해 놓았지만, 근본적인 이유는 가톨릭교회의 박해가 두려웠기 때문이다. 갈릴레오가 [대화]를 출판하고, 로마 교황청의 종교 재판에 회부되어 박해를 받던 시기였다. 프랑스도 가톨릭교회의 지배를 받고 있었으니, [Le Monde]를 출판하면 데카르트가 종교 재판에 회부되는 것도 일어날 수 있는 일이었다.

라이프니츠는 독일의 수학자이자 철학자이며, 뉴턴과 동시대 인물이다. 라이프니츠는 미분, 적분 이론의 발견을 놓고서 뉴턴과 다투는 라이벌인데, 그는 데카르트의 이론을 계승하여 태양계 체계의 소용돌이 이론을 주장하였다. 사실, 뉴턴은 이미 [프린키피아] 1권에서 만유인력을 바탕으로 행성들의 운동을 완벽하게 증명해 놓았다. 그러니 2권에서 굳이 소용돌이 이론을 공격할 필요는 없었다. 그러나 뉴턴의 입장에서, 라이프니츠는 자신의 적군이며, 이 기회에 적군을 완벽하게 물리칠 필요가 있다고 생각하였다. 그래서 2권 제 9장에서 태양계의 소용돌이 이론을 분쇄해 놓은 것이다.

그런데 유럽의 철학자들이 구의 껍질 또는 에테르의 소용돌이를 도입한 것은, 더욱 근원적인 이유가 있어서였다. 유럽은 기독교가 지배하고 있었으며, 그 당시 기독교에서는 물체들이 직접 접촉하지 않은 상태에서 힘을 가하는 것은 일종의 마법으로서, 기독교 교리에 어긋나는 것으로 간주하였다. 그래서 행성들의 공전 운동도 직접적인 접촉에 의한 힘으로 설명해야 했으며, 그 때문에 투명한 껍질 또는 에테르를 도입한 것이다.

이러한 교리는 과학 이론의 발전에 커다란 지장을 초래하였다. 바닷물의 밀물이 달의 인력에 의해서 생겨남은, 수천 년 전부터 뱃사람들이 익히 알고 있던 사실이었다. 그러나 이러한 설명은 기독교 교리에 어긋나는 마법이다. (물론, 달이 지구의 반대쪽에 있을 때에도 밀물이 생기는 현상이 과학적 설명을 어렵게 만든 난점이었다.) 케플러는 바닷물의 밀물, 썰물이 달의 인력에 의해서 생긴다고 설명하였지만, 갈릴레오는 케플러의 설명을 주술적이라며 비난하였다. (그래서 갈릴레오는 지구의 공전 운동, 자전 운동의 합산에서 생겨나는 어떤 변화로 밀물, 썰물을 설명해 놓았다.)

게다가 이러한 교리는, 물체의 운동들 중에 가장 중요한 운동이라 할 수 있는 낙하 운동을 설명할 수 없도록 만들었다. 지구가 사과를 끌어당기기 때문에 사과가 지표면으로 떨어지는 것이라고 설명하면, 이는 마법이며 기독교 교리에 어긋나는 것이다. 다행히 뉴턴은 영국에 살고 있었으며, 개신교를 믿던 영국에서는 가톨릭교회의 영향력이 약했기 때문에, 뉴턴은 자신의 이론을 마음껏 전개할 수 있었다. 만약 뉴턴이 이탈리아에 거주하고 있었다면, [프린키피아]의 출판이 어려웠을 수도 있었다. 먼 훗날 찰스 다윈이 [종의 기원]을 연구, 저술하여 출판한 것도 마찬가지이다. 과학의 연구에는 어떠한 선입견이나 박해에도 방해받지 않는, 자유로운 상상력이 필요한 법이다.

본 번역서를 출판해 주신 교우사 오판근 사장님과, 책을 만드는 데 열과 성을 다해주신 편집부 모든 분들께 깊이 감사를 드립니다. 그리고 이 지면을 빌어서, 1990년대에 본 번역자와 거의 동시에 뉴턴의 [프린키피아]를 번역하여 ([프린시피아]라는 제목으로) 출판하셨던, 고 조경철 박사님의 명복을 빕니다.

번역자 **이무현**

프린키피아 2권

뉴턴의 머리글 제1판

고대 사람들도 (파푸스에 따르면) 자연 현상을 연구하는 데 가장 중요한 것은 역학이라고 간주하였다. 그리고 현대 사람들은 상당한 형식들과 주술적인 요소들을 거부하여서, 자연 현상을 수학 법칙으로 나타내게 되었는데, 나는 이 책에서 수학을 발전시켜 철학에 이르도록 하였다. 고대 사람들은 역학을 두 종류로 분류하였다. 논리적인 것. 이것은 증명들을 통해서 엄밀하게 전개할 수 있다. 그리고 실용적인 것. 손으로 직접 만지는 것들은 모두 실용적인 역학에 속한다. 역학이란 이름이 거기에서 나왔다. 그렇지만 기술자들의 작업은 대개 정확도가 떨어진다. 그렇기 때문에 모든 역학들은 기하학과 구별이 된다. 어떠한 것이든 완벽하게 정확하면 기하학적이라고 말하며, 어떠한 것이든 정확도가 떨어지면 역학적이라고 말한다. 그렇지만 오차들은 역학에 있는 게 아니라, 기술자들에게 있다. 누구든 정확도가 떨어지게 일하면, 역학자로서 완벽하지 않다. 누구든 가장 정확하게 작업하는 사람이, 가장 완벽한 역학자이다.

왜냐 하면 기하학의 근본이 되는, 직선들 그리고 원들의 작도들은 역학에 속하기 때문이다. 기하학은 그 선들의 작도들을 가르치지 않으며, 공리로서 받아들인다. 초보자들은 기하학에 입문하기 이전에 그것들을 정확하게 작도하는 방법을 배워야 한다. 그 다음에, 이러한 활동들을 통해서 어떻게 문제를 풀 수 있는지 배운다. 직선들 그리고 원들의 작도들은 문제이지만, 기하학의 문제가 아니다. 그 해답은 역학을 요구하며, 그 해답의 사용은 기하학에서 가르친다. 기하학이 멋진 점은, 다른 분야에서 들여온 불과 몇 가지 원리들을 바탕으로, 그렇게 많은 것들을 낳을 수 있다는 것이다.

그러므로 기하학은 역학적인 실행에 바탕을 두었으며, 측정하는 기술을 정확한 법칙들과 증명들로 환원한, 광범위한 역학의 그 분야일 뿐이다. 그렇지만 실제 손으로 하는 일은 주로 움직이는 물체들에 관해서이니, 기하학은 대개의 경우 그 크기에 관해서, 그리고 역학은 그 운동에 관해서 논한다. 이런 의미에서, 논리적인 역학이란 임의의 힘들에 의해서 생기는 운동들과, 임의의 운동을 낳기 위해서 요구되는 힘들을 정확하게 제시하고 증명하는 과학이다. 역학의 이 분야는, 사람의 노동에 속하는 다섯 가지 힘들과 관련하여서, 고대 사람들이 발전시켜 놓았다. 이러한 힘들에 의해서 무게를 움직일 때 이외에는, 그들은 중력을 (사람의 힘이 아니기 때문에) 거의 무시하였다.

그렇지만 우리는 (사람의) 작업들이 아니라 (자연의) 철학에 관하여, 사람의 힘들이 아니라 자연의 힘들에 관하여 저술하겠다. 주로 중력, 부력, 탄성력, 유체들의 저항, 당기는 또는 미는, 이러한 힘들을 다루겠다. 그러므로 우리의 책은 자연 철학의 수학적 원리를 추구할 것이다.

철학의 모든 어려움은 운동들의 현상들로부터 자연의 힘들을 조사하고, 그 다음에 이 힘들로부터 다른 현상들을 증명하는 것에 관련한다고 볼 수 있다. 우리들이 제 1권과 제 2권에서 다룬 일반적인 법칙들은 이것을 염두에 두고 있다. 제 3권에서는 우주의 체계를 설명하여서, 이것의 실제 예를 제시해 놓겠다. 앞의 책들에서 수학적으로 증명한 법칙들을 써서, 거기에서 천체 현상들로부터, 해와 제각각의 행성들을 향하는 물체들의 중력의 힘들을 유도해 내겠다. 그 다음에 또 다른 수학 법칙들을 써서, 이 힘들로부터 행성들, 혜성들, 달, 그리고 바닷물의 운동들을 이끌어 내겠다.

자연의 다른 현상들도 역학적 원리들을 써서 마찬가지 추론으로 유도해 낼 수 있다면 좋을 것이다. 왜냐 하면 여러 사항들이 나를 이끌어서, 이 모든 것들은 어떤 힘들에 의해서이며, 물체들의 입자들이, 아직 알려지지 않은 원인에 따라서 서로 간에 잡아당겨져 엉켜서 규칙적인 형태를 만들거나, 또는 서로 떠밀어서 거리가 멀어지는 것에서 유래된다고 추론되기 때문이다. 이 힘들을 몰랐기 때문에, 자연에 대한 철학자들의 지금까지의 연구는 헛수고였다. 이러한 방법의 철학이든, 또는 더 올바른 방법이든, 내가 여기서 제시한 원리들이 약간의 빛을 비추게 되기를 바란다.

이 책의 출판에서, 박학다식하고 예지가 뛰어난 에드먼드 핼리 씨의 헌신이 있었다. 그는 오류를 교정하고 도형들의 도판 제작을 도와주었음은 물론이고, 그의 간청이 있었기 때문에 이 책을 출판하게 되었다. 천체의 궤도에 관해서 내가 증명한 것을 그가 보고 나서, 그는 그것을 왕립 학술원에 전달하라고 나에게 계속 권하였다. 그 후 그의 권유와 간청에 못 이겨, 나는 그것을 출판하기로 마음먹었다.

그런데 달의 운동들의 불규칙함에 대해서 연구를 시작하고 나자, 다른 여러 사항들을 검토하게 되었다. 중력 그리고 다른 힘들의 법칙들 그리고 측정들, 주어진 어떤 인력들에 따라서 물체들이 그리게 될 도형들, 다수의 물체들 서로 간의 운동들, 저항이 있는 매질에서의 물체들의 운동들, 매질의 힘들, 밀도들 그리고 운동들, 혜성들의 궤도들 그리고 유사한 것들에 관해서.

결국 나는 이 모든 것들을 연구해서 하나로 매듭짓게 될 때까지 출판을 연기해야 한다고 생각하였다. 이 연구들은 모두 (이것들은 여전히 불완전하다.) 달의 운동과 관계된 법칙 66의 딸린 법칙들로 묶어 놓았다. 만약에 이들을 제각각 법칙으로 제시하고 증명하였다면, 그 주제가 요구하는 것에 비해서 지나치게 분량이 늘어났을 것이며, 다른 법칙들의 일관된 진행을 방해하였을 것이다. 차후에 발견한 어떤 것들은 약간 부적절한 위치에 넣을 수밖에 없었다. 많은 법칙들과 그들을 인용한 번호들을 바꾸고 싶지 않았기 때문이다.

모든 것들을 진솔하게 읽어 주기 바란다. 이 분야는 워낙 어려우니, 혹시 잘못이 있더라도 너무 책망하지 말고, 독자들의 새로운 노력과 연구로 친절히 보충해 주기 바란다.

1686년 5월 8일
캠브리지, 트리니티 칼리지
아이작 뉴턴

프린키피아 2권
뉴턴의 머리글 제3판

이 제 3판에서, 이러한 문제들에 대해서 매우 능숙한 헨리 펨버튼이 꼼꼼하게 감독하였으며, 제 2권의 매질의 저항과 관련하여 여러 사항들을 이전에 비해서 더 상세하게 설명해 놓았으며, 그리고 공기 속에서 낙하하는 무거운 물체들의 저항에 대한 새로운 실험들을 추가해 놓았다. 제 3권에서 달이 중력에 의해서 그 궤도를 유지함을 증명하는 추론을, 좀 더 길게 설명해 놓았다. 그리고 목성과 다른 행성들의 지름들의 비율을, 파운드가 새로이 관측한 것들을 추가해 놓았다.

게다가 1680년에 등장한 혜성에 대한 약간의 관측들도 추가하였다. 커크가 독일에서 11월에 관측한 것이며, 최근에 우리가 입수하였다. 그리고 이것의 도움을 받아서, 혜성의 운동이 포물선 궤도에 얼마나 가까운지 확립할 수 있었다. 그리고 그 혜성의 궤도는, 핼리의 계산으로, 이전보다 더욱 정확하게 결정되었으며, 타원을 따른다. 그리고 행성들이 천문학에서 정의한 타원궤도들을 따르는 것에 뒤지지 않는 정확도로, 그 혜성은 이 타원궤도를 따라서 하늘에서 아홉 개의 궁(별자리)들을 가로질러 지났다. 1723년에 등장한 혜성의 궤도도 추가하였다. 이것은 옥스퍼드의 천문학 교수 브래들리가 계산하였다.

1725년 1월 12일

런던

아이작 뉴턴

프린키피아 2권

차례

제 1 장

속력의 비율로 저항을 받는 물체들의 운동

법칙 1, 정리 1

물체가, 속력의 비율로 저항을 받으면, 저항에 의해서 잃은 운동은 그것이 움직인 거리에 비례한다.

왜냐 하면 각각의 시간의 부분에서 잃은 운동은 그 속력과 같기 때문이다. 그러니까 완결된 여정의 각각의 부분들에 비례한다. 그러므로 결합하면(더하면), 전체 시간 동안 잃은 운동은 전체 여정에 비례한다. [증명 끝]

딸린법칙 물체가, 모든 중력이 배제되어서, 자유로운 공간들 속에서 그 자신의 내재된 힘으로 움직인다고 하자. 그리고 시작 순간의 전체 운동, 또한 어떤 거리를 완결한 이후 나머지 운동이 주어졌다고 하자. 그러면 그 물체가 무한 시간 동안 그릴 수 있는 전체 거리가 주어진다(구할 수 있다). 그 거리는 이미 그린 거리와의 비율이, 시작 순간의 전체 운동 대 그 운동의 잃어버린 부분과의 비율과 같기 때문이다.

[렘마 1]

그들의 차이들에 비례하는 양들은, 차례차례 비율이 같다.

A 대 A − B가 B 대 B − C 그리고 C 대 C − D, …와 같다고 하자. 그러면 빼셈을 하면, A 대 B는 B 대 C 그리고 C 대 D, …와 같다. [증명 끝]

법칙 2, 정리 2

물체가 속력의 비율로 저항을 받으면서, 그리고 동일한 물체가 내재된 힘에만 의해서 고른(균질한) 매질 속을 움직인다고 하고, 같은(일정한) 시간 간격들을 잡아라. 그러면 각각의 시간의 시작에서의 속력들은 등비수열이 되며, 각각의 시간에서 그린 거리들은 속력들에 비례한다.

경우 1. 시간을 같은(일정한) 부분들로 분할하여라. 그리고 (시간을 분할한) 원소들의 바로 시작 시점에서, 저항의 힘이 하나의 충격으로 가해지며, 속력에 비례한다고 하자. 그러면 각각의 시간의 원소에서 속력의 감소는 그 동일한 속력에 비례하게 된다. 그러므로 속력들은 그들의 차이들에 비례하며, 그러므로 (2권 렘마 1에 따라서) 속력들은 차례차례 비율이 같다.

따라서 만약 같은 개수의 부분들을 더하여 같은 시간들을 구성하면, 시간들의 바로 시작 순간들의 속력들은, 차례차례 비율이 같은 (등비수열인) 항들에 비례하며, 같은 개수의 중간 항들을 생략한 것이다. 이러한 항들의 비율들은, 중간 항들 서로 간의 비율들을 같은 횟수 반복하여 합성한(곱한) 것이며, 그러므로 이 합성한 비율들도 또한 서로 간에 같은 비율이 된다. 그러므로 속력들은, 이 항들에 비례하니, 기하급수가 된다.

이러한 시간의 같은 원소들을 작아지게 하고, 그리고 그들의 개수를 한없이 증가시켜서, 저항의 충격이 연속적으로 가해지도록 해라. 그러면 같은 시간들의 시작들에서의 속력들은, 항상 차례차례 비율이 같은데, 이 경우에도 역시 차례차례 비율이 같게 된다.

경우 2. 그리고 속력들의 차이들을 나누면, 그러니까 각각의 시간들에서 잃어버린 부분들은, 전체들에 비례한다. 각각의 시간에서 그린 거리들은 (2권 법칙 1에 따라서) 잃은 속력들에 비례하고, 그러므로 또한 전체들에 비례한다. [증명 끝]

딸린법칙 직각인 점근선들 AC, CH에 대해서 쌍곡선 BG를 그리고, AB, DG는 점근선 AC에 수직이라고 하자. 운동의 맨 처음 순간 물체의 속력 그리고 매질의 저항을 주어진 임의의 직선 AC로 나타내고, 어떤 시간이 경과된 이후 부정(indefinite) 직선 DC로 나타내자. 그러면 시간은 넓이 ABGD로, 그 시간에 그린 거리는 직선 AD로 나타낼 수 있다.

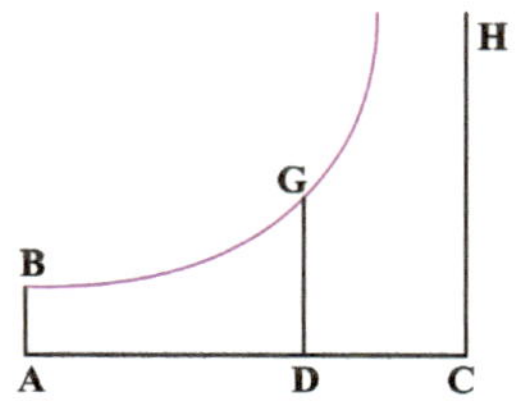

왜냐 하면 만약 점 D의 운동에 의해서 시간과 같은 방식으로 그 넓이가 일정하게 증가하면, 직선 DC는 속력과 같은 방식으로 기하급수의 비율로 감소하게 되고, 같은 시간들 동안 그리는 직선 AC의 부분들도 동일한 비율에 따라서 감소하게 되기 때문이다.

법칙 3, 문제 1

물체가, 고른 매질 속에서 상승 또는 하강하는 동안, 그 속력에 비례해서 저항을 받으며, 일정한 중력이 가해진다. 물체의 운동을 구하시오.

물체의 상승기에, 주어진 임의의 직사각형 BACH로 중력을 나타내고, 상승의 시작시 매질의 저항을 직사각형 BADE로 나타내고, 직선 AB의 다른 편에서 (이 직사각형을) 잡아라. 직각인 점근선들 AC, CH에

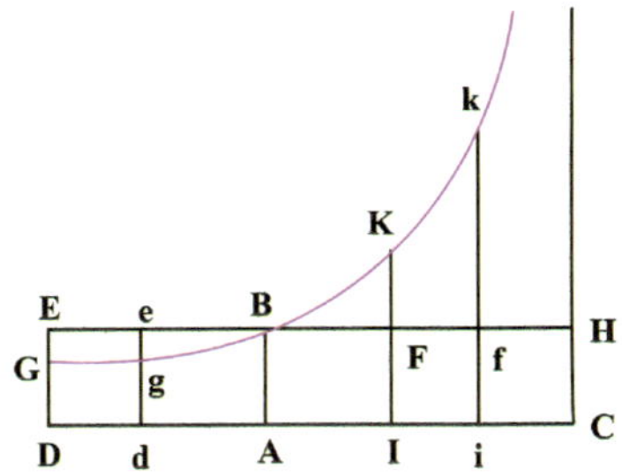

대해서, 점 B를 지나도록 쌍곡선을 그리되, 수직선들 DE, de를 G, g에서 자른다고 하자. 그러면 물체는 시간 DGgd 동안 상승하면서 거리 EGge를 그리게 되고, 시간 DGBA 동안 상승하면서 전체 EGB를 그리게 된다. 시간 ABKI 동안 하강하면서 BFK를, 시간 IKki 동안 하강하면서 KFfk를 그리게 된다. 그리고 물체의 속력들은 (매질의 저항은 이에 비례한다.) 이 시간의 기간들 동안 각각 ABED, ABed, 영, ABFI, ABfi이다. 그리고 물체가 하강에서 얻을 수 있는 최고 속력은 BACH가 된다.

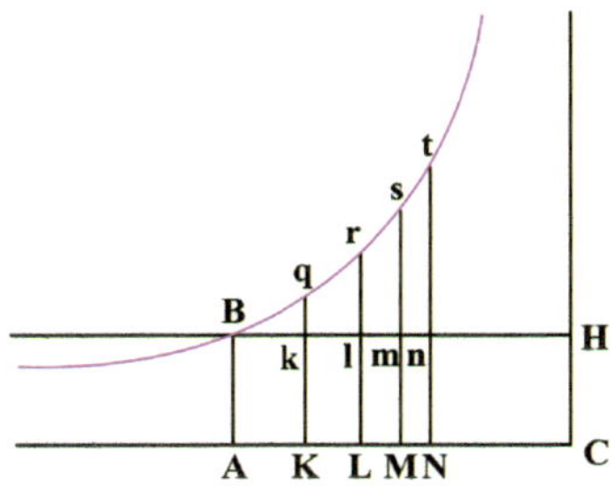

직사각형 BACH를 한없이 많은 직사각형들 Ak, Kl, Lm, Mn, …으로 분해하되, 이들이 같은 시간들 동안 만들어진 속력들의 증가들에 비례하도록 해라. 그러면 영, Ak, Al, Am, An, …은 전체 속력들에 비례하게 되고, 그러므로 (가정에 따라서) 각각의 같은 시간의 시작에서의 저항에 비례한다. AC 대 AK 또는 ABHC 대 ABkK가, 중력의 힘 대 두 번째 시간의 시작에서의 저항의 비율과 같도록 잡아라. 그리고 중력의 힘으로부터 저항들을 빼 주어라. 그러면 나머지 ABHC, KkHC, LlHC, MmHC, …는 각각의 시간의 시작에서 물체에게 가해지는 절대 힘들에 비례하며, 그러므로 (운동 법칙 1에 따라서) 속력들의 증가들에 비례한다. 그러니까 직사각형들 Ak, Kl, Lm, Mn, …에 비례하며, 그러므로 (2권 렘마 1에 따라서) 기하급수가 된다.

그러므로 만약 직선들 Kk, Ll, Mm, Nn, …을 길게 늘여서, 쌍곡선과 만나는 점들 q, r, s, t, …를 잡으면, 넓이들 ABqK, KqrL, LrsM, MstN, …은 서로 같으며, 따라서 항상 서로 같은 시간들 그리고 중력의 힘들, 둘 다에 비례한다.

그런데 넓이 ABqK (1권 렘마 7, 딸린 법칙 3, 렘마 8에 따라서) 대 넓이 Bkq는 Kq 대 $\frac{1}{2}$ kq 또는 AC 대 $\frac{1}{2}$ AK와 같다. 그러니까 중력의 힘 대 첫째 시간 중간에서의 저항의 비율과 같다. 그리고 비슷한 추론으로 넓이들 qKLr, rLMs, sMNt, … 대 넓이들 qklr, rlms, smnt, …는, 중력의 힘들 대 둘째, 셋째, 넷째, … 시간 중간에서의 저항들의 비율과 같다.

그런데 같은 넓이들 BAKq, qKLr, rLMs, sMNt, …는 (같은) 중력의 힘들과 유사하니, 넓이들 Bkq, qklr, rlms, smnt, …는 각각의 시간 중간에서의 저항들과 유사하다. 그러니까 (가정에 따라서) 속력들과 유사하며, 그러니 따라서 그린 거리들과 유사하다. 유사한 항들을 더하여라. 그러면 넓이들 Bkq, Blr, Bms, Bnt, …는 그린 전체 거리들과 유사하며, 또한 넓이들 ABqK, ABrL, ABsM, ABtN, …은 시간들과 유사하다. 그러므로 물체는 임의의 시간 ABrL 동안 하강하면서, 거리 Blr을 그리고, 시간 LrtN 동안 거리 rlnt를 그린다.

상승의 운동 표현도 비슷하게 증명할 수 있다. [증명 끝]

딸린법칙 1 그러므로 물체가 하강하며 얻을 수 있는 최고 속력 대 주어진 임의의 시간 동안 얻은 속력의 비율은, 물체에게 영속적으로 가해지는 중력의 힘 대, 그 시간의 끝에서 가해지는 저항의 힘의 비율과 같다.

딸린법칙 2 만약 시간이 산술급수적으로 증가하면, 그 최고 속력에다 상승시의 속력을 더한 것, 그리고 또한 하강시 바로 이들의 차이는, 기하급수적으로 감소한다.

딸린법칙 3 그런데 같은 시간의 차이들에서 그린 거리들의 차이들은, 같은 기하급수로 감소한다.

딸린법칙 4 물체가 그린 거리는, 다음 두 거리들의 차이이다. 하나는 하강의 시작부터 잡은 시간에 비례하고, 다른 하나는 속력에 비례한다. 이들은 하강이 시작할 때 서로 같다.

법칙 4, 문제 2

어떤 균질한 매질 속에서, 중력의 힘이 지평면에 수직인 방향으로 일정하게 작용한다고 가정하자. 속력에 비례해서 저항을 받는다고 하고, 그 매질 속에서 투사체의 운동을 구하시오.

임의의 위치 D에서 투사체가 임의의 직선 DP를 따라서 진행한다고 하자. 그리고 운동의 시작시 바로 그 속력을 DP의 길이로 나타내자. 점 P로부터 수평 직선 DC로 수직선 PC를 내리그어라. DC를 점 A에서 자르되, DC 대 AC의 비율이, 시작시 높이에 대한 운동으로부터 생겨나는 매질의 저항 대 중력의 힘이 되도록 해라. 또는 (완전히 같은 말인데) DA, DP로 만든 직사각형 대 AC, CP로 만든 직사각형의 비율이, 운동의 시작시 전체 저항 대 중력의 힘이 되도록 해라.

점근선들 DC, CP에 대해서 임의의 쌍곡선 GTBS를 그리고, 수직선들 DG, AB를 자르는 점들을 G, B라 하자. 평행사변형 DGKC를 완성하고, 그 변 GK가 AB를 자르는 점을 Q라 하자.

직선 N을 잡되, 이것 대 QB의 비율이 DC 대 CP가 되도록 해라. 그리고 직선 DC의 임의의 점 R에서 수직선 RT를 세우고, 쌍곡선과 만나는 점을 T라 하고, 직선들 EH, GK, DP와 만나는 점들을 I, t, V라 하자.

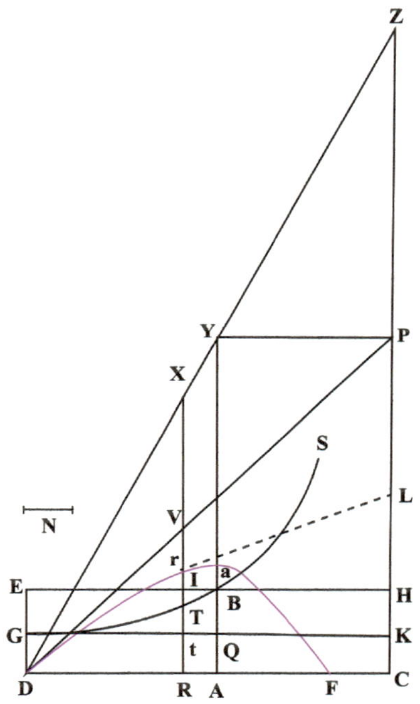

이 수직선에서, $\frac{tGT}{N}$와 같도록 Vr을 잡아라. 또는, 마찬가지 말인데, $\frac{GTIE}{N}$와 같도록 Rr을 잡아라.

그러면 시간 DRTG 동안 투사체는 점 r에 이르며, 점 r의 계속되는 자취인 곡선 DraF를 그리며, 수직선 AB에서 최고 고도 a에 이르며, 그 이후에 계속 점근선 PC를 향해서 접근한다. 그리고 임의의 점 r에서 그 속력은 곡선의 접선 rL에 비례한다. 이를 증명하겠다.

N 대 QB의 비율은 DC 대 CP 또는 DR 대 RV이니, 따라서 RV는 $\frac{DR \times QB}{N}$와 같으며, 그리고 Rr(그러니까 RV − Vr, 또는 $\frac{DR \times QB - tGT}{N}$)은 $\frac{DR \times AB - RDGT}{N}$와 같다. 이제 시간을 넓이 RDGT로 나타내고, (운동 법칙들에 딸린 법칙 2를 써서) 물체의 운동을 둘로, 하나는 위로, 다른 하나는 옆으로, 구분하여라.

그리고 저항은 운동에 비례하니, 이것도 두 부분들로 구분하여서, 운동에 비례하고 반대가 되도록 해라. 그러면 옆으로의 운동이 그린 길이는 (이 책의 법칙 2에 따라서) 직선 DR에 비례하며, 높이는 (이 책의 법칙 3에 따라서) 넓이 DR×AB − RDGT에 비례한다. 그러니까 직선 Rr

에 비례한다.

그런데 운동의 시작시 넓이 RDGT는 직사각형 DR×AQ와 같으며, 따라서 직선 Rr(또는 $\frac{DR \times AB - DR \times AQ}{N}$) 대 DR의 비율은, AB − AQ 또는 QB 대 N의 비율과 같다. 그러니까 CP 대 DC와 같다. 그러므로 시작시 위로의 운동 대 옆으로의 운동과 같다.

그런데 Rr은 항상 높이에 비례하고, DR은 항상 폭에 비례하며, Rr 대 DR의 비율은 시작시 높이 대 폭과 같으니, 필연적으로 Rr 대 DR의 비율은 항상 높이 대 폭과 같다. 그러므로 물체는 곡선 DraF를 따라서 움직이게 되며, 이것은 점 r의 영속적인 자취이다. [증명 끝]

딸린법칙 1 그러므로 Rr은 $\frac{DR \times AB}{N} - \frac{RDGT}{N}$와 같다. 그러니 RT를 길게 늘여서 X에 이르도록 하되, RX가 $\frac{DR \times AB}{N}$와 같도록 하고, 그러니까 평행사변형 ACPY를 완성하고, DY를 연결해 늘여서 CP를 Z에서 자르도록 하고, RT를 늘여서 DY와 X에서 만나도록 해라. 그러면 Xr은 $\frac{RDGT}{N}$와 같게 되며, 따라서 시간에 비례한다.

딸린법칙 2 한없이 많은 직선들 CR이 등비수열이 되도록, 또는 마찬가지 말인데, 한없이 많은 직선들 ZX가 등비수열이 되도록 잡으면, 그와 같은 개수만큼 많은 직선들 Xr이 등차수열이 된다. 그러므로 곡선 DraF는 로그표를 써서 쉽게 그릴 수 있다.

딸린법칙 3 꼭짓점 D에 대해서 포물선을 그리되, 지름 DG를 아래로 길게 늘이고, 그 라투스 렉텀 대 2DP의 비율이, 운동의 시작시 전체 저항 대 중력의 힘의 비율과 같도록 해라. 그러면 물체가 위치 D로부터 출발해,

직선 DP를 따라서 움직이는 속력이, 고르게 저항을 가하는 매질 속에서 그것이 곡선 DraF를 그리게 되면, 저항이 없는 공간에서는, 같은 위치 D로부터 출발해, 같은 직선 DP를 따라서 이 속력으로 움직이면, 이 포물선을 그리게 된다.

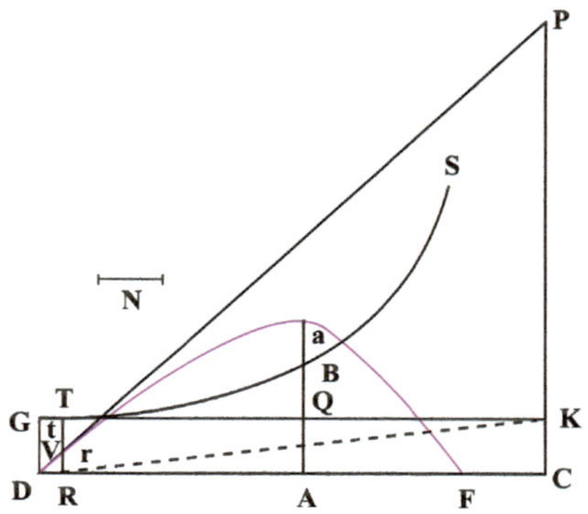

이 포물선의 라투스 렉텀은, 운동의 시작시, $\frac{DV^2}{Vr}$과 같다. 그리고 Vr은 $\frac{tGT}{N}$ 또는 $\frac{DR \times Tt}{2N}$와 같다. 그런데 길게 늘이면 점 G에서 쌍곡선 GTS에 접하게 될 직선은, 바로 DK에 평행하며, 따라서 Tt는 $\frac{CK \times DR}{DC}$과 같고, N은 $\frac{QB \times DC}{CP}$와 같다.

그러므로 Vr은 $\frac{DR^2 \times CK \times CP}{2CD^2 \times QB}$와 같다. 그러니까 (DR과 DC, DV와 DP가 비례하니까) $\frac{DV^2 \times CK \times CP}{2DP^2 \times QB}$와 같다. 그러므로 라투스 렉텀 $\frac{DV^2}{Vr}$은 $\frac{2DP^2 \times QB}{CK \times CP}$가 된다. 그러니까 (QB와 CK, DA와 AC가 비례하니까) $\frac{2DP^2 \times DA}{AC \times CP}$가 된다. 그러므로 2DP와의 비율이, DP×DA 대 CP×AC의 비율과 같다. 그러니까 저항 대 중력의 비율과 같다.

딸린법칙 4 그러므로 물체를 임의의 장소 D에서, 주어진 속력으로, 주어진 임의의 위치(방향)의 직선 DP 방향으로 투사하고, 운동의 시작시 매질의 저항이 주어지면, 바로 이 물체가 그리게 될 곡선 DraF를 구할 수 있다.

왜냐 하면 잘 알려져 있듯이, 주어진 속력으로부터 포물선의 라투스 렉텀을 구할 수 있다. 그리고 2DP 대 그 라투스 렉텀의 비율이, 중력의 힘 대 저항의 힘의 비율이 되도록 하면, DP가 주어진다. 이제 DC를 A에서 자르되, CP×AC 대 DP×DA의 비율이 중력 대 저항의 비율과 같도록 하면, 점 A도 주어진다. 그러니 따라서 곡선 DraF가 주어진다.

딸린법칙 5 그리고 역으로, 만약 곡선 DraF가 주어지면, 각각의 위치 r에서 물체의 속력과 매질의 저항이 주어지게 된다. 왜냐 하면 CP×AC 대 DP×DA의 주어진 비율로부터, 운동의 시작시 매질의 저항이, 또한 포물선의 라투스 렉텀이 주어진다. 그러므로 운동의 시작시 속력도 역시 주어진다. 그러면 접선 rL의 길이로부터, 이것에 비례하는 속력, 그리고 속력에 비례하는 저항이 임의의 위치 r에서 주어지게 된다.

딸린법칙 6 그런데 길이 2DP 대 포물선의 라투스 렉텀의 비율은, 중력 대 D에서의 저항의 비율과 같다. 그리고 속력이 증가하면 저항은 같은 비율로 증가하지만, 포물선의 라투스 렉텀은 그 제곱의 비율로 증가한다. 그러니 길이 2DP는 그 단순한 비율로 증가함이 명백하다. 그러므로 항상 속력에 비례하며, 그리고 각 CDP가 변화한다 하더라도, 속력이 변화하지 않으면, 증가 또는 감소하지 않는다.

딸린법칙 7 그러므로 현상으로부터 곡선 DraF를 매우 근사하게 (quamproxime) 결정하고, 저항 그리고 물체가 투사된 속력을 구하는 방법이 명백하다. 두 개의 닮은꼴이고 크기가 같은 물체들을 같은 속력으로, 위치 D에서, 다른 각들 CDP, cDp를 따라서 투사하여서, 그들이 수평면 DC에 떨어지는 위치들 F, f를 알아냈다고 하자.

그 다음에 DP 또는 Dp를 임의의 길이라 가정하고, D에서의 저항 대 중력의 비율이 임의의 비율이라 생각하고, 그 비율을 길이 SM으로 나타내자. 계산을 통해서, 가정한 그 길이 DP로부터 길이들 DF, Df를 구하고, 계산으로 구한 그 비율 $\frac{Ff}{DF}$ 로부터, 실험을 통해서 구한 같은 비율을 빼 주어라. 그 차이를 수직선 MN으로 나타내라.

같은 과정을 두 번, 세 번 되풀이하되, 항상 저항 대 중력의 새 비율이 SM이라 가정하고, 새로운 차이 MN을 구하여라. 양수인 차이들은 직선 SM의 한쪽 편에 그리고, 음수인 차이들은 다른 편에 그려라.

그리고 점들 N, N, N을 지나도록 매끄러운 곡선(curva regularis) NNN을 긋고, (이 곡선이) 직선 SMMM을 자르는 점을 X라 하자. 그러면 우리가 구하려 하는, 저항 대 중력의 진짜 비율은 SX가 된다.

이 비율로부터 계산을 해서, 길이 DF를 구할 수 있다. 그리고

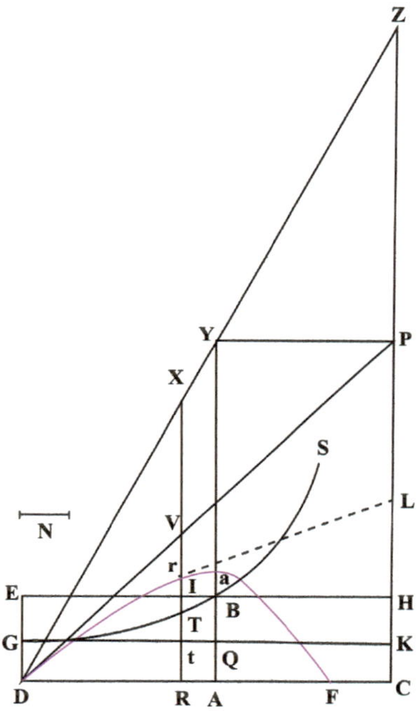

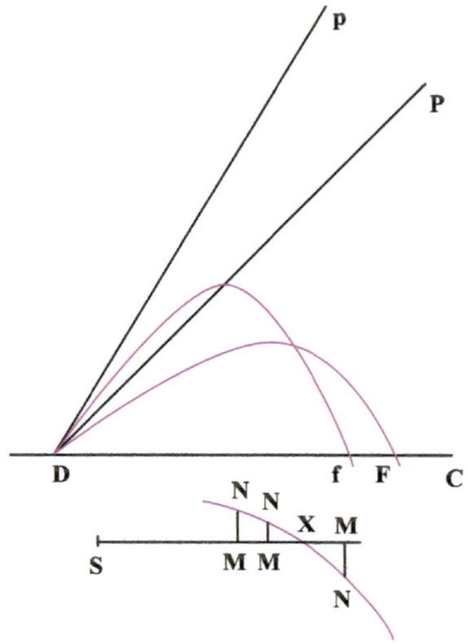

어떤 길이 대 가정한 길이 DP의 비율이, 실험을 통해서 얻은 길이 DF 대 방금 구한 길이 DF의 비율과 같으면, 이것이 바로 진짜 길이 DP이다. 이것을 구하면, 물체가 그리는 곡선 DraF는 물론이고, 각각의 위치에서 물체의 속력 그리고 저항도 구할 수 있다.

설명

그렇지만 물체들이 받는 저항이 속력에 비례한다는 것은, 자연이라기보다 수학적인 가설에 가깝다. 견고함이 전혀 없는 매질들 속에서, 물체들의 저항은 속력들의 제곱에 비례한다. 왜냐 하면 더 빠른 물체의 작용에 의해서, 같은 양의 매질에게, 더 짧은 시간에, 더 빠른 속력의 비율에 따른 더 큰 운동이 전달되기 때문이다. 그러므로 같은 시간 동안, 더 많은 양의 매질이 교란되니, 속력의 제곱의 비율로 더 큰 운동이 전달된다. 그리고 저항은 (운동 법칙들 2, 3에 따라서) 이렇게 전달된 운동에 비례한다. 그러니 이러한 저항의 법칙으로부터, 어떤 종류의 운동들이 생겨나는지 살펴보도록 하자.

제 2 장

속력들의 제곱의 비율로 저항을 받는 물체들의 운동

법칙 5, 정리 3

물체가 속력의 제곱의 비율로 저항을 받으면서, 그리고 동일한 물체가 내재된 힘에만 의해서 고른(균질한) 매질 속을 움직인다고 하고, 그러나 시간 간격을 기하급수로, 작은 항들에서 커지도록 잡아라. 그러면 각각의 시간의 시작에서의 속력들은 이것의 역비율인 등비수열이 되며, 각각의 시간에서 그린 거리들은 같다.

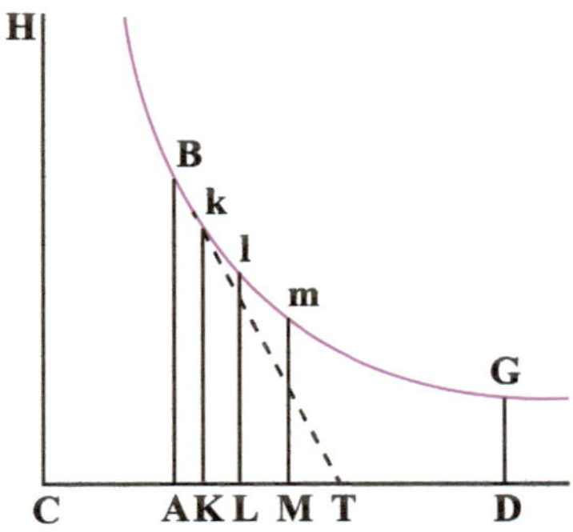

매질의 저항은 속력의 제곱에 비례하며, 속력의 감소는 저항에 비례한다. 만약 시간을 무수히 많은 같은 원소들로 분할하면, 각각의 시간의 시작에서의 속력들의 제곱들은, 같은 속력들의 차이들에 비례하게 된다. 이러한 시간의 원소들 AK, KL, LM, …을 직선 CD에서 잡고, 수직선들 AB, Kk, Ll, Mm, …을 세워서, 쌍곡선 BklmG와 만나는 점들을 B, k, l, m, …이라 하자. 이 쌍곡선은 C를 중점으로, CD, CH를 직각인 점근선으로 해서 그린 것이다.

그러면 AB 대 Kk는 CK 대 CA와 같으며, 비례식의 뺄셈에 따라서, AB − Kk 대 Kk는 AK 대 CA와 같다. 그러므로 AB − Kk 대 AK는 Kk

대 CA와 같다. 그러므로 AB×Kk 대 AB×CA와 같다. 그런데 AK 그리고 AB×CA는 주어졌으니, AB − Kk는 AB×Kk에 비례하게 된다. 그리고 마지막으로, AB와 Kk가 합쳐지면, AB^2에 비례하게 된다. 그리고 비슷한 추론으로, Kk − Ll, Ll − Mm, …은 Kk^2, Ll^2, …에 비례하게 된다.

그러므로 직선들 AB, Kk, Ll, Mm, …의 제곱들은 이들의 차이들에 비례한다. 그런데 앞에서 속력들의 제곱들은 속력들의 차이들에 비례함을 보였으니, 이 두 수열들은 닮은꼴로 진행된다. 이것을 증명하였으니, 그에 따라서, 이 직선들이 그리는 넓이들은, 이 속력들이 그리는 거리들과 완전히 닮은꼴로 진행된다.

그러므로 만약 첫째 시간 간격 AK의 시작시 속력을 직선 AB로 나타내고, 둘째 시간 간격 KL의 시작시 속력을 직선 Kk로 나타내고, 첫째 시간 간격 동안 그린 거리를 넓이 AKkB로 나타내면, 그 이후의 모든 속력들은 직선들 Ll, Mm, …으로 나타내게 되고, 지난 거리들은 넓이들 KLlk, LMml, …로 나타내게 된다. 그리고 더하여서, 그 부분들의 합 AM이 전체 시간을 나타낸다고 하면, 그린 전체 거리는 그 부분들의 합 AMmB로 나타내게 된다.

이제 시간 AM을 그 부분들 AK, KL, LM, …으로 분할하되, CA, CK, CL, CM, …이 등비수열이 되도록 만들었다고 생각하자. 그러면 그 부분들은 같은 등비수열이 되고, 속력들 AB, Kk, Ll, Mm, …은 같은 등비수열의 역순이 되고, 그리는 거리들 Ak, Kl, Lm, …은 같게 된다. [증명 끝]

딸린법칙 1 그러므로 만약 시간을 점근선의 임의의 부분 AD로 나타내고, 그 시간의 시작시 속력을 세로 좌표 AB로 나타내면, 그 시간의 끝에서의 속력은 세로 좌표 DG로 나타내게 된다. 그리고 그린 전체 거리는,

쌍곡선 도형의 넓이 ABGD로 나타내게 된다. 그리고 같은 시간 AD 동안, 저항이 없는 매질 속에서, 처음 속력 AB로 움직이면, 그린 거리는 직사각형 AB×AD로 나타내게 된다.

딸린법칙 2 그러므로 저항이 있는 매질 속에서 그린 거리는, 저항이 없는 매질 속에서 일정한 속력 AB로 그린 거리와의 비율이, 쌍곡선 도형 ABGD의 넓이 대 직사각형 AB×AD의 넓이의 비율과 같다고 하면, 주어지게 된다.

딸린법칙 3 매질의 저항은, 운동의 시작시 그것이, 저항이 없는 매질 속에서 시간 AC 동안 낙하하는 물체에게 속력 AB를 생성시키는 일정한 구심력과 같다고 하면, 역시 주어지게 된다. 왜냐 하면 쌍곡선과 B에서 접하도록 BT를 긋고, 점근선과 만나는 점을 T라 하면, 직선 AT는 바로 AC와 같게 되며, 처음 저항이 일정하게 계속되면, 전체 속력 AB를 소멸시키게 되는 시간을 나타내기 때문이다.

딸린법칙 4 그러므로 이 저항 대 중력의 힘의 비율, 또는 다른 임의의 주어진 구심력과의 비율도 역시 주어지게 된다.

딸린법칙 5 그리고 역으로, 만약 저항 대 주어진 임의의 구심력과의 비율이 주어지면, 저항과 (크기가) 같은 구심력이 임의의 속력 AB를 생성하게 되는 시간 AC가 주어지게 된다. 그러므로 CH, CD를 점근선들로 가지는 쌍곡선을 그리게 되는 점 B도 역시 주어지게 된다. 그리고 물체가 그 속력 AB로 그 운동을 시작하여서, 임의의 시간 AD 동안, 고르게 저항을 가하는 매질 속에서 그릴 수 있는 거리 ABGD도 역시 주어지게 된다.

법칙 6, 정리 4

고르고 크기가 같은 구형 물체들이, 속력들의 제곱에 비례하는 저항을 받으면서, 내재된 힘에만 의해서 전진한다고 하자. 이들은 시작시 속력들에 역으로 비례하는 시간들 동안, 항상 같은 거리들을 그리며, 전체 속력에 비례하는 속력들의 부분들을 잃게 된다.

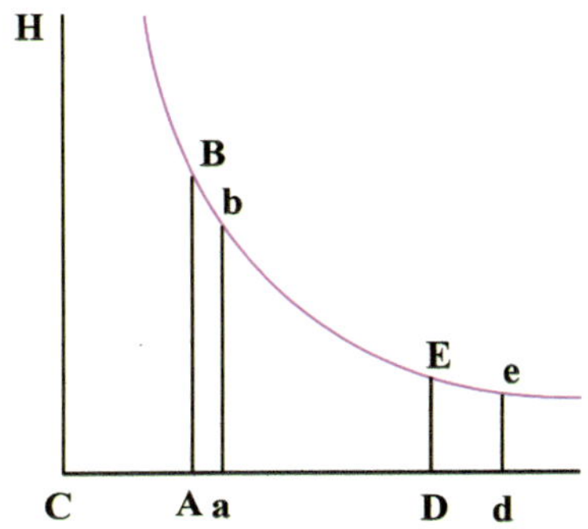

직각인 점근선들 CD, CH에 대해서 임의의 쌍곡선 BbEe를 그리고, 수직선들 AB, ab, DE, de를 자르는 점들을 B, b, E, e라 하자. 시작시 속력들을 수직선들 AB, DE로 나타내고, 그리고 시간들을 직선들 Aa, Dd로 나타내자.

그러므로 Aa 대 Dd는 (가정에 따라서) DE 대 AB와 같으며, 그러므로 (쌍곡선의 성질에 따라서) CA 대 CD와 같다. 그리고 덧셈을 하면, Ca 대 Cd와 같다. 그러므로 넓이들 ABba, DEed는, 그러니까 그린 거리들은 서로 같으며, 처음 속력들 AB, DE는 마지막 속력들 ab, de에 비례한다. 그러므로 뺄셈을 하면, 잃어버린 속력들 AB − ab, DE − de에 비례한다. [증명 끝]

법칙 7, 정리 5

속력들의 제곱에 비례하는 저항을 받는 구형 물체들은, 처음 운동에 바로 비례하고 처음 저항에 역으로 비례하는 시간들 동안, 전체 운동에 비례하는 운동의 부분들을 잃게 되며, 그 시간들 그리고 처음 속력들의 결합(곱)에 비례하는 거리들을 그린다.

왜냐 하면 잃어버린 운동의 부분들은 저항들 그리고 시간들의 결합(곱)에 비례하기 때문이다. 그러므로 그 (잃어버린) 부분들이 전체에 비례하려면, 저항 그리고 시간의 결합(곱)이 운동에 비례해야 한다. 따라서 시간은 운동에 바로 비례해야 하며, 그리고 저항에 역으로 비례해야 한다.

그러므로 시간의 원소들을 이러한 비율로 잡으면, 물체들은 항상 전체에 비례하는 운동의 원소들을 잃게 되며, 그러므로 따라서 항상 처음 속력들에 비례하는 속력들을 유지하게 된다. 그리고 속력들의 비율이 주어졌으니, 그들은 처음 속력들 그리고 시간들의 결합에 비례하는 거리들을 항상 그리게 된다. [증명 끝]

딸린법칙 1 그러므로 만약 같은 속력의 물체들이 그 지름들의 제곱에 비례하는 저항을 받는다면, 균질한 구들이 그 어떠한 속력으로 움직이든, 그들의 지름에 비례하는 거리들을 그리는 동안, 전체에 비례하는 운동의 부분들을 잃게 된다.

왜냐 하면 각각의 구의 운동은 그 속력 그리고 질량의 결합에 비례하게 된다. 그러니까 속력 그리고 지름의 세제곱의 결합에 비례한다. 저항은 (가정에 따라서) 지름의 제곱 그리고 속력의 제곱의 결합에 비례하게 된다. 그리고 시간은 (이 법칙에 따라서) 전자의 비율에 바로 비례하고, 그리고 후자의 비율에 역으로 비례한다. 그러니까 지름에 바로 비례하고, 그리고 속력에 역으로 비례한다. 그런데 거리는, 시간 그리고 속력에 비례하니, 지름에 비례한다.

딸린법칙 2 만약 같은 속력의 물체들이 지름의 1.5제곱(승)에 비례하는 저항을 받는다면, 균질한 구들이 그 어떠한 속력으로 움직이든, 지름들의 1.5제곱에 비례하는 거리들을 그리는 동안, 전체에 비례하는 운동의 부분들을 잃게 된다. (왜냐 하면 감소한 저항의 비율로 시간은 증가하고, 그리고 시간의 비율로 거리는 증가하기 때문이다.)

딸린법칙 3 그리고 일반적으로, 같은 속력의 물체들이 지름의 그 어떠한 제곱(승)에 비례하는 저항을 받든, 균질한 구들이 임의의 속력으로 움직이면서, 전체에 비례하는 운동의 부분들을 잃게 되는 거리들은, 지름들의 세제곱들을 그 제곱(승)으로 나눈 것에 비례하게 된다.

지름들을 D, E라고 하자. 그리고 같은 속력들에 대해서, 저항들은 D^n 그리고 E^n에 비례한다고 하자. 그러면 임의의 속력들로 움직이는 구들이, 전체에 비례하는 운동의 부분들을 잃게 되는 거리들은, D^{3-n} 그리고 E^{3-n}에 비례하게 된다. 그러므로 균질한 구들이 D^{3-n} 그리고 E^{3-n}에 비례하는 거리들을 그리면, 그들 서로 간의 속력들의 비율은, 처음의 비율과 같다.

딸린법칙 4 그러나 만약 구들이 균질하지 않으면, 밀도가 더 높은 구가 그리는 거리가 밀도의 비율만큼 증가하게 된다. 왜냐 하면 같은 속력 하에서, 운동은 밀도의 비율에 따라서 더 커지며, 그리고 시간은 (이 법칙에 따라서) 운동의 비율에 바로 비례해서 증가하며, 그린 거리는 시간에 비례하기 때문이다.

딸린법칙 5 그리고 만약 구들이 서로 다른 매질들 속을 움직인다면, 여타 사항들은 같다고 하고, 더 크게 저항을 가하는 매질 속에서 움직이는 물체가, 더 큰 저항의 비율에 따라서 거리가 감소한다. 시간은 (이 법칙에 따라서) 증가한 저항의 비율에 따라서 감소하며, 거리는 시간에 비례하기 때문이다.

[렘마 2]

제니텀의 변화율은, 이것을 생성시키는 각각의 변들의 변화율들에다 바로 그 변의 거듭곱의 지수 그리고 계수를 계속 곱한 것과 같다.

여기서 제니텀(genitum, 생성물)이라는 말은, 산술에서의 임의의 그 어떠한 변들(lateribus) 또는 항들(terminis)로부터, 곱셈, 나눗셈, 그리고 근의 추출로 생성한 임의의 양을 가리킨다. 기하학에서 덧셈, 뺄셈 없이, 그 내용물들 그리고 변들을 구하거나 또는 비례 중항들 그리고 비례 끝항들을 구할 때 생성된다. 이러한 양들로는 곱들(곱셈), 몫들(나눗셈), 근들, 직사각형들(둘을 곱함), 정사각형들(제곱), 정육면체들(세제곱), 정사각형의 변들(제곱근), 정육면체의 변들(세제곱근) 등등이 있다.

나는 여기서 이러한 양들이 불확정이며 불안정하다고, 그리고 운동 또는 흐름에 따른 것처럼 영속적으로 증가 또는 감소한다고 간주한다. 그리고 이들의 순간적인 증가 또는 감소를 변화율이라는 용어로 나타낸다고 이해하자. 그래서 증가는 더해 주는 또는 양의 변화라고, 그리고 감소는 빼 주는 또는 음의 변화라고 간주하자.

유의할 것은, (변화율을) 유한한 원소들이라 이해하면 안 된다. 유한한 원소들은 변화율이 아니라, 변화율로부터 생성된 바로 그 양들이다. (변화율이란) 유한한 크기들의 이제 막 처음 생겨나는 정도라고 이해해야 한다. 우리는 이 렘마에서, 변화들의 크기는 고려하지 않으며, 다만 처음 생겨나는 순간의 비율을 따질 뿐이다.

변화율들 대신에 증가 또는 감소의 속력들 (이것들을 또한 운동들, 변이들 그리고 양들의 미분들(fluxiones)이라 부를 수 있다.) 또는 이러한 속력들에 비례하는 임의의 유한한 양들을 사용해도 마찬가지이다. 이제 제니텀의 각각의 변의 계수란, 제니텀을 그 변으로 나눌 때 생기는 양을 가리킨다.

그러므로 이 렘마의 의미는 다음과 같다. 그 어떠한 임의의 양들 A, B, C, …가 있어서, 이들이 영속적인 운동으로 증가 또는 감소하며, 변화율들, 또는 변이에 비례하는 속력들을 a, b, c, …로 나타낼 수 있다고 하자. 그러면 생성된 직사각형 AB의 변이 또는 변화율은 $a\mathrm{B}+b\mathrm{A}$가 되며, 생성된 입체 ABC의 변화율은 $a\mathrm{BC}+b\mathrm{AC}+c\mathrm{AB}$가 된다.

그리고 생성된 거듭곱들 A^2, A^3, A^4, $\mathrm{A}^{\frac{1}{2}}$, $\mathrm{A}^{\frac{3}{2}}$, $\mathrm{A}^{\frac{1}{3}}$, $\mathrm{A}^{\frac{2}{3}}$, A^{-1}, A^{-2}, $\mathrm{A}^{-\frac{1}{2}}$의 변화율들은 각각 $2a\mathrm{A}$, $3a\mathrm{A}^2$, $4a\mathrm{A}^3$, $\frac{1}{2}a\mathrm{A}^{-\frac{1}{2}}$, $\frac{3}{2}a\mathrm{A}^{\frac{1}{2}}$, $\frac{1}{3}a\mathrm{A}^{-\frac{2}{3}}$, $\frac{2}{3}a\mathrm{A}^{-\frac{1}{3}}$, $-a\mathrm{A}^{-2}$, $-2a\mathrm{A}^{-3}$, $-\frac{1}{2}a\mathrm{A}^{-\frac{3}{2}}$이 된다. 그리고 일반적으로, A의 임의의 거듭곱 $\mathrm{A}^{\frac{\mathrm{n}}{\mathrm{m}}}$의 변화율은 $\frac{\mathrm{n}}{\mathrm{m}}a\mathrm{A}^{\frac{\mathrm{n}-\mathrm{m}}{\mathrm{m}}}$이 된다.

마찬가지로 생성된 $\mathrm{A}^2\mathrm{B}$의 변화율은 $2a\mathrm{AB}+b\mathrm{A}^2$이며, 생성된 $\mathrm{A}^3\mathrm{B}^4\mathrm{C}^2$의 변화율은 $3a\mathrm{A}^2\mathrm{B}^4\mathrm{C}^2+4b\mathrm{A}^3\mathrm{B}^3\mathrm{C}^2+2c\mathrm{A}^3\mathrm{B}^4\mathrm{C}$이다. 그리고 $\frac{\mathrm{A}^3}{\mathrm{B}^2}$의 변화율, 즉 $\mathrm{A}^3\mathrm{B}^{-2}$의 변화율은 $3a\mathrm{A}^2\mathrm{B}^{-2}-2b\mathrm{A}^3\mathrm{B}^{-3}$이다. 이렇게 계속된다. 이 렘마는 다음과 같이 증명한다.

경우 1. 임의의 직사각형 AB가 영속적 운동으로 증가한다고 하자. 이들의 변들 A, B가 변화율들의 절반인 $\frac{1}{2}a$, $\frac{1}{2}b$만큼 부족할 때, 직사각형은 $\mathrm{A}-\frac{1}{2}a$에다 $\mathrm{B}-\frac{1}{2}b$를 곱한 것이다. 또는 $\mathrm{AB}-\frac{1}{2}a\mathrm{B}-\frac{1}{2}b\mathrm{A}+\frac{1}{4}ab$

이다. 그리고 변들 A, B가 변화율들의 절반만큼 더 커지는 순간, 직사각형은 $A+\frac{1}{2}a$에다 $B+\frac{1}{2}b$를 곱한 게 된다. 또는 $AB+\frac{1}{2}aB+\frac{1}{2}bA+\frac{1}{4}ab$가 된다. 이 직사각형에서 앞의 직사각형을 빼라. 그러면 증가분 $aB+bA$가 남게 된다. 그러므로 변들의 전체 증가 a, b는 직사각형의 증가 $aB+bA$를 생성하게 된다.

경우 2. AB가 항상 G와 같다고 하자. 그러면 부피 ABC 또는 GC의 변화율은 (경우 1에 따라서) $gC+cG$ 가 된다. 그러니까 (만약 G, g 대신에 AB, $aB+bA$ 라 적으면) $aBC+bAC+cAB$가 된다. 그리고 임의의 개수의 변들로 구성된 내용물(곱)도 마찬가지가 된다.

경우 3. 변들 A, B, C가 항상 서로 같다고 하자. 그러면 A^2의 변화율, 그러니까 직사각형 AB의 변화율 $aB+bA$는, $2aA$가 된다. 그리고 A^3의 변화율, 그러니까 부피(곱) ABC의 변화율 $aBC+bAC+cAB$는, $3aA^2$이 된다. 그리고 같은 추론으로, 임의의 거듭제곱(승) A^n의 변화율은 naA^{n-1}이 된다.

경우 4. $\frac{1}{A}$과 A를 곱하면 1이 된다. 그러니 $\frac{1}{A}$의 변화율에다 A를 곱한 것과, $\frac{1}{A}$에다 A의 변화율 a를 곱한 것을 더하면, 1의 변화율이 나온다. 그러니까 0이 된다. 그러므로 $\frac{1}{A}$ 또는 A^{-1}의 변화율은 $\frac{-a}{A^2}$이다. 그리고 일반적으로 $\frac{1}{A^n}$과 A^n을 곱하면 1이 되니, $\frac{1}{A^n}$의 변화율에다 A^n을 곱한 것과 $\frac{1}{A^n}$에다 A^n의 변화율 naA^{n-1}을 곱한 것을 더하면,

0이 된다. 그러므로 $\frac{1}{A^{n}}$ 또는 A^{-n}의 변화율은 $-\frac{na}{A^{n+1}}$가 된다.

경우 5. 그리고 $A^{\frac{1}{2}}$에다 $A^{\frac{1}{2}}$을 곱하면 A가 되니, $A^{\frac{1}{2}}$의 변화율에다 $2A^{\frac{1}{2}}$을 곱하면 (경우 3에 따라서) a가 된다. 그러므로 $A^{\frac{1}{2}}$의 변화율은 $\frac{a}{2A^{\frac{1}{2}}}$ 또는 $\frac{1}{2}aA^{-\frac{1}{2}}$이 된다.

그리고 일반적으로, 만약 $A^{\frac{m}{n}}$이 B와 같다고 가정하면, A^{m}은 B^{n}과 같게 된다. 따라서 maA^{m-1}은 nbB^{n-1}과 같으며, maA^{-1}은 nbB^{-1}, 또는 $nbA^{-\frac{m}{n}}$과 같다. 그러므로 $\frac{m}{n}aA^{\frac{m-n}{n}}$은 b와 같다. 그러니까 $A^{\frac{m}{n}}$의 변화율과 같다.

경우 6. 그러므로 임의의 생성물 $A^{m}B^{n}$의 변화율은, A^{m}의 변화율에다 B^{n}을 곱하고 B^{n}의 변화율에다 A^{m}을 곱해서 더한 것과 같다. 그러니까 $maA^{m-1}B^{n}+nbB^{n-1}A^{m}$이다. 지수 m, n이 어떤 수이든, 정수들이든, 분수들이든, 양수이든, 음수이든, 이 식이 성립한다. 다수의 거듭제곱들로 구성된 내용물(곱)도 마찬가지가 된다. [증명 끝]

딸린법칙 1 차례차례 비율이 같은 (등비수열인) 양들에서, 한 항이 주어졌다고 하자. 그러면 나머지 항들의 변화율들 사이의 비율은, 바로 그 항들에다 주어진 항과 그 항 사이 구간들의 개수를 곱한 것이다. A, B, C, D, E, F가 차례차례 비율이 같다고 하자. 그리고 만약 항 C가 주어졌으면, 나머지 항들의 변화율들 사이의 비율은, −2A, −B, D, 2E, 3F 사이의 비율과 같다.

딸린법칙 2 그리고 만약 네 개의 비례하는 양들의 가운데 두 항들이 주어졌으면, 양 끝의 항들의 변화율들은 바로 그 끝의 항들에 비례한다. 임의의 주어진 직사각형의 변들도 마찬가지라고 이해하기 바란다.

딸린법칙 3 그리고 만약 두 정사각형들의 합 또는 차이가 주어졌으면, 변들의 변화율들은 변들에 역으로 비례한다.

설명

나는 1672년 12월 10일 콜린즈(J. Collins) 씨에게 보낸 편지를 통해서, 접선들의 방법을 설명해 놓았다. 그것은 아마 슬루즈(René François de Sluse)의 방법과 마찬가지인 것으로 나는 추측하였으며, 그 당시 아직 공표하지 않았다. 나는 추신해 놓았다.

"이것은 일반적인 방법에 대해서 특정한, 또는 딸린 법칙이라고 할 수 있다. 이 방법을 사용하면, 복잡한 계산 없이, (그 곡선이들) 기하학적이든 역학적이든, 또는 다른 직선들과 곡선들로부터 임의의 관계로 유도되었든 상관없이, 임의의 곡선들에 대한 접선들을 구할 수 있음을 물론이고, 또한 곡률들, 넓이들, 길이들, 곡선들의 무게중심들 등등 더욱 심원한 다른 문제들도 해결할 수 있다. 그리고 이 방법은 (허든(Hudden)의 최댓값과 최솟값에 관한 방법처럼) 무리수의 양들로부터 자유로운 방정식들에만 국한해야 하는 것도 아니다. 나는 이 방법을 다른 방법들과 결합하여서, 그들을 무한 급수로 환원하여서 방정식들의 근들을 구하였다."

편지는 여기까지. 그리고 맨 끝의 이 말은, 내가 1671년에 이 문제에 관하여 기술한 논문을 가리킨다. 이 일반적인 방법의 근본 원리는, 앞의 렘마에 들어 있다.

법칙 8, 정리 6

물체가 고른 매질 속에서, 일정한 중력을 받으면서, 직선을 따라 상승 또는 하강한다고 하자. (물체가) 그린 전체 거리를 같은 부분들로 분할하고, 각각의 부분들의 시작시 (물체가 상승하면 매질의 저항을 중력의 힘에다 더하고, 하강하면 빼 주어서) 절대 힘을 구하여라. 그러면 이 절대 힘들은 등비수열이 된다.

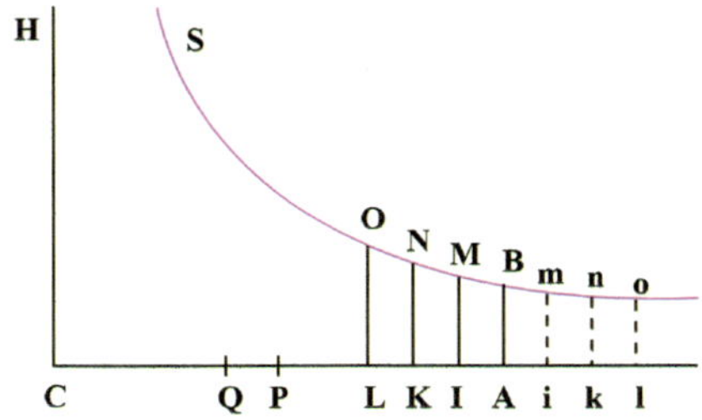

다음과 같이 나타내자. 중력의 힘은 주어진 직선 AC로, 저항은 부정(indefinite) 직선 AK로, 물체의 하강에서의 절대 힘은 그 차이인 KC로, 물체의 속력은 직선 AP로, 이것은 AK와 AC 사이의 비례 중항이며, 그러니 저항의 제곱근에 비례한다. 주어진 시간의 원소에서 저항의 증가는 직선의 입자 KL로, 그와 동시에 속력의 증가는 직선의 입자 PQ로 나타내자. 그리고 C를 중점으로, CA, CH를 직각인 점근선들로, 임의의 쌍곡선 BNS를 그려서, 수직선들로 세운 AB, KN, LO와 만나는 점들을 B, N, O라 하자.

AK는 AP^2에 비례하니, 전자의 변화율 KL은 후자의 변화율 2AP×PQ에 비례한다. 그러니까 AP×KC에 비례한다. 왜냐 하면 속력의 증가 PQ는 (운동 법칙 2에 따라서) 생성시키는 힘 KC에 비례하기 때문이다. KL의 비율과 KN의 비율을 결합(곱)하여라. 그러면 직사각형 KL×KN은 AP×KC×KN에 비례한다. 그러니까, 직사각형 KC×KN은 주어졌으니, AP에 비례한다.

그런데 점들 K, L이 합류할 때, 쌍곡선 도형의 넓이 KNOL 대 직사각형 KL×KN의 궁극적인 비율은, 같아지게 (1 : 1 이) 된다. 그러므로 그 쌍곡선 도형의 막 생겨나는 넓이는 AP에 비례한다. 쌍곡선 도형의 전체 넓이 ABOL은 입자들 KNOL로 구성되어 있으며, (이 입자들은) 항상 속력 AP에 비례한다. 그러므로 그 넓이는 그 속력으로 그린 거리에 비례한다. 그 넓이를 같은 부분들 ABMI, IMNK, KNOL, …로 분할하여라. 그러면 절대 힘들 AC, IC, KC, LC, …는 등비수열이 된다.

그리고 비슷한 추론으로, 물체가 상승하는 경우, 점 A의 반대편에서, 같은 넓이들 ABmi, imnk, knol, …을 잡아라. 그러면 절대 힘들 AC, iC, kC, lC, …는 차례차례 비율이 같게 된다. 그러므로 상승 그리고 하강에서 모든 거리들을 같도록 잡으면, 절대 힘들 lC, kC, iC, AC, IC, KC, LC, …는 차례차례 비율이 같게 된다. [증명 끝]

딸린법칙 1 그러므로 만약 지난 거리를 쌍곡선 도형의 넓이 ABNK로 나타내면, 중력의 힘, 물체의 속력, 매질의 저항은 각각 직선들 AC, AP, AK로 나타낼 수 있다. 그리고 그 역도 성립한다.

딸린법칙 2 그리고 물체가 한없이 내려가면서 획득할 수 있는 최고 속력은, 직선 AC로 나타낼 수 있다.

딸린법칙 3 그러므로 주어진 속력에 대해서 매질의 저항이 알려지면, 최고 속력을 구할 수 있다. 최고 속력 대 주어진 속력의 비율이, 중력의 힘 대 그 알려진 매질의 저항의 비율의 제곱근이 되도록 잡으면 된다.

법칙 9, 정리 7

이미 증명된 것들을 바탕으로, 적당한 크기의 반지름에 대해서, 원의 부채꼴 그리고 쌍곡선의 부채꼴의 각들의 접선들을 속력들에 비례하도록 잡으면, (물체가) 최고 지점까지 상승하는 전체 시간은 원의 부채꼴에 비례하고, 최고 지점에서 하강하는 전체 시간은 쌍곡선의 부채꼴에 비례한다.

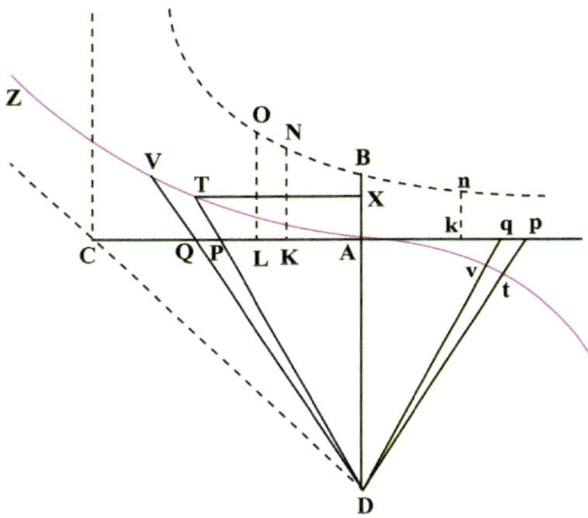

직선 AC가 중력의 힘을 나타낸다고 하고, 이것에 수직이 되고 길이가 같도록 AD를 그어라. D를 중점으로, AD를 반지름으로 해서, 사분원 AtE를 그려라. AX를 축으로, A를 주꼭짓점(principal vertex)으로, DC를 점근선으로 해서, 직각 쌍곡선 AVZ를 그려라.

Dp, DP를 그어라. 만약 부채꼴들의 접선들 Ap, AP가 속력들에 비례하면, 원의 부채꼴 AtD는 (물체가) 최고 지점으로 상승하는 데 걸리는 전체 시간에 비례하고, 쌍곡선의 부채꼴 ATD는 최고 지점에서 하강하는 데 걸리는 전체 시간에 비례한다.

경우 1. 직선 Dvq를 그어서, 부채꼴 ADt, 삼각형 ADt로부터 변화율들을, 또는 동시에 그리는 한없이 작은 입자들 tDv, qDp를 잘라 내라. 이 입자들은, 각 D가 공통이니, 변들의 제곱들에 비례한다. 그러므로 입자

tDv는 $\frac{qDp \times tD^2}{pD^2}$에, 그런데 tD는 주어졌으니, $\frac{qDp}{pD^2}$에 비례한다.

그런데 pD^2은 $AD^2 + Ap^2$이다. 그러니까 $AD^2 + AD \times Ak$, 또는 $AD \times Ck$이다. 그리고 qDp는 $\frac{1}{2}AD \times pq$이다. 그러므로 부채꼴의 입자 tDv는 $\frac{pq}{Ck}$에 비례한다. 그러니까 속력의 한없이 작은 감소 pq에 바로 비례하고, 속력을 감소시키는 그 힘 Ck에 역으로 비례한다. 그러므로 속력의 감소에 대응하는 시간의 원소에 비례한다.

그리고 결합하여서, 부채꼴 ADt 속의 모든 입자들 tDv의 합은, 감소하는 속력 Ap가 영으로 감소하여 완전히 사라질 때까지, 그 속력의 각각의 상실된 원소들 pq에 대응하는 시간의 원소들의 합에 비례한다. 그러니까 전체 부채꼴 ADt는, 최고 지점으로 상승하는 데 걸리는 전체 시간에 비례한다.

경우 2. DQV를 그어서, 부채꼴 DAV로부터, 그리고 삼각형 DAQ로부터, 한없이 작은 TDV, PDQ를 잘라 내라. 그러면 이 입자들 서로 간의 비율은, DT^2 대 DP^2의 비율과 같다. 그러니까 (만약 TX와 AP가 평행하면) DX^2 대 DA^2 또는 TX^2 대 AP^2. 그리고 빼셈을 하면, $DX^2 - TX^2$ 대 $DA^2 - AP^2$.

그런데 쌍곡선의 성질에 따라서, $DX^2 - TX^2$은 AD^2이다. 그리고 가정에 따라서, AP^2은 AD×AK이다. 그러므로 입자들 서로 간의 비율은, AD^2 대 $AD^2 - AD \times AK$이다. 그러니까 AD 대 AD − AK 또는 AC 대 CK.

그러므로 부채꼴 입자 TDV는 $\frac{PDQ \times AC}{CK}$이다. 그러므로, AC와

AD는 주어졌으니, $\frac{PQ}{CK}$에 비례한다. 그러니까 속력의 증가에 바로 비례하고, 증가를 생성시킨 힘에 역으로 비례한다. 그러므로 그 증가에 대응하는 시간의 원소에 비례한다.

그리고 결합하여서, 속력 AP의 모든 원소들 PQ가 생성되는 시간의 원소들의 합은, 부채꼴 ATD의 입자들의 합에 비례한다. 그러니까 전체 시간은 전체 부채꼴에 비례한다. [증명 끝]

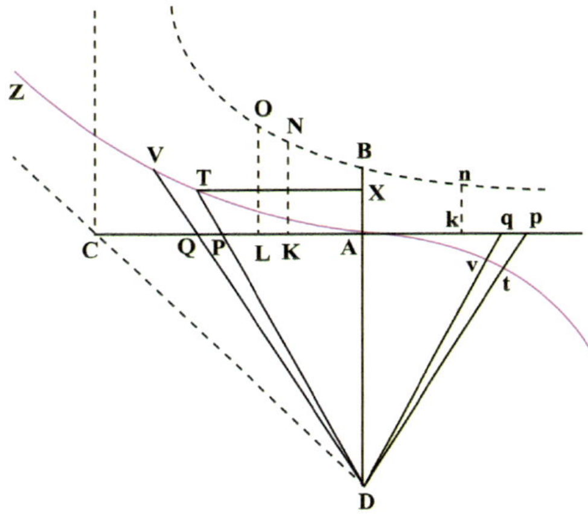

딸린법칙 1 그러므로 만약 AB가 AC의 사분의 일과 같으면, 임의의 시간 동안 물체가 낙하하며 그리는 거리 대, 물체가 최고 속력 AC로, 같은 시간 동안 일정하게 진행하며 그리는 거리와의 비율은, 낙하하며 그리는 거리를 나타내는 넓이 ABNK 대, 시간을 나타내는 넓이 ATD와의 비율과 같다.

왜냐 하면 AC 대 AP는 AP 대 AK이니, (2권 렘마 2, 딸린 법칙 1에 따라서) LK 대 PQ는 2AK 대 AP이다. 그러니까 2AP 대 AC이다. 그러므로 LK 대 $\frac{1}{2}$PQ는 AP 대 $\frac{1}{4}$AC 또는 AB이다. 그리고 KN 대 AC 또는 AD는 AB 대 CK이다. 그러므로 비례식의 같음에 따라서, LKNO 대 DPQ는 AP 대 CK이다.

그런데 DPQ 대 DTV는 CK 대 AC였다. 그러므로 다시 비례식의 같음에 따라서, LKNO 대 DTV는 AP 대 AC이다. 그러니까 하강하는 물체의 속력 대, 하강하는 물체가 획득할 수 있는 최고 속력과의 비율과 같다.

그러므로 넓이들 ABNK, ATD의 변화율들 LKNO, DTV는 속력들에 비례하며, 그 넓이들의 동시에 생성된 모든 부분들은 동시에 그린 거리들에 비례한다. 그러므로 처음부터 생성된 전체 넓이들 ABNK, ADT는, 하강의 처음부터 그린 전체 거리들에 비례한다.

딸린법칙 2 상승하며 그린 거리들도 마찬가지 결과가 된다. 그러니까 그 전체 거리 대, 같은 시간 동안 일정한 속력 AC로 그리는 거리와의 비율은, 넓이 ABnk 대 부채꼴 ADt의 비율과 같다.

딸린법칙 3 시간 ATD 동안 하강한 물체의 속력 대, 같은 시간 동안 저항이 없는 공간에서 이 물체가 획득하게 될 속력과의 비율은, 삼각형 APD 대, 쌍곡선의 부채꼴 ATD의 비율과 같다. 왜냐 하면 저항이 없는 매질에서는 속력이 시간 ATD에 비례하며, 저항이 있는 공간에서는 AP에, 그러니까 삼각형 APD에 비례하기 때문이다. 그리고 그 속력들은 하강의 시작시 서로 같으며, 그 넓이들 ATD, APD도 역시 그러하다.

딸린법칙 4 같은 추론으로, 상승에서의 속력 대, 저항이 없는 공간에서 물체가 같은 시간 동안 상승의 운동을 모두 잃을 속력과의 비율은, 삼각형 ApD 대 원의 부채꼴 AtD의 비율과 같다. 또는 직선 Ap 대 호 At의 비율과 같다.

딸린법칙 5 그러므로 물체가 저항이 있는 매질에서 하강하면서 속력 AP를 획득하는 시간 대, 저항이 없는 공간에서 하강하면서 최고 속력 AC를 획득할 수 있는 시간과의 비율은, 부채꼴 ADT 대 삼각형 ADC의 비율과 같다. 그리고 저항이 있는 매질에서 상승하면서 속력 Ap를 잃게 되는 시간 대, 저항이 없는 공간에서 상승하면서 같은 속력을 잃게 되는 시간과의 비율은, 호 At 대 그 접선 Ap의 비율과 같다.

딸린법칙 6 그러므로 주어진 시간으로부터, 상승 또는 하강에서 그리는 거리가 주어지게 된다. 왜냐 하면 물체가 한없이 하강하면서 얻게 될 최고 속력이 (2권 정리 6, 딸린 법칙 2, 3에 따라서) 주어지게 되며, 그러므로 물체가 저항이 없는 공간에서 하강하면서 그 속력을 획득하게 되는 시간이 주어지게 된다.

그리고 부채꼴 ADT 또는 ADt 대 삼각형 ADC의 비율이, 주어진 시간 대 방금 구한 시간의 비율이 되도록 잡으면, 속력들 AP 또는 Ap, 넓이들 ABNK 또는 ABnk가 둘 다 주어지게 된다. 이것 대 부채꼴 ADT 또는 ADt와의 비율이, 구하려는 거리 대, 방금 구한 최고 속력으로 주어진 시간 동안 일정하게 그리게 될 거리와의 비율과 같기 때문이다.

딸린법칙 7 그리고 거꾸로 하면, 상승 또는 하강한 거리 ABnk 또는 ABNK로부터, 시간 ADt 또는 ADT가 주어지게 된다.

법칙 10, 문제 3

일정한 중력의 힘이 지평면을 향해서 바로 작용하고, 저항은 매질의 밀도 그리고 속력의 제곱의 결합(곱)에 비례한다고 하자. 주어진 임의의 곡선을 따라서 물체가 움직이도록 만드는, 각각의 위치에서의 매질의 밀도를 구하시오. 각각의 위치에서 물체의 속력 그리고 매질의 저항도 구하시오.

평면 PQ는 도면의 평면에 수직인, 그 지평면이라고 하자. 곡선 PFHQ는 이 평면과 점들 P, Q에서 만난다고 하자. G, H, I, K는 물체가 F에서 Q로 이 곡선을 따라 가는 동안 지나게 될 네 위치들이라 하자. 세로 좌표들 GB, HC, ID, KE는 이 점들로부터 지평면으로 그은 네 개의 평행선들

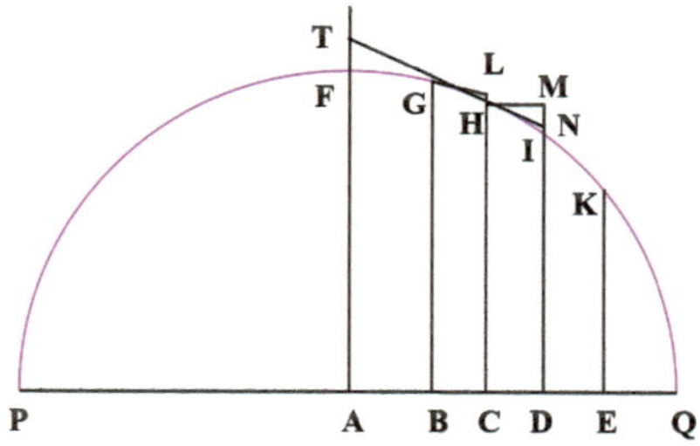

이고, 지평면 PQ의 점들 B, C, D, E에 서 있다고 하자. 그리고 세로 좌표들의 거리들 BC, CD, DE는 서로 같다고 하자.

점들 G, H로부터, G, H에서 이 곡선에 접하도록, 직선들 GL, HN을 그어라. 그리고 세로 좌표들 CH, DI를 위로 늘여서, 이 직선들과 만나는 점들을 L, N이라 하자. 그리고 평행사변형 HCDM을 완성하여라. 그러면 물체가 호들 GH, HI를 그리는 시간들은, 그 물체가 그 시간들 동안, 접선들로부터 하강하며 그릴 수 있는 높이(고도)들 LH, NI의 제곱근들에 비례하게 된다. 그리고 속력들은 그린 길이들 GH, HI에 바로 비례하고, 시간들에 역으로 비례한다.

시간들을 T, t로 나타내고, 속력들을 $\frac{GH}{T}$, $\frac{HI}{t}$로 나타내자. 그러면 시간 t 동안 속력의 감소는 $\frac{GH}{T} - \frac{HI}{t}$로 나타내게 된다. 이 감소는, 저항이 물체를 늦추는 것, 그리고 중력이 물체를 가속시키는 것으로부터 생겨난다.

하강하는 물체가 하강하면서 거리 NI를 그리는 동안, 중력이 생성시키는 속력은, 갈릴레오가 증명하였듯이, 같은 시간 동안 그 거리의 두 배를 그릴 수 있다. 그러니까 속력은 $\frac{2NI}{t}$이다.

그런데 호 HI를 그리는 물체에서, 그 호는 단지 HI − HN 또는 $\frac{MI \times NI}{HI}$ 만큼만 증가한다. 그러므로 속력 $\frac{2MI \times NI}{t \times HI}$ 만큼만 생성할 뿐이다. 이 속력을 위에서 말한 (속력의) 감소에다 더해라. 그 결과는 매질의 저항에 의해서만 감소한 속력이라고 간주할 수 있다. 그러니까 $\frac{GH}{T} - \frac{HI}{t} + \frac{2MI \times NI}{t \times HI}$가 그러하다.

그런데 같은 시간 동안 중력은 하강하는 물체에게 속력 $\frac{2NI}{t}$를 생성시켜 주니, 저항 대 중력의 비율은 $\frac{GH}{T} - \frac{HI}{t} + \frac{2MI \times NI}{t \times HI}$ 대 $\frac{2NI}{t}$, 또는 $\frac{t \times GH}{T} - HI + \frac{2MI \times NI}{HI}$ 대 2NI이다.

이제 가로 좌표 CB, CD, CE를 $-o$, o, $2o$라고 놓자. 세로 좌표 CH를 P라고 적자. 그리고 MI를 임의의 수열들 $Qo + Roo + So^3 + \cdots$ 이라 적자. 그러면 수열의 첫째 항 이후의 모든 항들은, 즉 $Roo + So^3 + \cdots$은 NI가 된다. 그리고 세로 좌표들 DI, EK, BG는 각각

$$P - Qo - Roo - So^3 - \cdots,$$

$$P - 2Qo - 4Roo - 8So^3 - \cdots,$$

$$P + Qo - Roo + So^3 - \cdots$$

가 된다. 그리고 세로 좌표들의 차이들 BG − CH, CH − DI를 제곱하고, 이렇게 얻은 제곱들에다 BC, CD 자신들의 제곱들을 더하면, 호들 GH, HI의 제곱들은 각각

$$oo + QQoo - 2QRo^3 + \cdots,$$

$$oo + QQoo + 2QRo^3 + \cdots$$

이 된다. 이들의 제곱근들

$$o\sqrt{1+QQ} - \frac{QRoo}{\sqrt{1+QQ}},$$

$$o\sqrt{1+QQ} + \frac{QRoo}{\sqrt{1+QQ}}$$

은 각각 호들 GH, HI이다.

게다가 만약 세로 좌표 CH에서, 세로 좌표들 BG와 DI를 더한 것의 절반을 빼고, 세로 좌표 DI에서, 세로 좌표들 CH와 EK를 더한 것의 절반을 빼면, 호들 GI, HK의 버스트사인들인 Roo, $Roo+3So^3$이 남는다. 그리고 이들은 직선의 원소들 LH, NI에 비례하며, 따라서 한없이 짧은 시간들 T, t의 제곱들에 비례한다. 그러므로 비율 $\frac{t}{T}$는 $\sqrt{\frac{R+3So}{R}}$ 또는 $\frac{R+\frac{3}{2}So}{R}$이다.

그리고 $\frac{t\times GH}{T}-HI+\frac{2MI\times NI}{HI}$에다, 방금 구한 $\frac{t}{T}$, GH, HI, MI, NI의 값들을 집어넣으면, 결과는 $\frac{3Soo}{2R}\sqrt{1+QQ}$가 된다. 그리고 2NI는 $2Roo$이니, 이제 저항 대 중력의 비율은 $\frac{3Soo}{2R}\sqrt{1+QQ}$ 대 $2Roo$이다. 그러니까 $3S\sqrt{1+QQ}$ 대 4RR이다.

그 속력은, 만약 물체가 임의의 위치 H로부터, 접선 HN을 따라서 그 속력으로 나가면, 진공 속에서, 지름이 HC 그리고 라투스 렉텀이 $\frac{HN^2}{NI}$ 또는 $\frac{1+QQ}{R}$가 되는 포물선을 그리게 된다.

그리고 그 저항은, 매질의 밀도 그리고 속력의 제곱을 결합(곱)한 것에 비례한다. 그러므로 매질의 밀도는 저항에 바로 비례하고, 속력의 제곱에 역으로 비례한다. 그러니까 $\frac{3S\sqrt{1+QQ}}{4RR}$에 바로 비례하고, $\frac{1+QQ}{R}$에 역으로 비례한다. 그러니까 $\frac{S}{R\sqrt{1+QQ}}$에 비례한다. [증명 끝]

딸린법칙 1 접선 HN을 양쪽으로 길게 늘여서, 임의의 세로 좌표 AF와 만나는 점을 T라 하면, $\frac{HT}{AC}$는 $\sqrt{1+QQ}$ 와 같게 된다. 그러므로 위에서 $\sqrt{1+QQ}$ 대신에 적어넣어도 된다. 이 비율에서, 저항 대 중력은 3S×HT 대 4RR×AC이고, 속력은 $\frac{HT}{AC\sqrt{R}}$에 비례하게 되고, 매질의 밀도는 $\frac{S\times AC}{R\times HT}$에 비례하게 된다.

딸린법칙 2 그러므로, 늘 그러하듯이, 가로 좌표 AC와 세로 좌표 CH 사이의 관계로 곡선 PFHQ를 정의하면, 세로 좌표의 값을 무한 수열의 합으로 나타낸 다음, 이 수열의 첫째 항들로 이 문제를 쉽게 해결할 수 있다. 다음 예제들에서 보여 주겠다.

〈예제 1〉 선 PFHO는 지름 PQ의 위에 그린 반원이라고 하자. 투사체가 이 곡선을 따라 움직이게 만드는, 매질의 밀도를 구하시오.

지름 PQ를 이등분하는 점을 A라 하자. AQ를 n, AC를 a, CH를 e, CD를 o라 하자. 그러면 DI^2 또는 $\mathrm{AQ}^2-\mathrm{AD}^2$은 $nn-aa-2ao-oo$ 또는 $ee-2ao-oo$이다. 그리고 우리의 방법을 써서 제곱근을 구하면,

$$\mathrm{DI}=e-\frac{ao}{e}-\frac{oo}{2e}-\frac{aaoo}{2e^3}-\frac{ao^3}{2e^3}-\frac{a^3o^3}{2e^5}-\cdots$$

여기서 $ee+aa$ 대신에 nn이라 적어라. 그러면

$$\mathrm{DI}=e-\frac{ao}{e}-\frac{nnoo}{2e^3}-\frac{anno^3}{2e^5}-\cdots$$

이러한 급수에서, 나는 항들의 순서를 다음과 같이 구별한다. 우선 한없이 작은 양 o가 존재하지 않은 항을 첫째 항이라 부른다. 그 양이 일차로 있는 항이 둘째 항이다. 이차로 존재하는 항이 셋째 항이다. 삼차로 있으면 넷째 항이다. 이렇게 무한히 계속된다.

그리고 첫째 항은, 여기서 e인데, 항상 세로 좌표 CH의 길이를 나타낸다. CH는 한없이 작은 양 o의 시작점에서 세운 것이다. 둘째 항은, 여기서 $\frac{ao}{e}$인데, CH와 DN의 차이를 나타낸다. 그러니까 평행사변형 HCDM을 완성하면서 잘려 나간 직선의 원소 MN을 나타낸다. 따라서 항상 접선 HN의 위치를 결정한다. 그리고 이 경우는, MN 대 HM이 $\frac{ao}{e}$ 대 o 또는 a 대 e가 되도록 잡는다.

셋째 항은, 여기서 $\frac{nnoo}{2e^3}$인데, 직선의 원소 IN을 나타낸다. 이것은 접선과 곡선 사이에 놓이며, 그러므로 접하는 각 IHN을 결정한다. 또는 H에서 곡선의 곡률을 결정한다. 만약 그 직선의 원소 IN이 유한한 양이면, 셋째 항과 뒤에 한없이 많이 나오는 항들로 표현이 된다. 그러나 만약 그 직선의 원소가 한없이 작아지면, 뒤에 나오는 항들은 셋째 항과 비교해서 한없이 작아지며, 따라서 무시해도 된다.

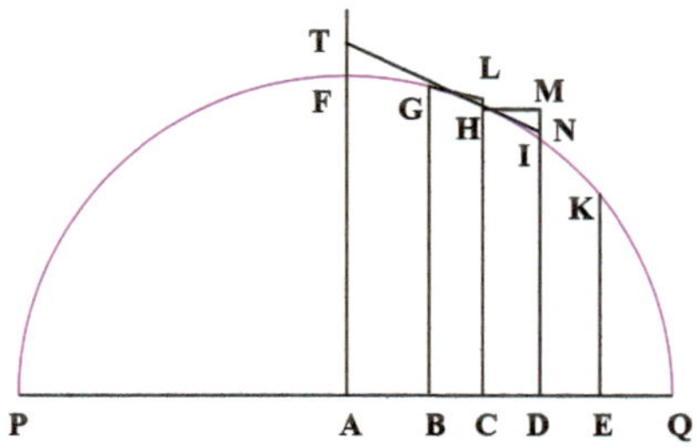

넷째 항은 곡률의 변화를 결정한다. 다섯째 항은 변화의 변화를, 이런 식으로 계속된다. 그러니 이것을 보면, 곡선들의 접선들 그리고 곡률들에 관련한 문제들의 해결에서, 이 무한 급수들이 상당히 유용함을 분명히 알 수 있다.

이제 급수

$$e - \frac{ao}{e} - \frac{nnoo}{2e^3} - \frac{anno^3}{2e^5} - \cdots$$

을 급수

$$\mathrm{P} - \mathrm{Q}o - \mathrm{R}oo - \mathrm{S}o^3 - \cdots$$

과 비교하고, 마찬가지로 P, Q, R, S 대신에 e, $\frac{a}{e}$, $\frac{nn}{2e^3}$, $\frac{ann}{2e^5}$이라 적고, $\sqrt{1+\mathrm{QQ}}$ 대신에 $\sqrt{1+\frac{aa}{ee}}$ 또는 $\frac{n}{e}$이라 적어라.

그러면 매질의 밀도는 $\frac{a}{ne}$에 비례하는 것으로 나오게 된다. 그러니까 (n은 주어졌으니) $\frac{a}{e}$ 또는 $\frac{\mathrm{AC}}{\mathrm{CH}}$에 비례하게 된다. 그러니까 그 접선 HT의 길이에 비례한다. HT는 반지름 AF에서 끝이 나며, AF는 PQ에 수직으로 서 있다. 그리고 저항 대 중력의 비율은 $3a$ 대 $2n$과 같게 된다. 그러니까 3AC 대 원의 지름 PQ와 같게 된다. 그리고 속력은 $\sqrt{\mathrm{CH}}$ 에 비례하게 된다.

그러므로 만약 물체가 위치 F에서, 알맞은 속력으로, PQ에 평행한 직선을 따라서 출발하고, 각각의 위치 H에서 매질의 밀도가 접선 HT의 길이에 비례하고, 역시 어떤 위치 H에서 매질의 저항 대 중력의 힘의 비율이 3AC 대 PQ와 같으면, 물체는 사분원 FHQ를 그리게 된다.

그러나 만약 같은 물체가 위치 P에서, PQ에 수직인 직선을 따라서 출발하였으며, 반원 PFQ의 호를 따라서 움직이기 시작하였다면, AC 또는 a를 중점 A의 반대편에 잡아야 한다. 그러니 부호를 바꿔서, $+a$ 대신에 $-a$를 넣어야 한다. 그러면 매질의 저항은 $-\frac{a}{e}$로 나오게 된다. 그러나 매질의 밀도가 음수여서, 물체를 가속시키는 것은 자연계에 존재하지 않는다.

그러므로 물체가 P에서 상승하기 시작해, 사분원 PF를 그리는 일은 자연에서 일어날 수 없다. 이 효과를 위해서는, 물체가 매질의 저항에 방해를 받지 않고, 오히려 가속되어야 한다.

〈예제 2〉 선 PFQ가 포물선이고, 축 AF가 지평면 PQ에 수직이라고 하자. 투사체가 이 곡선을 따라서 움직이도록 만드는, 매질의 밀도를 구하시오.

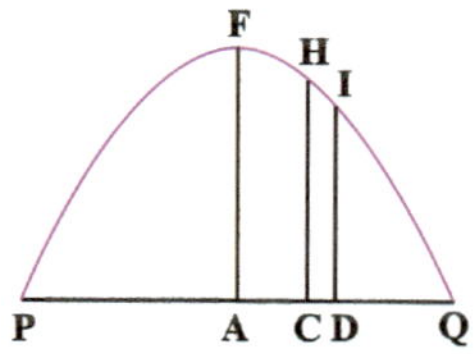

포물선의 성질에 따라서, 직사각형 PD×DQ는 세로 좌표 DI와 주어진 어떤 직선으로 만든 직사각형과 (넓이가) 같다. 그러니까 만약 그 주어진 직선을 b, PC를 a, PQ를 c, CH를 e, CD를 o라 하면, 다음이 성립한다.

$$(a+o)(c-a-o)=ac-aa-2ao+co-oo=b\times \mathrm{DI}$$

그러므로

$$\mathrm{DI}=\frac{ac-aa}{b}+\frac{c-2a}{b}o-\frac{oo}{b}$$

여기서 이 수열의 둘째 항 $\frac{c-2a}{b}o$는 $\mathrm{Q}o$ 대신에 적은 것이고, 셋째 항 $\frac{oo}{b}$는 $\mathrm{R}oo$ 대신에 적은 것이다. 그런데 항들이 더는 없으니, 넷째 항의 계수 S는 0이 된다. 그러므로 양 $\frac{\mathrm{S}}{\mathrm{R}\sqrt{1+\mathrm{QQ}}}$는 0이 된다. 그런데 매질의 밀도가 이것에 비례한다. 그러므로 매질의 밀도가 0이면, 투사체는 포물선을 따라서 움직이게 된다. 이 사실은 갈릴레오가 증명하였다.

〈예제 3〉 선 AGK가 쌍곡선이고, 점근선 NX가 지평면 AK에 수직이라고 하자. 투사체가 이 곡선을 따라서 움직이도록 만드는, 매질의 밀도를 구하시오.

MX를 다른 점근선이라 하고, 세로 좌표 DG를 길게 늘인 것과 만나는

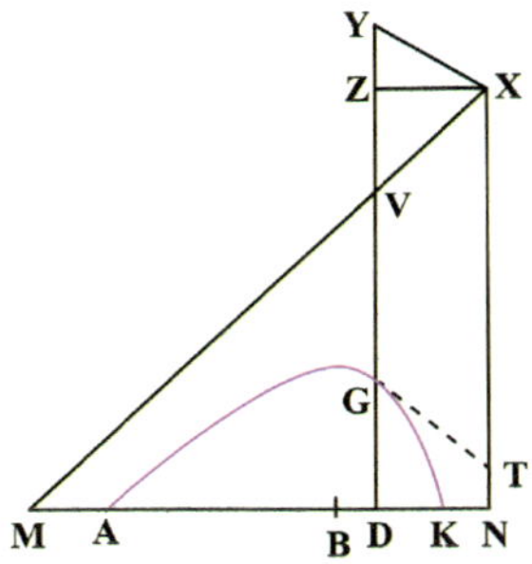

점을 V라 하자. 그러면 쌍곡선의 성질에 따라서, XV와 VG로 만든 직사각형이 주어진다. 그리고 DN 대 VX의 비율도 주어지며, 따라서 DN과 VG로 만든 직사각형도 주어진다. 이것을 bb라 하자.

평행사변형 DNXZ를 완성하여라. BN을 a, BD를 o, NX를 c라 부르자. 그리고 VZ 대 ZX 또는 DN의 주어진 비율을 $\frac{m}{n}$이라 가정하자. 그러면 DN은 $a-o$와 같게 되며, VG는 $\frac{bb}{a-o}$와 같게 되며, VZ는 $\frac{m}{n}(a-o)$와 같게 되며, GD 또는 NX − VZ − VG는 $c-\frac{m}{n}a+\frac{m}{n}o-\frac{bb}{a-o}$ 와 같게 된다.

항 $\frac{bb}{a-o}$를 다음의 수렴하는 급수로 분해하여라.

$$\frac{bb}{a}+\frac{bb}{aa}o+\frac{bb}{a^3}oo+\frac{bb}{a^4}o^3+\cdots$$

그러면 GD는 다음과 같아지게 된다.

$$c-\frac{m}{n}a-\frac{bb}{a}+\frac{m}{n}o-\frac{bb}{aa}o-\frac{bb}{a^3}o^2-\frac{bb}{a^4}o^3-\cdots$$

이 수열의 둘째 항 $\frac{m}{n}o-\frac{bb}{aa}o$는 Qo 대신에 사용하였고, 셋째 항 $\frac{bb}{a^3}o^2$은 부호를 바꾸어서 Ro^2 대신에 사용하였고, 넷째 항 $\frac{bb}{a^4}o^3$은 부호를 바꾸어서 So^3 대신에 사용하였다. 그러니 Q, R, S에 대한 위의 공식들에다, 그 계수들 $\frac{m}{n}-\frac{bb}{aa}, \frac{bb}{a^3}, \frac{bb}{a^4}$ 를 대신 적을 수 있다.

이렇게 하면, 매질의 저항은

$$\frac{\frac{bb}{a^4}}{\frac{bb}{a^3}\sqrt{1+\frac{mm}{nn}-\frac{2mbb}{naa}+\frac{b^4}{a^4}}} \text{ 또는 }$$

$$\frac{1}{\sqrt{aa+\frac{mm}{nn}aa-\frac{2mbb}{n}+\frac{b^4}{aa}}}$$

이 나온다. 그러니까 만약 VZ에서 VG와 같도록 VY를 잡으면, $\frac{1}{\mathrm{XY}}$ 에 비례하게 된다.

왜냐 하면 aa 그리고 $\frac{m^2}{n^2}a^2-\frac{2mbb}{n}+\frac{b^4}{aa}$ 은 XZ 그리고 ZY의 제곱들이다. 그리고 저항은, 중력에 대한 비율이 3XY 대 2YG로 구해진다. 그리고 그 속력은, 물체가 (그 속력으로) 꼭짓점이 G이고, 지름이 DG이고, 라투스 렉텀이 $\frac{\mathrm{XY}^2}{\mathrm{VG}}$ 인 포물선을 따라 진행하게 된다.

그러니 각각의 위치 G에서 매질의 밀도가 거리 XY에 역으로 비례하고, 어떤 위치 G에서 저항 대 중력의 비율은 3XY 대 2YG라고 하자. 그러면 물체가 위치 A에서 알맞은 속력으로 던져지면, 쌍곡선 AGK를 그리게 된다.

〈예제 4〉 선 AGK는 X가 중점이고, MX, NX가 점근선들인 쌍곡선이라고 일반적으로 가정하자. 그리고 직사각형 XZDN을 작도하여서, 변 ZD가 쌍곡선과 교차하는 점을 G라 하고, 점근선과 교차하는 점을 V라 하면,

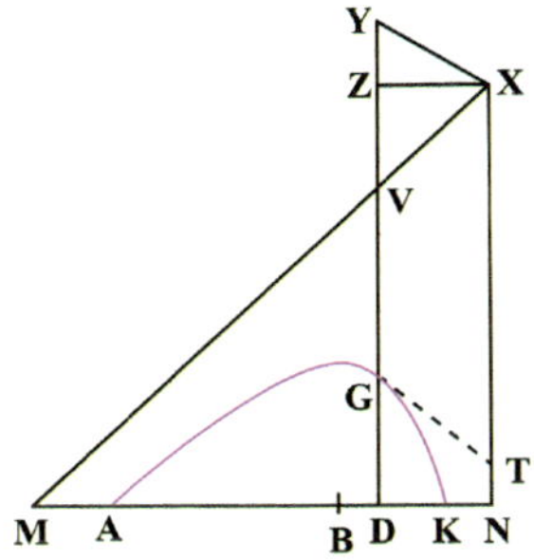

VG는 ZX 또는 DN의 어떤 거듭곱(승) DN^n에 역으로 비례한다고 하자. 여기서 지수는 숫자 n이다. 투사체가 이 곡선을 따라서 전진하도록 만드는, 매질의 밀도를 구하시오.

BN, BD, NX를 각각 A, O, C라 적자. VZ 대 XZ 또는 DN을 d 대 e라 하고, VG가 $\frac{bb}{DN^n}$ 와 같다고 하자. 그러면 DN은 A − O와 같아지게 되며,

$$VG = \frac{bb}{(A-O)^n},\ VZ = \frac{d}{e}(A-O),$$

그리고 GD 또는 NX − VZ − VG는

$$C - \frac{d}{e}A + \frac{d}{e}O - \frac{bb}{(A-O)^n}$$

와 같아지게 된다.

그 항 $\frac{bb}{(A-O)^n}$ 를 다음의 무한 급수로 분해하여라.

$$\frac{bb}{A^n} + \frac{nbb}{A^{n+1}}O + \frac{nn+n}{2A^{n+2}}bbO^2 + \frac{n^3+3nn+2n}{6A^{n+3}}bbO^3 + \cdots$$

그러면 GD는 다음과 같아지게 된다.

$$C - \frac{d}{e}A - \frac{bb}{A^n} + \frac{d}{e}O - \frac{nbb}{A^{n+1}}O - \frac{nn+n}{2A^{n+2}}bbO^2 - \frac{n^3+3nn+2n}{6A^{n+3}}bbO^3 + \cdots$$

Qo 대신에 이 수열의 둘째 항 $\frac{d}{e}O - \frac{nbb}{A^{n+1}}O$ 를, Ro^2 대신에 셋째 항

$\frac{nn+n}{2\mathrm{A}^{n+2}}bb\mathrm{O}^2$을, $\mathrm{S}o^3$ 대신에 넷째 항 $\frac{n^3+3nn+2n}{6\mathrm{A}^{n+3}}bb\mathrm{O}^3$을 사용해라. 그러면 임의의 위치 G에서, 매질의 밀도 $\frac{\mathrm{S}}{\mathrm{R}\sqrt{1+\mathrm{QQ}}}$는

$$\frac{n+2}{3\sqrt{\mathrm{A}^2+\frac{dd}{ee}\mathrm{A}^2-\frac{2dnbb}{e\mathrm{A}^n}A+\frac{nnb^4}{\mathrm{A}^{2n}}}}$$

가 된다. 그러므로 만약 VZ에서, VY를 $n\times\mathrm{VG}$ 와 같도록 잡으면, 밀도는 XY에 역으로 비례한다.

왜냐 하면 A^2 그리고 $\frac{dd}{ee}\mathrm{A}^2-\frac{2dnbb}{e\mathrm{A}^n}\mathrm{A}+\frac{nnb^4}{\mathrm{A}^{2n}}$은 XZ 그리고 ZY의 제곱들이다. 그리고 같은 위치 G에서, 매질의 저항은 중력에 대해서, $3\mathrm{S}\times\frac{\mathrm{XY}}{\mathrm{A}}$ 대 4RR의 비율이 된다. 그러니까 XY 대 $\frac{2nn+2n}{n+2}\mathrm{VG}$ 이다. 그리고 거기에서의 속력은, 그 속력으로 투사된 물체가, 꼭짓점 G, 지름 GD, 라투스 렉텀 $\frac{1+\mathrm{QQ}}{\mathrm{R}}$ 또는 $\frac{2\mathrm{XY}^2}{(nn+n)\mathrm{VG}}$ 인 포물선을 그리게 된다.

설명

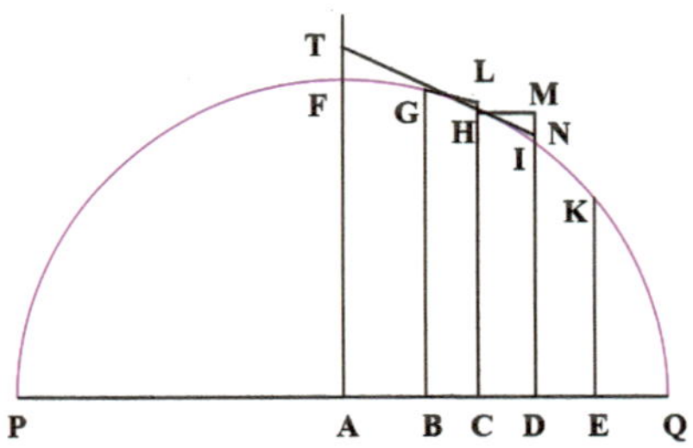

딸린 법칙 1에서 매질의 밀도가 $\frac{\mathrm{S}\times\mathrm{AC}}{\mathrm{R}\times\mathrm{HT}}$로 나온 것과 같은 이유로, 만약 속력이 V일 때 매질의 저항이 임의의 거듭곱(승) V^n에 비례하면, 매질의

밀도는 $\frac{S}{R^{\frac{4-n}{2}}} \times \left(\frac{AC}{HT}\right)^{n-1}$ 로 나오게 된다.

그러므로 만약 $\frac{S}{R^{\frac{4-n}{2}}}$ 대 $\left(\frac{HT}{AC}\right)^{n-1}$ 의 비율, 또는 $\frac{S^2}{R^{4-n}}$ 대 $(1+QQ)^{n-1}$ 의 비율이 주어지는 곡선을 구할 수 있으면, 물체는 균질한 매질 속에서 이 곡선을 따라서 움직이게 된다. 저항이 속력의 거듭곱 V^n 에 비례하는 매질 속에서 말이다. 그렇지만 우리는 좀 더 간단한 곡선들로 돌아가자.

포물선을 따른 운동은 매질의 저항이 전혀 없어야 발생 가능하지만, 여기서 그린 쌍곡선들은 저항이 영속적인 곳에서 생겨난다. 저항이 일정한 매질 속에서는, 투사체가 그리는 곡선이 포물선보다 이러한 쌍곡선들에 더욱 가까움이 명백하다.

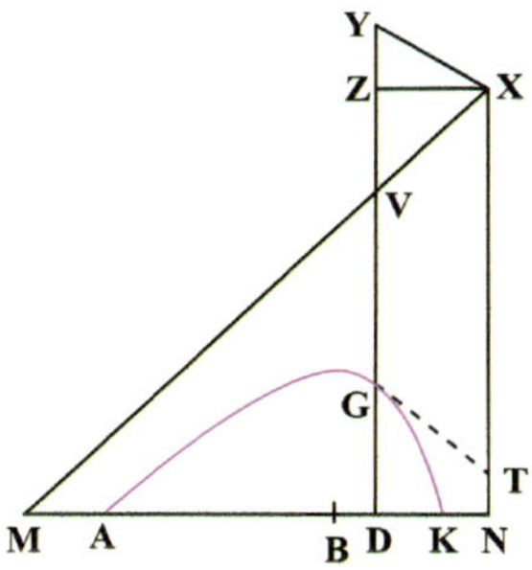

그 곡선은 확실히 쌍곡선 유형이지만, 그러나 꼭짓점 근처에서는 점근선들로부터 거리가 더욱 멀며, 꼭짓점에서 멀리 떨어진 부분에서는, 내가 여기서 그린 쌍곡선들에 비해서 점근선들에 더욱 가까워진다. 그렇지만 그들 사이의 차이는 그렇게 크지 않으니, 그 자리에 대신 사용해도 실용성 면에서 별 상관이 없다. 그리고 어쩌면 이들이 쌍곡선보다 더 유용할 지도 모른다. 쌍곡선은 더 정확하지만, 동시에 더 복잡하다. 그리고 이들은 다음과 같은 방법으로 사용할 수 있다.

평행사변형 XYGT를 완성하고, 직선 GT가 G에서 쌍곡선에 접하

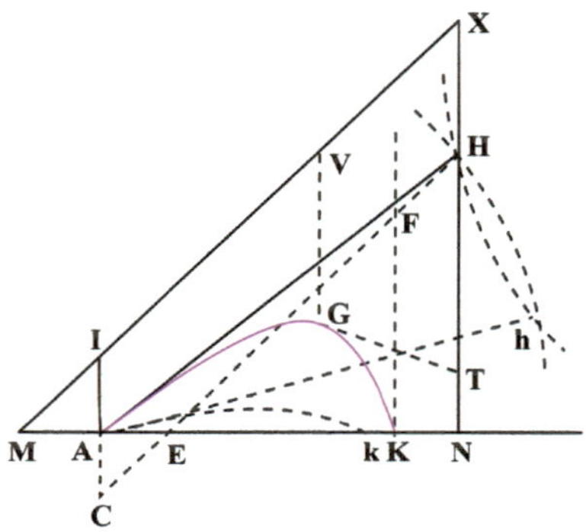

도록 하고, 따라서 G에서 매질의 밀도가 접선 GT에 역으로 비례하고, 그리고 거기에서 속력은 $\sqrt{\frac{GT^2}{GV}}$ 에 비례하고, 그리고 저항 대 중력의 힘의 비율은 GT 대 $\frac{2nn+2n}{n+2} \times GV$ 와 같다고 하자.

그러므로 위치 A에서, 직선 AH를 따라 투사한 물체가 쌍곡선 AGK를 그리고, AH를 길게 늘여서 점근선 NX와 만나는 점을 H라 하고, 그에 평행하도록 AI를 그어서 다른 점근선 MX와 만나는 점을 I라 하자. 그러면 A에서 매질의 밀도는 AH에 역으로 비례하게 되며, 물체의 속력은 $\sqrt{\frac{AH^2}{AI}}$ 에 비례하며, 거기에서 저항 대 중력의 힘의 비율은 AH 대 $\frac{2nn+2n}{n+2} \times AI$ 이다. 그러므로 다음 규칙들이 나오게 된다.

〈규칙 1〉 A에서 매질의 밀도 그리고 물체를 투사한 속력을 그대로 유지하면서, 각 NAH를 바꾼다고 하자. 그러면 길이들 AH, AI, HX는 (변화 없이) 유지된다. 그러므로 그 길이들을 어느 한 경우에 구하기만 하면, 주어진 임의의 각 NAH로부터, 쌍곡선은 간단하게 구할 수 있다.

〈규칙 2〉 각 NAH 그리고 A에서 매질의 밀도가 그대로 유지되면서, 물체를 투사한 속력이 바뀐다고 하자. 그러면 길이 AH는 (변화 없이) 유지된다. 그리고 AI는 속력의 제곱에 역으로 비례해서 변화하게 된다.

〈규칙 3〉 각 NAH, 그리고 A에서 물체의 속력, 가속시키는 중력이 그대로 유지되면서, A에서 저항 대 중력의 동인력의 비율이 그 어떤 임의의 비율로 증가하였다고 하자. 그러면 AH 대 AI의 비율도 그와 같은 비율로 증가하며, 앞에서 언급한 포물선의 라투스 렉텀은 그대로 유지되며, 그에 비례하는 길이 $\frac{AH^2}{AI}$ 도 그대로이다. 그러므로 AH는 그와 같은 비율로 감소하게 되며, AI는 그 제곱의 비율로 감소하게 된다.

그런데 크기는 같으면서 (물체의) 비중이 작아지거나, 또는 매질의 밀도가 커지거나, 또는 (물체의) 크기가 감소하는데, 무게보다 더 작은 비율로 저항이 감소하면, 저항 대 무게의 비율이 증가한다.

〈규칙 4〉 매질의 밀도는, 위치 A에 비해서 쌍곡선의 꼭짓점 근처에서 더 크다. 그러니 평균 밀도를 잡으려면, 가장 짧은 접선 GT 대 접선 AH의 비율을 구하고, A에서의 밀도를, 이 접선들의 절반을 더한 것 대 가장 짧은 접선 GT와의 비율보다 약간 더 큰 비율로, 증가시켜야 한다.

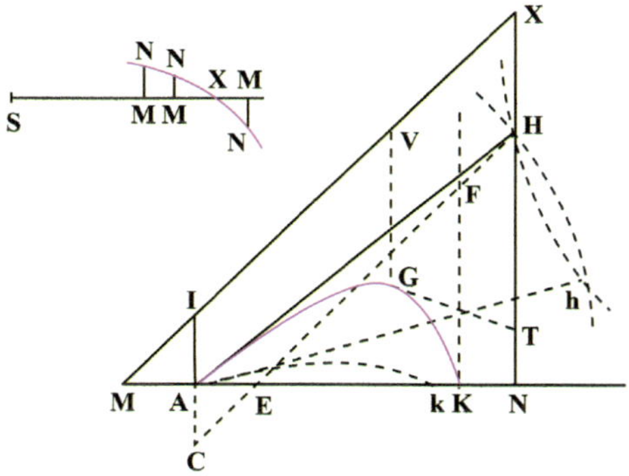

〈규칙 5〉 길이들 AH, AI가 주어졌고, 도형 AGK를 그려야 한다고 하자. HN을 길게 늘여서 X에 이르도록 하되, HX 대 AI의 비율이 $n+1$ 대 1이고, X를 중점으로, MX, NX를 점근선들로 해서, 점 A를 지나도록 쌍곡선을 그리되, AI 대 임의의 VG의 비율이 XV^n 대 XI^n 이 되도록 해라.

〈규칙 6〉 숫자 n 이 더 클수록, 물체가 A에서 상승할 때 이 쌍곡선들은 더 정확해지고, K로 하강할 때 더 부정확해진다. 그리고 역도 성립한다. 원뿔 쌍곡선은 중간 비율을 유지하며, 다른 것들보다 더 간단하다. 그러므로 만약 쌍곡선이 이런 종류이고, 투사된 물체가 점 A를 지나는 임의의 직선 AN에 떨어지는 점 K를 구하고 싶으면, AN을 길게 늘여서 점근선들 MX, NX와 만나는 점들을 M, N이라 하고, AM과 길이가 같도록 NK를 잡아라.

〈규칙 7〉 그러므로 현상을 통해서 이 쌍곡선을 재빨리 결정할 수 있는 방법이 명백하다. 두 개의 닮은꼴이며 같은 크기의 물체들을 같은 속력으로, 다른 각들 HAK, hAk로 투사하여서, 이들이 지평면에 떨어지는 점들을 K, k라 하자. AK 대 Ak의 비율을 주목하여라. 이것을 d 대 e 라고 하자.

그 다음에 수직선 AI를 임의의 길이로 세우고, 임의의 길이 AH 또는 Ah를 가정하고, 이것으로부터 그림을 통해서, 길이들 AK, Ak를 규칙 6을 써서 찾아라. 만약 AK 대 Ak의 비율이 d 대 e 의 비율과 같으면, 길이 AH를 맞게 가정하였다.

만약 더 작으면, 무한 직선 SM에서, 길이 SM을 가정한 AH와 같도록 잡아라. 그리고 수직선 MN을 세우되, 그 길이는, 비율의 차이 $\frac{\mathrm{AK}}{\mathrm{Ak}} - \frac{d}{e}$ 에다 주어진 임의의 직선을 곱한 것과 같도록 해라.

마찬가지 방법으로, 여러 개의 가정한 길이들 AH로부터, 여러 개의 점들 N을 수할 수 있다. 이 모든 점들을 지나도록, 매끄러운(regular) 곡선 NNXN을 그리고, 직선 SMMM을 자르는 점을 X라 하자. 마지막으로, AH가 가로 좌표 SX와 같다고 가정하고, 이것으로부터 길이 AK를 다시 찾아라. 그 다음에 길이들을 구하는데, 이 길이 대 가정한 길이 AI와의

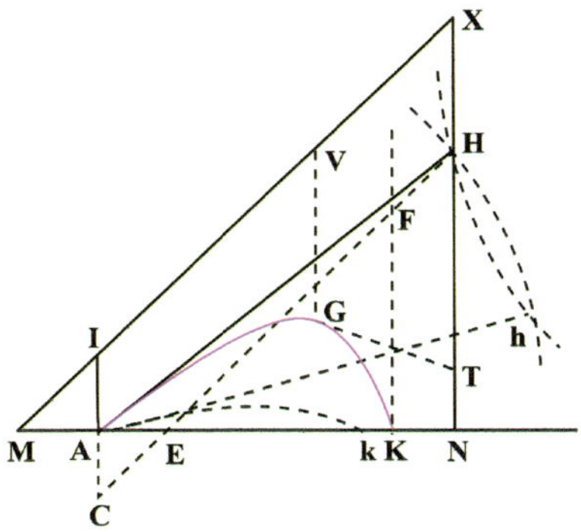

비율 그리고 마지막 AH와의 비율이, 실험(현상)을 통해서 구한 길이 AK 대 마지막에 구한 AK와의 비율과 같게 되도록 해라. 이들이 바로 우리가 구하는 AI, AH의 진짜 길이들이다.

그리고 이들이 주어지면, 위치 A에서 매질의 저항도 주어지게 된다. 그것 대 중력의 힘의 비율이, AH 대 2AI이기 때문이다. 매질의 밀도는 규칙 4에 따라서 증가시켜야 하며, 방금 구한 저항도, 만약 같은 비율로 증가시키면, 더욱 정확해진다.

〈규칙 8〉 길이들 AH, HX를 구했다고 하자. 이제 주어진 속력으로, 직선 AH를 따라서 발사된 투사체가 임의의 점 K에 떨어지게 되는, 직선 AH의 위치(방향)를 구해 보자. 점들 A, K에서, 지평면에 수직이 되도록 직선들 AC, KF를 세워라. AC는 아래로 긋고, AI 또는 $\frac{1}{2}$HX와 길이가 같도록 해라.

AK, KF를 점근선들로 해서 쌍곡선을 그리되, 그 켤레 쌍곡선이 점 C를 지나도록 해라. 그리고 A를 중점으로, AH를 반지름으로 원을 그려서, 그 쌍곡선과 교차하는 점을 H라 하자. 그러면 직선 AH를 따라 발사된 투사체는, 점 K에 떨어지게 된다. 이를 증명하겠다.

왜냐 하면 주어진 길이 AH 때문에, 점 H는 그린 원의 둘레 어딘가에 위치해 있어야 한다. CH를 그어서 AK, KF와 만나게 하고, 전자는 C에서, 후자는 F에서 만난다고 하자. 그런데 CH, MX는 평행하고, AC, AI는 길이가 같으니, AE는 AM과 길이가 같게 되며, 따라서 KN과도 길이가 같게 된다. 그런데 CE 대 AE는 FH 대 KN와 같으며, 따라서 CE와 FH는 길이가 같다. 그러므로 점 H는, AK, KF를 점근선들로 하고 그 켤레 쌍곡선이 C를 지나는 쌍곡선에 놓이게 된다. 그러므로 이 쌍곡선과 그린 원둘레의 공통 교점에 놓이게 된다. [증명 끝]

직선 AKN이 지평면에 평행하든, 또는 임의의 경사진 각을 이루든, 이 연산 과정은 마찬가지임을 주목하기 바란다. 두 교점들 H, h로부터, 두 각들 NAH, NAh가 나온다. 그리고 도구를 써서 구하는 과정은, 우선 원을 그린 다음, 불확정인 길이의 자 CH를 점 C에 적용하여서, 원과 직선 FK 사이의 부분 FH가, 점 C와 직선 AK 사이의 부분 CE와 길이가 같도록 하면 된다.

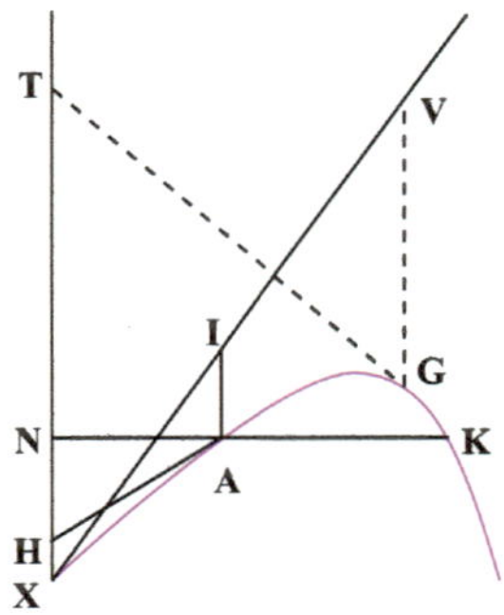

쌍곡선들에 대해서 말한 것을, 포물선들에 대해서도 쉽게 적용할 수 있다. 포물선을 XAGK로 나타내고, 꼭짓점 X에서 직선 XV가 접한다고 하고, 세로 좌표들 IA, VG는 가로 좌표들 XI, XV에 대해서 임의의 거듭곱 XI^n, XV^n이라고 하자. XT, GT, AH를 긋되, XT는 VG에 평행하도록, GT, AH는 G, A에서 포물선에 접하도록 그어라. 그리고 임의의 위치 A에서 물체를, 길게 늘인 직선 AH를 따라서, 적당한 속력으로 투사하면, 만약 각각의 위치 G에서 매질의 밀도가 접선 GT에 역으로 비례하면, 이 물체는 이 포물선을 그리게 된다.

그리고 G에서의 속력은, 투사체가 저항이 없는 공간에서 그 속력으로 나아가면, G가 꼭짓점이고, 아래로 내리그은 VG가 지름이고,

$\frac{2\mathrm{GT}^2}{(nn-n)\times\mathrm{VG}}$ 이 라투스 렉텀인 원뿔 포물선을 그릴 정도이다. 그리고 G에서 매질의 저항 대 중력의 힘의 비율은, GT 대 $\frac{2nn-2n}{n-2}\mathrm{VG}$ 이다.

그러므로 만약 NAK가 지평선을 나타내고, A에서 매질의 밀도와 물체를 투사하는 속력이 그대로 유지되면서, 각 NAH만 임의로 바꾼다면, 길이들 AH, AI, HX는 그대로 유지된다. 그러므로 포물선의 꼭짓점 X와 직선 XI의 위치가 주어지게 된다. 그리고 VG 대 IA의 비율이 XV^n 대 XI^n 이 되도록 잡으면, 투사체가 지나가게 되는 포물선의 모든 점들 G가 주어지게 된다.

제 3 장

부분적으로 속력의 비율로, 부분적으로 속력의 제곱의 비율로 저항을 받는 물체들의 운동

법칙 11, 정리 8

물체가 부분적으로 속력의 비율로, 부분적으로 속력의 제곱의 비율로 저항을 받으면서, 그리고 동일한 물체가 내재된 힘에만 의해서 균질한 매질 속을 움직인다고 하자. 그리고 등차수열이 되도록 시간들을 잡아라. 그러면 속력들에 역으로 비례하는 양들을, 주어진 어떤 양만큼 증가시키면, 그것들은 등비수열이 된다.

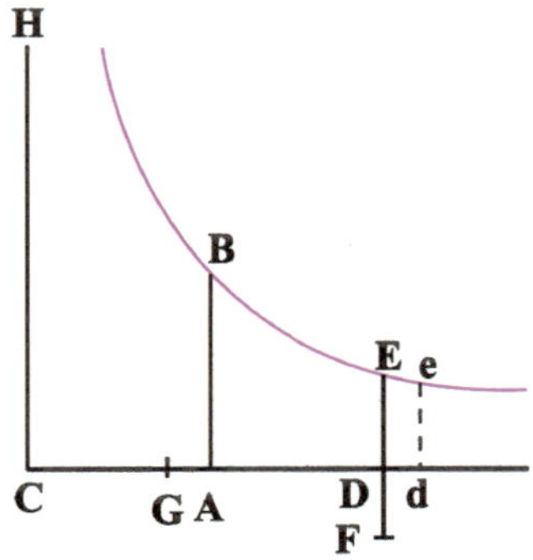

C를 중점으로, CADd, CH를 직각인 점근선들로 해서, 쌍곡선 BEe를 그리고, 점근선 CH에 평행하도록 AB, DE, de를 그어라. 점근선 CD에서, 점들 A, G가 주어졌다고 하자. 그리고 일정하게 증가하는 쌍곡선 도형의 넓이 ABED로 시간을 나타내자. 그러면 속력을 길이 DF로 나타낼 수 있으며, 그 역 GD와 주어진 길이 CG를 더하면, 구성된 길이 CD는 등비수열로 증가함을 보이겠다.

넓이의 원소 DEed가 주어진 한없이 작은 시간의 증가를 나타낸다고 하자. 그러면 Dd는 DE에 역으로 비례하게 되며, 따라서 CD에 바로 비례한다. 이제 $\frac{1}{GD}$ 의 감소량은 (이 책 렘마 2에 따라서) $\frac{Dd}{GD^2}$ 인데,

$\frac{CD}{GD^2}$ 또는 $\frac{CG+GD}{GD^2}$ 에 비례하게 된다. 그러니까 $\frac{1}{GD}+\frac{CG}{GD^2}$ 에 비례한다.

그러므로 시간 ABED는 주어진 (시간의) 원소 EDde를 더함에 따라서 일정하게 증가하며, $\frac{1}{GD}$ 은 속력과 같은 비율로 감소한다. 왜냐 하면 속력의 감소는 저항에 비례하며, (가정에 따라서) 속력에 비례하는 한 가지 양과 속력의 제곱에 비례하는 다른 한 가지 양을 더한 것에 비례한다. 그리고 $\frac{1}{GD}$ 의 감소는 양들 $\frac{1}{GD}$ 과 $\frac{CG}{GD^2}$ 를 더한 것에 비례하며, 여기서 전자는 $\frac{1}{GD}$ 자신이고, 후자인 $\frac{CG}{GD^2}$ 는 $\frac{1}{GD^2}$ 에 비례한다.

그러므로 $\frac{1}{GD}$ 은 산술급수적으로 감소하며, 속력에 비례한다. 그리고 만약 $\frac{1}{GD}$ 에 역으로 비례하는 양 GD를, 주어진 양 CG만큼 증가시키면, 합인 CD는, 시간 ABED가 일정하게 증가할 때, 기하급수적으로 (등비수열로) 증가한다. [증명 끝]

딸린법칙 1 그러므로 만약, 점들 A, G가 주어지고, 쌍곡선 도형의 넓이 ABED로 시간을 나타내면, 속력은 GD의 역인 $\frac{1}{GD}$ 로 나타낼 수 있다.

딸린법칙 2 GA 대 GD의 비율이, 임의의 시간 ABED의 시작시 속력의 역 대 종료시 속력의 역의 비율과 같도록 잡으면, 점 G를 구할 수 있다. 그리고 그것을 구하고 나면, 다른 어떠한 임의의 시간이 주어지더라도 속력을 구할 수 있다.

법칙 12, 정리 9

같은 가정들 하에, 만약 그린 거리들을 등차수열로 잡고, 속력들을 주어진 어떤 양만큼 증가시키면, 등비수열이 된다.

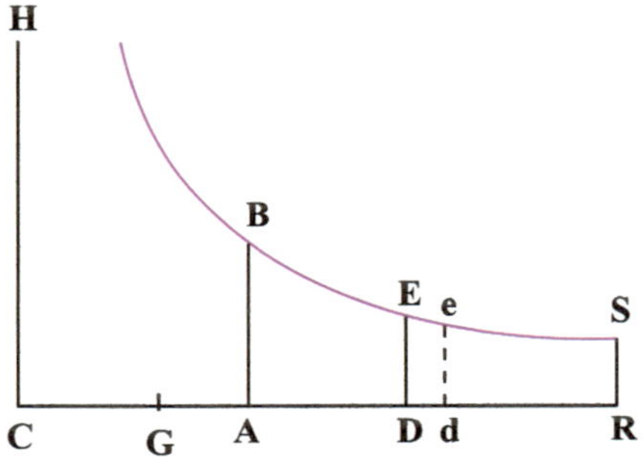

점근선 CD에서 점 R이 주어졌다고 하자. 그리고 수직선 RS를 세워서, 쌍곡선과 만나는 점을 S라 하고, 그린 거리를 쌍곡선 도형의 넓이 RSED로 나타내자. 그러면 속력은 길이 GD에 비례하게 되며, 여기에다 주어진 직선 CG를 더하면, (그 결과로) 구성된 CD는 기하급수적으로 (등비수열로) 감소하게 된다. 거리 RSED가 등차수열로 증가할 때에 말이다.

왜냐 하면 주어진 거리의 증가 EDde에 대해서, GD의 감소인 직선의 원소 Dd는, ED에 역으로 비례하게 되며, 따라서 CD에 바로 비례한다. 그러니까 바로 그 GD 그리고 주어진 길이 CG를 더한 것에 비례한다.

그런데 속력의 감소는, 주어진 길이의 원소 DdeE를 그리는, (속력에) 역으로 비례하는 시간 동안, 저항 그리고 시간의 결합에 비례한다. 그러니까 속력에 비례하는 한 양, 속력의 제곱에 비례하는 다른 한 양, 두 양들의 합에 바로 비례하고, 속력에 역으로 비례한다. 그러므로 두 양들의 합에 바로 비례하는데, 그 중 하나는 주어졌으며, 다른 하나는 속력에 비례한다.

그러므로 속력의 감소 그리고 직선 GD의 감소 둘 다, 주어진 양 그리고 감소하는 양, 둘의 결합에 비례한다. 그리고 유사하게(analogous) 감소

하니, 감소하는 양들은 항상 유사하다. 그러니 속력 그리고 직선 GD가 그러하다. [증명 끝]

딸린법칙 1 만약 속력을 길이 GD로 나타내면, 그린 거리는 쌍곡선 도형의 넓이 DESR에 비례하게 된다.

딸린법칙 2 그리고 만약 점 R을 임의로 가정하면, 점 G를 구하기 위해서, GR 대 GD의 비율이, 임의의 거리 RSED를 그리는 시작시 속력 대 종료시 속력의 비율이 되도록 잡으면 된다. 점 G를 구하고 나면, 거리는 주어진 속력으로부터 주어지게 된다. 그리고 역도 성립한다.

딸린법칙 3 그런데 (법칙 11에 따라서) 주어진 시간으로부터 속력이 주어지게 되며, 그리고 이 법칙에 따라서 주어진 속력으로부터 거리가 주어지게 되니, 주어진 시간으로부터 거리가 주어지게 된다. 그리고 역도 성립한다.

법칙 13, 정리 10

물체가 일정한 중력에 의해서 아래로 당겨지면서, 직선을 따라서 상승 또는 하강한다고 하자. 그리고 그 물체가 부분적으로 속력의 비율로, 부분적으로 속력의 제곱의 비율로 저항을 받는다고 하자. 원 그리고 쌍곡선의 지름들에 평행한 직선들을, 켤레 지름들의 끝점들을 지나도록 그어라. 그리고 속력들이, 주어진 점으로부터 그은, 평행선들의 어떤 선분들에 비례한다고 하자. 그러면 시간들은, 중점으로부터 선분들의 끝점들로 그은 직선들에 의해서 잘리는, 부채꼴들의 넓이들에 비례한다. 그리고 역도 성립한다.

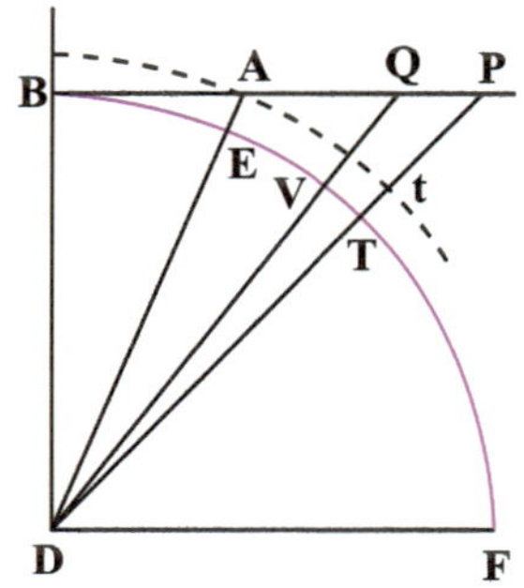

경우 1. 우선 물체가 상승한다고 가정하자. D를 중점으로, 임의의 반지름 DB를 가지고, 사분원 BETF를 그려라. 반지름 DB의 끝점 B를 지나고, 반지름 DF에 평행하도록, 직선 BAP를 한없이 길게 그어라. 거기에서 점 A가 주어졌다고 하고, 선분 AP를 속력에 비례하도록 잡아라.

그리고 저항은 어느 부분 속력에 비례하고, 어느 부분 속력의 제곱에 비례하니, 전체 저항이 $AP^2 + 2BA \times AP$ 에 비례한다고 하자. DA, DP를 연결하여서, 원을 자르는 점들을 E, T라 하자. 중력을 DA^2 으로 나타내되, 중력 대 저항의 비율이, DA^2 대 $AP^2 + 2BA \times AP$ 이 되도록 해라. 그러면 전체 상승 시간은 원의 부채꼴 EDT에 비례함을 보이겠다.

DVQ를 그어서, 속력 AP의 변화율 PQ, 그리고 주어진 시간의 변화율에 대응하는, 부채꼴 DET의 변화율 DTV를 잘라 내라. 그러면 그 속력의 감소 PQ는, 중력의 힘 DA^2 과 저항의 힘 $AP^2 + 2BA \times AP$ 를 더한 것에 비례한다. 그러므로 ([기하학 원론] 2권 법칙 12에 따라서) DP^2 에 비례한다.

그러니 넓이 DPQ는, 그 자신이 PQ에 비례하니, DP^2 에 비례한다. 그리고 넓이 DTV는, 넓이 DPQ와의 비율이 DT^2 대 DP^2 이니, 주어진 DT^2 에 비례한다. 그러므로 넓이 EDT는, 주어진 원소들 DTV를 뺌에 따라서, 미래의(남은) 시간에 비례해서 일정하게 감소하며, 따라서 전체 상승 시간에 비례한다.

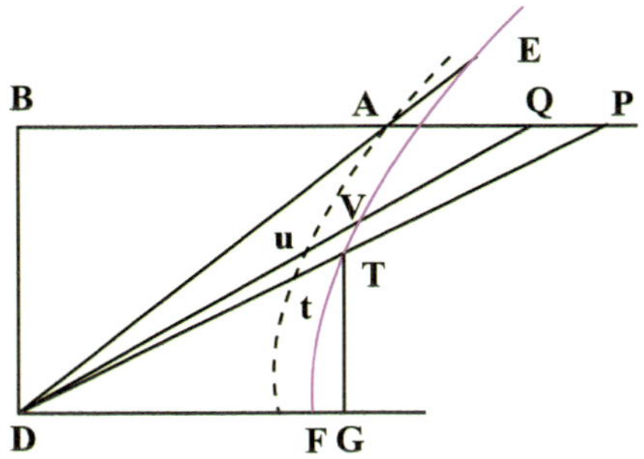

경우 2. 물체의 상승에서 그 속력을 앞에서처럼 길이 AP로 나타내고, 저항이 $AP^2+2BA\times AP$에 비례한다고 가정하자. 그리고 만약 중력의 힘이 DA^2으로 나타낼 수 있는 것보다 더 작으면, 길이 BD를 잡되, AB^2-BD^2이 중력에 비례하도록 잡아라. 그리고 DF는 DB에 수직이며 길이가 같도록 해라.

꼭짓점 F를 지나도록 쌍곡선 FTVE를 그리되, 이것의 켤레 반지름들이 DB와 DF이도록 해라. 이 쌍곡선이 DA와 만나는 점을 E라 하고, DP, DQ와 만나는 점들을 T, V라 하자. 그러면 전체 상승 시간은 쌍곡선의 부채꼴 TDE에 비례함을 보이겠다.

왜냐 하면 주어진 시간의 원소에서 생긴 속력의 감소 PQ는, 저항 $AP^2+2BA\times AP$와 중력 AB^2-BD^2을 더한 것에 비례한다. 그러니까 BP^2-BD^2에 비례한다. 그런데 넓이 DTV 대 넓이 DPQ의 비율은, DT^2 대 DP^2과 같다. 그러므로 DF에 수직이 되도록 GT를 내리그으면, GT^2 또는 GD^2-DF^2 대 BD^2과 같다. 그리고 GD^2 대 BP^2과 같다. 그리고 뺄셈을 하면, DF^2 대 BP^2-BD^2과 같다.

그런데 넓이 DPQ는 PQ에 비례하니, 그러니까 BP^2-BD^2에 비례하니, 넓이 DTV는 주어진 DF^2에 비례한다. 그러므로 넓이 EDT는 각각의 같은 시간의 원소들에서, 같은 개수의 주어진 원소들 DTV를 뺌으로써, 일정하게 감소하며, 따라서 시간에 비례한다.

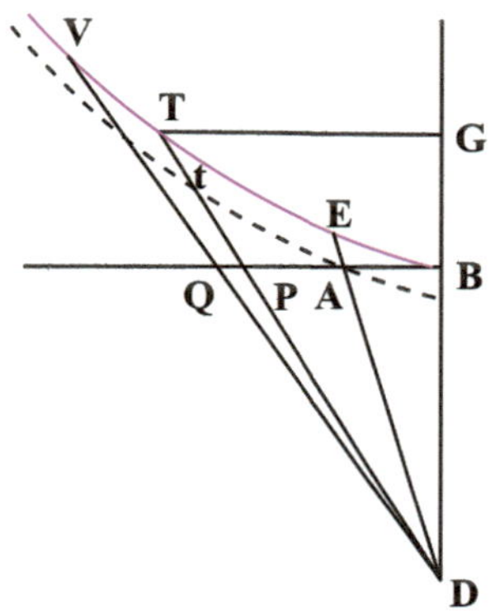

경우 3. AP는 물체의 하강에서의 속력이고, $AP^2+2BA\times AP$ 는 저항이고, BD^2-AB^2 은 중력의 힘이고, 각 DBA는 직각이라고 하자. D를 중점으로, B를 주꼭짓점으로 해서 직각 쌍곡선 BETV를 그리고, DA, DP, DQ를 길게 늘인 것을 자르는 점들을 E, T, V라 하자. 이 쌍곡선의 부채꼴 DET는 전체 하강 시간에 비례하게 됨을 보이겠다.

왜냐 하면 속력의 증가 PQ와, 그에 비례하는 넓이 DPQ는, 중력의 힘에서 저항을 빼고 남은 것에 비례한다. 그러니까

$$BD^2-AB^2-2BA\times AP-AP^2$$

또는 BD^2-BP^2 에 비례한다. 그리고 넓이 DTV 대 넓이 DPQ의 비율은, DT^2 대 DP^2 과 같다. 그러므로 GT^2 또는 GD^2-BD^2 대 BP^2 과 같다. 그리고 GD^2 대 BD^2 과 같다. 그리고 뺄셈을 하면, BD^2 대 BD^2-BP^2 과 같다.

그런데 넓이 DPQ는 BD^2-BP^2 에 비례하니, 넓이 DTV는 주어진 BD^2 에 비례한다. 그러므로 넓이 EDT는, 각각의 같은 시간의 원소들에서, 같은 개수의 주어진 원소들 DTV를 더함으로써, 일정하게 증가하며, 그러므로 하강 시간에 비례한다. [증명 끝]

딸린법칙 D를 중점으로, DA를 반지름으로 해서, 꼭짓점 A를 지나도록 호 At를 그리되, 이것은 호 ET와 닮은꼴이 되고, 각 ADT를 닮은꼴로 대하도록 해라. 그러면 속력 AP 대, 물체가 시간 EDT 동안, 저항이 없는

공간에서, 상승으로 잃게 되는 또는 하강으로 얻게 되는 속력과의 비율이, 삼각형 DAP의 넓이 대 부채꼴 DAt의 넓이와의 비율과 같다. 그러므로 주어진 시간으로부터 주어지게 된다.

왜냐 하면 속력은, 저항이 없는 매질 속에서, 시간에 비례하며, 따라서 이 부채꼴에 비례한다. 저항이 있는 매질 속에서, (속력은) 삼각형에 비례한다. 그리고 어느 매질 속에서이든, 속력이 한없이 작아지면, 같은 것들의 비율에 (비율 1 : 1) 접근한다. 부채꼴 그리고 삼각형이 그렇게 되듯이.

설명

물체가 상승하는 경우 중에, 중력의 힘이 DA^2 또는 $AB^2 + BD^2$ 으로 표현할 수 있는 것보다 더 작고, $AB^2 - BD^2$ 으로 표현할 수 있는 것보다 더 크면, AB^2 으로 표현해야 하며, 이 경우도 마찬가지로 증명할 수 있다. 그렇지만 나는 다른 사항들로 넘어가겠다.

법칙 14, 정리 11

같은 가정들 하에, 상승 또는 하강에서 그린 거리는, 시간을 나타내는 넓이와, 등차수열로 증가 또는 감소하는 다른 어떤 넓이와의 차이에 비례한다. 저항과 중력을 결합한 힘들이 등비수열이 되도록 잡으면 말이다.

AC는 (여기 세 그림들에서) 중력에 비례하도록, 그리고 AK는 저항에 비례하도록 잡아라. 만약 물체가 하강하면, 점 A의 같은편에서 이들을 잡고, 상승하면 반대편에서 잡아라.

Ab를 세우되, 대 DB와의 비율이, DB^2 대 $4BA \times AC$ 가 되도록 해라. 그리고 CK, CH를 직각인 점근선들로 해서 쌍곡선 bN을 그려라. CK에 수직이 되도록 KN을 세우고, 힘들 CK가 등비수열이 되도록 잡으면,

넓이 AbNK는 등차수열로 증가 또는 감소하게 된다. 그러면 그 최고점으로부터 물체의 거리는, 넓이 AbNK에서 넓이 DET를 빼고 남은 것에 비례함을 보이겠다.

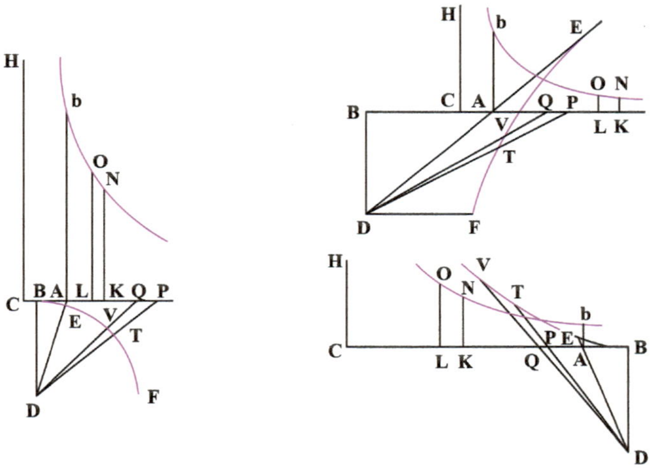

AK는 저항에 비례하니, 그러니까 $AP^2+2BA\times AP$ 에 비례하니, 임의의 주어진 양 Z를 가정하고, AK는 $\dfrac{AP^2+2BA\times AP}{Z}$ 와 같다고 가정하자. 그러면 (이 책 렘마 2에 따라서) AK의 변화율 KL은 $\dfrac{2AP\times PQ+2BA\times PQ}{Z}$ 또는 $\dfrac{2BP\times PQ}{Z}$ 와 같게 된다. 그리고 넓이 AbNK의 변화율 KLON은 $\dfrac{2BP\times PQ\times LO}{Z}$ 또는 $\dfrac{BP\times PQ\times BD^3}{2Z\times CK\times AB}$ 과 같게 된다.

경우 1. 이제 만약 물체가 상승하고, 중력이 AB^2+BD^2에 비례하면, BET는 원이라 하고, (첫째 그림에서) 중력에 비례하는 직선 AC는 $\frac{AB^2+BD^2}{Z}$이 되며, 그리고 DP^2 또는 $AP^2+2BA\times AP+AB^2+BD^2$은 AK×Z + AC×Z 또는 CK×Z가 된다. 그러므로 넓이 DTV는 넓이 DPQ와의 비율이, DT^2 또는 DB^2 대 CK×Z의 비율과 같다.

경우 2. 만약 물체가 상승하고, 중력이 AB^2-BD^2에 비례하면, 직선 AC는 (둘째 그림에서) $\frac{AB^2-BD^2}{Z}$이 되고, DT^2은 DP^2과의 비율이, DF^2 또는 DB^2 대 BP^2-BD^2 또는 $AP^2+2BA\times AP+AB^2-BD^2$과의 비율과 같게 된다. 그러니까 AK×Z + AC×Z 또는 CK×Z와의 비율과 같게 된다. 그러므로 넓이 DTV는 넓이 DPQ와의 비율이, DB^2 대 CK×Z의 비율과 같게 된다.

경우 3. 그리고 같은 추론으로, 만약 물체가 하강하고, 중력이 BD^2-AB^2에 비례하고, 직선 AC가 (셋째 그림에서) $\frac{BD^2-AB^2}{Z}$과 같으면, 넓이 DTV는 넓이 DPQ와의 비율이, DB^2 대 CK×Z의 비율과 같아진다. 위에서와 마찬가지이다.

이 넓이들이 항상 이 비율이니, 만약 넓이 DTV가, 항상 그 자신과 같은 시간의 변화율을 나타내면, 그리고 이것을 임의의 결정된 직사각형 BD×m으로 표현해 놓으면, 넓이 DPQ는, 그러니까 $\frac{1}{2}BD\times PQ$는, BD×m과의 비율이, CK×Z 대 BD^2의 비율과 같다. 그러므로 $PQ\times BD^3$은 2BD×m×CK×Z와 같아지게 되며, 위에서 구한 넓이

AbNK의 변화율 KLON은 $\frac{BP \times BD \times m}{AB}$ 이 된다. 넓이 DET의 변화율 DTV 또는 BD×m을 빼라. 그러면 $\frac{AP \times BD \times m}{AB}$ 이 남게 된다.

그러므로 변화율들의 차이는, 그러니까 넓이들의 차이의 변화율은 $\frac{AP \times BD \times m}{AB}$ 과 같다. 그런데 $\frac{BD \times m}{AB}$ 은 주어졌으니, 이것은 속력 AP에 비례한다. 그러니까 물체가 상승 또는 하강하면서 그리는 거리의 변화율에 비례한다. 그러므로 넓이들의 차이 그리고 그 거리는, 비례하는 변화율들에 따라서 증가 또는 감소하며, 동시에 생겨나거나 또는 동시에 사라지니, 서로 비례한다. [증명 끝]

딸린법칙 만약 넓이 DET를 직선 BD에다 붙이면 (넓이 DET를 BD로 나누면) 생겨나는 길이를 M이라고 하자. 그리고 다른 길이 V를 잡되, V 대 길이 M의 비율은, 직선 DA 대 직선 DE의 비율과 같도록 해라.

저항이 있는 매질에서 물체가 전체 상승 또는 하강으로 그리는 거리 대, 저항이 없는 매질에서 물체가 같은 시간 동안 정지 상태에서부터 하강하면서 그리는 거리의 비율은, 앞에서 언급한 넓이들의 차이 대 $\frac{BD \times V^2}{AB}$ 의 비율과 같다. 그러므로 주어진 시간으로부터 주어지게 된다.

왜냐 하면 저항이 없는 매질에서, 거리는 시간의 제곱에, 또는 V^2 에, 비례한다. 그런데 BD와 AB는 주어졌으니, $\frac{BD \times V^2}{AB}$ 에 비례한다. 이 넓이는 넓이 $\frac{DA^2 \times BD \times M^2}{DE^2 \times AB}$ 와 같으며, M의 변화율은 m이다. 그러므로 이 넓이의 변화율은 $\frac{DA^2 \times BD \times 2M \times m}{DE^2 \times AB}$ 이다.

그런데 이 변화율 대, 앞에서 말한 넓이들 DET와 AbNK의 차이의 변화율과의 비율은, 또는 대 $\frac{AP \times BD \times m}{AB}$ 과의 비율은, $\frac{DA^2 \times BD \times M}{DE^2}$ 대 $\frac{1}{2}BD \times AP$ 와 같다. 그러니까 $\frac{DA^2}{DE^2}$ 을 DET에 곱한 것 대 DAP와 같다. 그러므로 넓이들 DET와 DAP가 가능한 한 작을 때, 같은 것들의 비율이 된다.

그러므로 넓이 $\frac{BD \times V^2}{AB}$, 그리고 넓이들 DET와 AbNK의 차이는, 이 모든 넓이들이 가능한 한 작을 때, 변화율들이 같다. 그러므로 이들은 서로 같다.

그러므로 이 속력들과, 따라서 매질 속에서 동시에 그리는 거리들은, 하강의 시작시 또는 상승의 종료시, 같음으로 접근한다. 그러므로 이들 서로 간의 비율은, 넓이 $\frac{BD \times V^2}{AB}$, 그리고 넓이들 DET와 AbNK의 차이의 비율과 같다. 그리고 게다가 저항이 없는 매질에서 거리는 항상 $\frac{BD \times V^2}{AB}$ 에 비례하고, 그리고 저항이 있는 매질에서 거리는 항상 넓이들 DET와 AbNK의 차이에 비례한다. 그러니 필연적으로, 두 매질들에서 임의의 같은 시간들 동안 그리는 거리들은 서로 간의 비율이, 넓이 $\frac{BD \times V^2}{AB}$, 그리고 넓이들 DET와 AbNK의 차이의 비율과 같다. [증명 끝]

설명

유체들 속에서 구형 물체들의 저항은, 부분적으로 점성(끈적끈적함)으로부터, 부분적으로 마찰로부터, 그리고 부분적으로 매질의 밀도로부터 생겨난다. 그리고 유체의 밀도로부터 생겨나는 저항의 그 부분은, 언급한 것처럼 속력의 제곱에 비례한다. 다른 부분, 그러니까 유체의 점성으로부터 생겨나는 저항은 일정하다. 또는 시간의 변화율에 비례한다. 그러므로 이제부터, 부분적으로 일정한 힘에 의해서, 또는 시간의 변화율과 같은 비율로 저항을 받고, 부분적으로 속력의 제곱의 비율로 저항을 받는 물체들의 운동을 다루는 것으로 넘어갈 수 있다.

그런데 이러한 탐구를 위해서, 앞에 나온 법칙들 8과 9, 그리고 이들에 딸린 법칙들이 길을 닦아 놓은 셈이다. 이 법칙들에서, 물체가 관성(내재된 힘)에만 의해서 움직일 때, 상승하는 물체에게 가해지는 일정한 저항이, 그 중력으로부터 생겨나는데, 매질의 점성으로부터 생겨나는 일정한 저항으로 대치할 수 있다. 직선을 따라서 상승하는 물체에게, 이 일정한 저항을 중력의 힘에다 더해 줄 수 있다. 그리고 물체가 직선을 따라서 하강하면, 중력에서 이것을 빼라.

물체들이 부분적으로 일정한 저항을 받고, 부분적으로 속력의 비율로 저항을 받고, 부분적으로 속력의 제곱의 비율로 저항을 받는 운동을 다루는 것으로 넘어갈 수도 있다. 앞의 법칙들 13과 14가 길을 닦아 놓았다. 매질의 점성으로부터 생겨나는 저항을 중력의 힘 대신에 넣거나, 또는 앞에서처럼 결합할 수 있다. 그러나 나는 다른 사항들로 넘어가도록 하겠다.

제 4 장

저항이 있는 매질에서의 물체들의 원운동

[렘마 3]

나선 PQR이 모든 반지름들 SP, SQ, SR, …을 같은 크기의 각들로 자른다고 하자. 나선의 임의의 점 P에서 나선에 접하도록 직선 PT를 긋고, 반지름 SQ를 자르는 점을 T라 하자. 나선에 수직이 되도록 PO, QO를 긋고, 이들이 만나는 점을 O라 하고, SO를 연결하여라. 그러면 만약 점들 P, Q가 서로 가까워져 합류하게 되면, 각 PSO는 직각이 되며, 직사각형 TQ×2PS 대 PQ^2의 비율은 같은 것들의 비율이 된다.

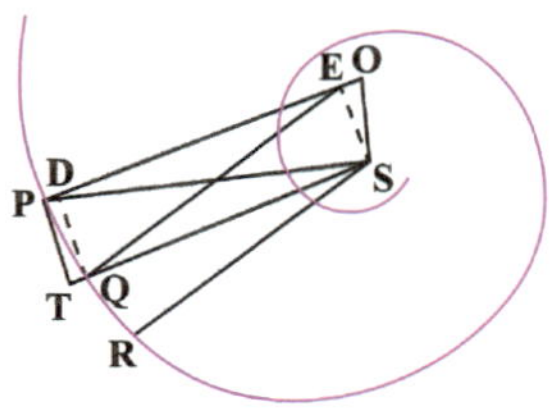

왜냐 하면 직각들 OPQ, OQR에서 크기가 같은 각들 SPQ, SQR을 빼면, 남는 각들 OPS, OQS는 서로 크기가 같다. 그러므로 점들 O, S, P를 지나는 원은 점 Q도 역시 지나게 된다. 점들 P와 Q가 합류하도록 해라. 그러면 이 원은 일치하게 되는 위치 PQ에서 이 나선에 접하게 되며, 따라서 직선 OP를 수직으로 자르게 된다. 그러므로 OP는 이 원의 지름이 되며, 각 OSP는 반원의 각이니, 직각이 된다.

OP로 수직선들 QD, SE를 내리그어라. 그러면 직선들의 궁극적 비율은 다음과 같이 된다. TQ 대 PD는 TS 또는 PS 대 PE와 같다. 또는 2PO 대 2PS와 같다. 그리고 PD 대 PQ는 PQ 대 2PO와 같다. 그러므로 순서를 바꾼 비례식의 같음에 따라서, TQ 대 PQ는 PQ 대 2PS와 같다. 그러므로 PQ^2은 TQ×2PS와 같아지게 된다. [증명 끝]

법칙 15, 정리 12

각각의 위치에서 매질의 밀도는, 고정된 중점으로부터 그 위치의 거리에 역으로 비례하며, 구심력은 밀도의 제곱에 비례한다고 하자. 그러면 물체는, 중점에서부터 그은 모든 반지름들과 주어진 크기의 각을 만드는 나선을 따라서 회전할 수 있다.

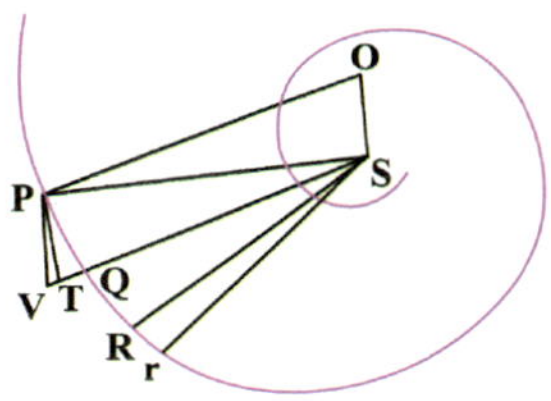

앞의 렘마에서와 같이 가정하자. SQ를 V까지 늘여서, SP와 길이가 같도록 SV를 잡아라. 임의의 시간에, 저항이 있는 매질에서, 물체가 한없이 작은 호 PQ를 그리고, 두 배의 시간 동안 한없이 작은 호 PR을 그린다고 하자. 그리고 이 호들의 감소들은 저항으로부터 생겨난다. 그러니까 저항이 없는 매질에서 같은 시간들 동안 그리는 호들에 비한 감소분들은, 서로 간의 비율이, 그들이 생성된 시간들의 제곱들에 비례한다. 그러므로 호 PQ의 감소분은, 호 PR의 감소분의 사분의 일이다.

그러므로 만약 넓이 PSQ와 같도록 넓이 QSr을 잡으면, 호 PQ의 감소분은 직선의 원소 Rr의 절반과 같다. 그러므로 저항의 힘 대 구심의 힘의 비율은, 이들이 동시에 생성하는, 직선의 원소 $\frac{1}{2}Rr$과 TQ의 비율과 같다.

P에서 물체에게 가해지는 구심력은 SP^2에 역으로 비례하고, 그 힘에 의해서 생성된 직선의 원소 TQ는 (1권 렘마 10에 따라서) 이 힘의 비율 그리고 호 PQ를 그리는 시간의 제곱의 비율을 결합한 비율이니(이 경우

저항은 구심력에 비해서 한없이 작으니 무시하였다), $TQ \times SP^2$ 은, 그러니까 (직전의 렘마에 따라서) $\frac{1}{2}PQ^2 \times SP$ 는 시간의 제곱에 비례하며, 따라서 시간은 $PQ \times \sqrt{SP}$ 에 비례한다.

그리고 그 시간 동안 호 PQ를 그린 물체의 속력은, $\frac{PQ}{PQ \times \sqrt{SP}}$ 또는 $\frac{1}{\sqrt{SP}}$ 에 비례한다. 그러니까 SP의 제곱근에 역으로 비례한다. 그리고 비슷한 추론으로, 호 QR을 그린 속력은 SQ의 제곱근에 역으로 비례한다.

이제 그 호들 PQ와 QR의 비율은, 그린 속력들 서로 간의 비율과 같다. 그러니까 SQ 대 SP의 비율의 제곱근과 같다. 또는 SQ 대 $\sqrt{SP \times SQ}$ 와 같다. 그런데 각들 SPQ, SQr이 같고, 넓이들 PSQ, QSr이 같으니, 호 PQ 대 호 Qr의 비율은 SQ 대 SP와 같다.

비례식의 뒷항들의 차이를 구하여라. 그러면 호 PQ 대 호 Rr의 비율은, SQ 대 $SP - \sqrt{SP \times SQ}$ 또는 $\frac{1}{2}VQ$ 와 같게 된다. 왜냐 하면 점들 P와 Q가 일치하게 되면, $SP - \sqrt{SP \times SQ}$ 대 $\frac{1}{2}VQ$ 의 궁극적인 비율은 같아지기 때문이다.

저항에 의해서 생기는 호 PQ의 감소분, 또는 그 두 배인 Rr은, 저항 그리고 시간의 제곱을 결합한 것에 비례하니, 저항은 $\frac{Rr}{PQ^2 \times SP}$ 에 비례하게 된다. 그런데 PQ 대 Rr의 비율은, SQ 대 $\frac{1}{2}VQ$ 와 같았다. 그러니

$\frac{Rr}{PQ^2 \times SP}$ 은 $\frac{\frac{1}{2}VQ}{PQ \times SP \times SQ}$ 또는 $\frac{\frac{1}{2}OS}{OP \times SP^2}$ 에 비례하게 된다.

왜냐 하면 점들 P와 Q가 결합하게 되면, SP와 SQ도 일치하게 되며, 각 PVQ는 직각이 되기 때문이다. 그리고 삼각형들 PVQ, PSO가 닮은꼴이니, PQ 대 $\frac{1}{2}VQ$ 는, OP 대 $\frac{1}{2}OS$ 와 같아진다. 그러므로 $\frac{OS}{OP \times SP^2}$ 는 저항에 비례한다. 그러니까 P에서 매질의 밀도의 비율, 그리고 속력의 제곱의 비율을 결합한 것이다.

속력의 제곱의 비율을, 그러니까 $\frac{1}{SP}$ 의 비율을 제거하여라. 그러면 P에서 매질의 밀도의 비율이 남게 되며, (매질의 밀도는) $\frac{OS}{OP \times SP}$ 에 비례하게 된다.

나선이 주어졌다고 하자. 그리고 OS 대 OP의 비율도 주어졌으니, P에서 매질의 밀도는 $\frac{1}{SP}$ 에 비례하게 된다. 그러므로 밀도가 중점으로부터 거리 SP에 역으로 비례하는 그 매질 속에서, 물체는 이 나선을 따라서 회전할 수 있다. [증명 끝]

딸린법칙 1 임의의 위치 P에서 물체의 속력은 항상, 저항이 없는 매질 속에서 같은 구심력에 의해서, 물체가 중점으로부터 같은 거리 SP를 반지름으로 해서 원을 그릴 수 있는 속력과 같다.

딸린법칙 2 만약 거리 SP가 주어지면, 매질의 밀도는 $\frac{OS}{OP}$ 에 비례한다. 그렇지만 그 거리가 주어지지 않으면, $\frac{OS}{OP \times SP}$ 에 비례한다. 그러므로 매질의 밀도가 어떠하든, 나선을 적당히 맞출 수 있다.

딸린법칙 3 임의의 위치 P에서 저항의 힘 대, 같은 위치에서 중력의 힘과의 비율은, $\frac{1}{2}OS$ 대 OP와 같다. 왜냐 하면 그 힘들 서로 간의 비율은 $\frac{1}{2}Rr$ 그리고 TQ 또는 $\frac{\frac{1}{4}VQ \times PQ}{SQ}$ 그리고 $\frac{\frac{1}{2}PQ^2}{SP}$ 의 비율과 같다. 그러니까 $\frac{1}{2}VQ$ 그리고 PQ, 또는 $\frac{1}{2}OS$ 그리고 OP의 비율과 같다. 그러므로 나선이 주어지면, 저항 대 구심의 힘의 비율이 주어진다. 그리고 역으로 그 주어진 비율로부터, 나선이 주어진다.

딸린법칙 4 그러므로 물체가 이 나선을 따라서 회전할 수 있으려면, 저항의 힘이 구심의 힘의 절반보다 더 작아야 한다. 저항의 힘이 구심의 힘의 절반과 같다고 하자. 그러면 나선이 직선 PS와 일치하게 되며, 물체는 이 직선을 따라서 중점으로 하강하게 되며, 그 속력은, 물체가 저항이 없는 매질 속에서 포물선을 따라 하강하는 경우의 (1권 정리 10) 속력과의 비율이, 1 대 2 비율의 제곱근과 같다. 그리고 여기서 하강의 시간들은 속력들에 역으로 비례하며, 따라서 주어지게 된다.

딸린법칙 5 그리고 중점으로부터 같은 거리들에서, 그 속력은 나선 PQR에서 그리고 직선 SP에서 동일하며, 그리고 나선의 길이 대 직선 PS의 길이는 주어진 비율이 되니, 그러니까 OP 대 OS의 비율과 같으니, 나선을 따른 하강 시간 대 직선 SP를 따른 하강 시간도 주어진 그 동일한 비율이 된다. 그러므로 주어진다.

딸린법칙 6 S를 중점으로, 주어진 임의의 그 어떠한 두 구간들을 가지고, 두 원들을 그려라. 이 원들을 그대로 유지하면서, 나선이 반지름 PS와 만드는 각을 임의로 변화시켜라. 물체가 원들의 둘레들 사이에서,

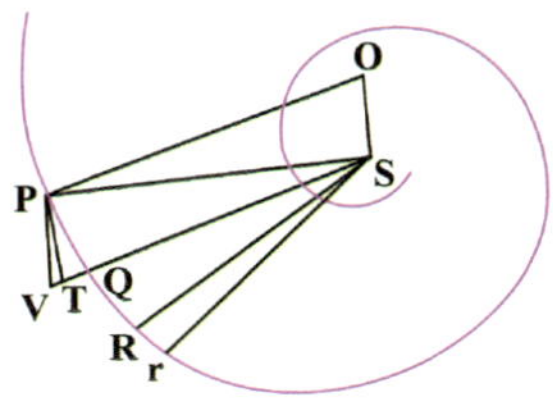

둘레에서부터 둘레까지 나선을 따라서 나아가며, 완성할 수 있는 회전들의 횟수는, $\frac{PS}{OS}$ 에 비례한다. 또는 나선이 반지름 PS와 만드는 각의 탄젠트에 비례한다. 그런데 회전들의 시간은 $\frac{OP}{OS}$ 에 비례한다. 그러니까 동일한 각의 시컨트(secant)에 비례한다. 또는 매질의 밀도에 역으로 비례한다.

딸린법칙 7 밀도가 중점으로부터 거리에 역으로 비례하는 매질 속에서, 물체가 그 중점의 둘레에서 임의의 곡선 AEB를 따라 회전하는데, 첫째 반지름 AS를 이전의 A에서와 같은 각으로 B에서 자르고, B에서의 그 속력 대 이전의 A에서의 속력과의 비율은, 중점으로부터 거리들의 비율의 제곱근에 역으로 비례한다고 하자. (그러니까 AS 대, AS와 BS 사이의 비례 중항과의 비율이다.) 그러면 그 물체는 무수히 많은 닮은꼴의 회전들 BFC, CGD, …를 계속하며, 교차하여서 반지름 AS를 부분들 AS, BS, CS, DS, …로 분할하는데, 이들은 차례차례 비율이 같다.

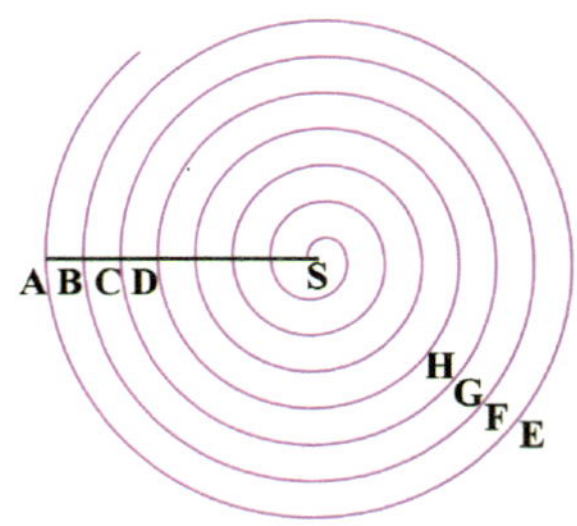

그 회전들의 시간들은 궤도들 AEB, BFC, CGD, …의 길이들에 바로 비례하고, 궤도의 시작점들 A, B, C, …에서의 속력들에 역으로 비례한다. 그러니까 $AS^{\frac{3}{2}}, BS^{\frac{3}{2}}, CS^{\frac{3}{2}}$, …에 비례한다.

그리고 물체가 중점에 이르기까지의 전체 시간은, 첫째 회전의 시간과의 비율이, 끝없이 계속되는 등비수열 $AS^{\frac{3}{2}}, BS^{\frac{3}{2}}, CS^{\frac{3}{2}}$, …을 모두 더한 것 대, 첫째 항 $AS^{\frac{3}{2}}$ 과의 비율과 같다. 그러니까 첫째 항 $AS^{\frac{3}{2}}$ 대, 처음 두 항들의 차이 $AS^{\frac{3}{2}} - BS^{\frac{3}{2}}$ 과의 비율과 같다. 또는 $\frac{2}{3}AS$ 대 AB의 비율과 거의 같다. 그러므로 그 전체 시간을 쉽게 구할 수 있다.

딸린법칙 8 게다가 이것들로부터, 매질의 밀도가 균일하거나, 또는 할당된 다른 어떠한 규칙에 따른다 하더라도, (그 매질 속에서) 물체들의 운동을 추론할 수 있다. S를 중점으로, 구간들 SA, SB, SC, …는 차례차례 비율이 같도록 잡아서, 임의의 개수의 원들을 그려라.

우리가 다룬 매질 속에서, 임의의 이러한 두 원들의 원주들 사이에서의 회전들의 횟수를 구하고, 제시된 매질 속에서, 같은 (원주들) 사이에서의 회전들의 시간에 대한 비율이, 이 원들 사이에서 제시된 매질의 평균 밀도 대, 같은 (원들) 사이에서 우리가 다룬 매질의 평균 밀도와의 비율이, 가능한 한 가깝다고 하자. 게다가 우리가 다룬 매질 속에서 나선이 반지름 AS를 자르는 각의 시컨트(secant) 대, 제시된 매질 속에서 새로운 나선이 같은 반지름을 자르는 각의 시컨트와의 비율이, 같은 비율이라고 하자. 그리고 게다가 같은 각들의 탄젠트들의 비율은, 같은 두 원들 사이의 모든 회전들의 횟수들의 비율과 가능한 한 가깝다고 하자.

만약 모든 두 원들 사이에서 이렇게 되면, 운동은 모든 원들을 통해서 계속되게 된다. 그러니 이것을 바탕으로, 임의의 균질한(regular) 매질 속에서, 물체가 어떤 방식으로, 그리고 어떤 시간들로 회전하는지 어렵지 않게 상상할 수 있다.

딸린법칙 9 그리고 비록 편심적인(eccentric) 운동들이 타원 형태로 접근하는 나선들을 따라서 행해지더라도, 그러한 나선들의 각각의 회전들이 서로 간에 같은 간격들로 떨어져 있다고 생각하면, 그리고 위에서 설명한 나선처럼 같은 정도들로 중점으로 접근하면, 이러한 나선들에서 물체들의 운동들이 어떻게 행해지는지, 우리는 역시 이해할 수 있다.

법칙 16, 정리 13

각각의 위치에서 매질의 밀도는 움직이지 않는 중점으로부터 그 위치의 거리에 역으로 비례하고, 그리고 구심력은 그 동일한 거리의 임의의 거듭곱에 역으로 비례한다고 하자. 그러면 물체는, 중점에서부터 그은 모든 반지름들을 주어진 각으로 자르는 나선을 따라서 회전할 수 있다.

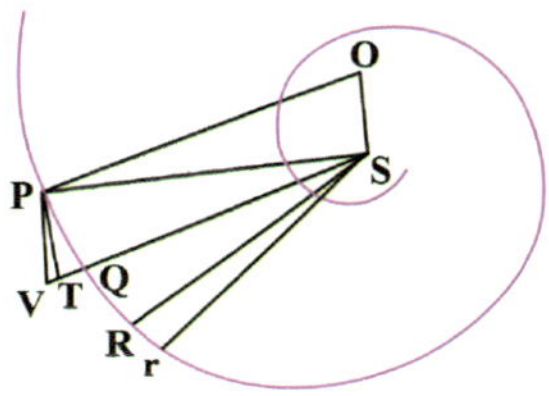

이것은 위의 법칙과 같은 방법으로 증명한다. 위치 P에서의 구심력이, 거리 SP의 임의의 거듭곱 SP^{n+1}에 역으로 비례한다고 하자. 여기서 지수는 $n+1$이다. 그러면 위에서와 마찬가지로, 물체가 임의의 호 PQ를 그리는 데 걸리는 시간은 $PQ \times PS^{\frac{1}{2}n}$에 비례하고, P에서의 저항은 $\dfrac{Rr}{PQ^2 \times SP^n}$ 또는 $\dfrac{(1-\frac{1}{2}n) \times VQ}{PQ \times SP^n \times SQ}$에 비례하고, 따라서 $\dfrac{(1-\frac{1}{2}n) \times OS}{OP \times SP^{n+1}}$에 비례하고, 그러니까, $\dfrac{(1-\frac{1}{2}n) \times OS}{OP}$는 주어진 양이니, SP^{n+1}에 역으로 비례하게 된다. 그런데 속력은 $SP^{\frac{1}{2}n}$에 역으로 비례하니, P에서의 밀도는 SP에 역으로 비례하게 된다. [증명 끝]

딸린법칙 1 저항 대 구심의 힘과의 비율은, $(1-\frac{1}{2}n)\times OS$ 대 OP이다.

딸린법칙 2 만약 구심의 힘이 SP^3에 역으로 비례하면, $1-\frac{1}{2}n=0$ 이 된다. 그러므로 매질의 저항과 밀도는 0이 된다. 1권 법칙 9에서와 마찬가지이다.

딸린법칙 3 만약 구심력이 반지름 SP의 어떤 거듭곱에 역으로 비례하는데, 지수가 숫자 3보다 더 크면, 양수인 저항이 변화하여서 음수가 되어야 한다.

설명

이 법칙과 그 앞의 법칙들은, 밀도가 일정하지 않은 매질을 논하는데, 충분히 작은 물체들의 운동이어서, 물체의 어느 면이 다른 면에 비해서 매질의 밀도가 더 큰 경우는 다루지 않는 것으로 이해하자. 그리고 여타 사항들이 같아서, 저항은 매질의 밀도에 비례한다고 가정한다. 그러니 저항의 힘이 밀도에 비례하지 않는 매질들에서는, 저항의 초과분을 제거하거나 또는 부족분을 보충해 주도록, 밀도를 적당한 양만큼 증가 또는 감소시켜 주어야 한다.

법칙 17, 문제 4

속력의 규칙이 주어졌을 때, 주어진 나선을 따라서 물체가 회전할 수 있도록, 구심의 힘 그리고 매질의 저항을 구하시오.

그 나선을 PQR이라 하자. 물체가 한없이 짧은 호 PQ를 횡단하는 그 속력으로부터, 시간이 주어지게 되며, 그 힘은 높이 TQ로부터 주어지게 된다. 이 높이는 구심의 힘 그리고 시간의 제곱에 비례한다. 같은 시간의 원소들 동안 그리는 넓이들 PSQ와 QSR의 차이인 RSr로부터, 물체의 늦어지는 정도가 주어지게 된다. 그리고 그 늦어지는 정도로부터, 저항 그리고 매질의 밀도를 구할 수 있다.

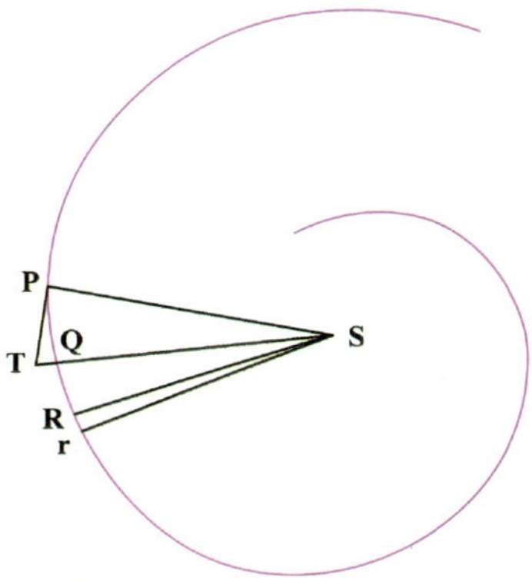

법칙 18, 문제 5

주어진 구심의 힘의 규칙으로부터, 물체가 주어진 나선을 그리게 되는, 각각의 위치에서의 매질의 밀도를 구하시오.

구심의 힘으로부터, 각각의 위치에서 속력을 구한다. 그 다음에 앞의 법칙에서와 마찬가지로, 속력이 늦어지는 정도로부터 매질의 밀도를 구한다. [증명 끝]

설명

나는 이 책 법칙 10, 그리고 렘마 2에서 이러한 문제들을 다루는 방법을 제시하였다. 그러니 이렇게 복잡한 문제들을 가지고 더 이상 독자 여러분들을 귀찮게 하지 않겠다. 이제 진행하는 물체들의 힘들, 여기서 설명한 운동들 그리고 이들과 관련된 것들이 행해지는 매질들의 밀도들 그리고 저항과 관련된 것들을 몇 가지 덧붙이도록 하겠다.

제 5 장

유체들의 밀도와 압축, 그리고 정역학

유체의 정의

유체란, 그 부분들이 그에 가한 임의의 힘에 의해서 밀려나면서, 밀려난 것들이 그들 속에서 쉽게 움직이는 모든 것들을 말한다.

법칙 19, 정리 14

균질하고 움직임이 없는 유체가, 임의의 움직임이 없는 용기 속에 에워싸여 있으며, 모든 부분들이 (응축, 중력, 그리고 모든 구심의 힘들의 적용을 제외하고) 모든 면들에서 같은 압력을 받는다고 하자. 그러면 그 압력으로부터 어떠한 운동도 생성되지 않으며, 그들의 위치들에 머물게 된다.

경우 1. 구형 용기 ABC 속에 유체가 에워싸여(담겨) 있으며, 모든 면들로부터 일정한 압력이 가해진다고 하자. 그러면 그 압력의 결과로써, 어떠한 부분도 움직이게 되지 않음을 보이겠다.

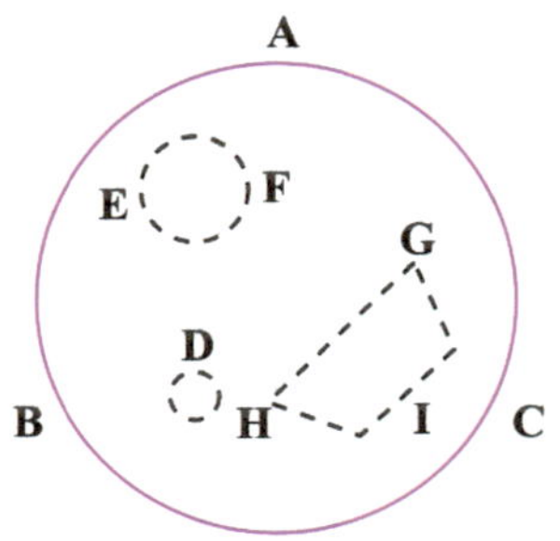

왜냐 하면 만약 어떤 부분 D가 움직이면, 중점으로부터 같은 거리에 구성되어 있는, 이와 같은 모든 부분들은 비슷한 운동으로 동시에 움직여야 한다. 그 까닭은, 모든 압력은 닮은꼴이며 크기가 같고, 그 압력으로

부터 생성되는 운동 이외의 모든 운동들은 배제되는 것으로 가정하고 있기 때문이다.

그렇지만 모두가 중점을 향해서 가까이 접근할 수 없다. 왜냐 하면 유체가 중점에서 압축이 될 것이며, 이는 가정에 어긋나기 때문이다. 이들은 중점으로부터 멀어질 수도 없다. 유체가 둘레에서 압축이 될 것이며, 역시 가정에 어긋나기 때문이다.

이들은 중점으로부터 그 거리를 유지하면서, 임의의 방향으로 움직일 수도 없다. 왜냐 하면 이들은 반대쪽 방향으로도 같은 비율로 움직여야 하기 때문이다. 그러나 같은 부분이 반대쪽 방향들로 동시에 움직일 수는 없다. 그러므로 유체의 어떠한 부분도 그 위치로부터 벗어나 움직이지 않는다.

경우 2. 나는 이제, 이 유체의 모든 구형 부분들은 모든 면들로부터 같은 압력을 받음을 보이겠다. EF가 유체 속에서 구형 부분이라고 하자. 만약 이 부분이 모든 면들로부터 같은 압력을 받지 않으면, 작은 압력을 증가시켜서, 모든 면들의 압력이 같아지도록 만들어라. 그러면 경우 1에 따라서, (EF의) 그 부분들은 그 위치들을 유지하게 된다.

그런데 이러한 압력의 증가 이전에, 경우 1에 따라서, 이들은 그 위치들을 유지하고 있었다. 이제 새로운 압력이 추가되었으니, 이들은 유체의 정의에 따라서, 그 위치로부터 밀려나야 한다. 이 둘은 모순된다. 그러므로 구 EF가 모든 방향에서 똑같은 압력을 받지 않는다는 가정이 잘못되었다.

경우 3. 게다가 구의 다른 부분들도 압력이 같음을 보이겠다. 왜냐 하면 구에서 접한 부분들은, 운동 법칙 3에 따라서, 접하는 점에서 서로 간에 같은 힘으로 누른다.

그런데 경우 2에 따라서, 이들은 모든 방향들에서 같은 (크기의) 힘

(압력)을 받는다. 그러므로 구의 접하지 않은 임의의 두 부분들도, 왜냐하면 중간에 구형 부분을 넣어서 양쪽에 접하도록 하면, 같은 힘으로 눌려지게 된다.

경우 4. 나는 이제 유체의 모든 부분들은 모든 방향에서 같은 압력을 받음을 보이겠다. 왜냐 하면 임의의 두 부분들은 그 어떠한 점들에서든 구형 부분들에 의해서 접할 수 있으며, 거기에서 이들은, 경우 3에 따라서, 그 구형 부분들을 같은 압력으로 누르며, 그리고 역으로, 운동 법칙 3에 따라서, 구형 부분들에 의해서 같은 압력으로 눌려진다.

경우 5. 그러므로 유체의 임의의 부분 GHI는, 나머지 유체 속에서 마치 용기에 담겨진 것처럼, 모든 방향에서 같은 압력을 받고 있으며, 그 부분들은 상호 간에 같은 압력을 가하며, 서로 간에 정지해 있다. 그 어떠한 임의의 GHI의 유체들은, 모든 방향에서 같은 압력이 가해지며, 모든 부분들이 상호 간에 같은 압력으로 누르며, 서로 간에 정지해 있음이 명백하다.

경우 6. 그러므로 만약 단단하지 않은 용기 속에 유체가 담겨 있고, 모든 면들에서 압력이 같지 않다면, 유체의 정의에 따라서, 그것은 강한 압력에 의해서 밀려날 것이다.

경우 7. 그러므로 단단한 용기 속에서, 어느 한 면의 압력이 다른 한 면보다 더 크면, 유체는 큰 압력에 버티지 않으며, 시간의 그 순간, 그에 밀려나게 된다. 왜냐 하면 단단한 용기의 면은 밀려나는 유체를 뒤쫓지 않기 때문이다. 그러나 밀려남으로써, 반대쪽 면을 누르게 되고, 그래서 압력은 모든 면들에서 같아지게 된다.

그리고 유체는, 더 강한 압력의 면으로부터 멀어지려고 시도하는 순간, 용기의 반대쪽 면의 저항에 의해서 방해받게 되니, 부분적인 운동

없이, 시간의 그 순간, 모든 면들의 압력은 같아지게 된다. 그러므로 유체의 부분들은, 경우 5에 따라서, 상호 간에 같은 압력을 가하며, 서로 간에 정지해 있다. [증명 끝]

딸린법칙 그러므로 유체의 부분들 서로 간의 운동들은, 임의의 외부 표면으로부터 유체에게 가해진 압력에 의해서 변화하지 않는다. 표면의 생김새가 어딘가에서 달라지거나, 또는 유체의 모든 부분들을 강하게 또는 약하게 눌러서, 서로 간에 격렬하게 또는 느릿하게 흘러가는 경우라면 혹시 몰라도.

법칙 20, 정리 15

유체들이 구형이고, 중점으로부터 같은 거리들에서 균질하며, 동심인 구형 바닥의 위에서, 각각의 부분들이 전체의 중점을 향해서 중력을 받으며 머물러 있다고 하자. 그러면 바닥이 지탱해 주는 무게는, 밑면이 바닥의 표면적과 같고, 높이는 (그 바닥에) 기대고 있는 유체의 높이와 같은, (유체의) 기둥의 무게이다.

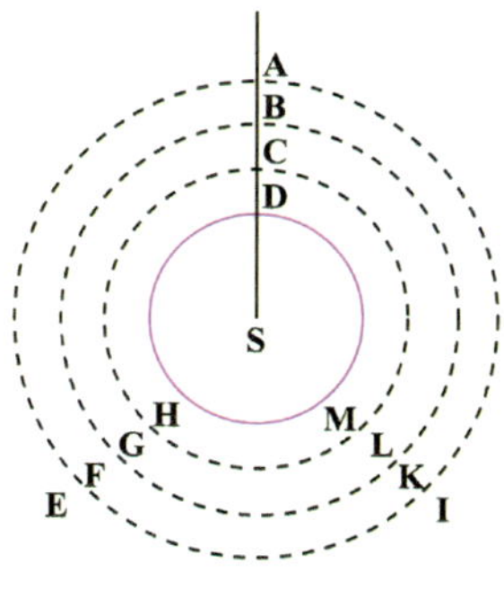

밑바닥을 DHM이라 하고, 유체의 가장 윗면을 AEI라 하자. 무수히 많은 구의 표면들 BFK, CGL로, 유체를 같은 두께의 동심의 껍질들(orbes concentricos)로 분할하여라. 그리고 중력의 힘이 각각의 껍질의 위쪽 표면에만 작용한다고 상상하고, 모든 표면들의 같은 부분들에서 작용들이 같다고 하자.

그러면 가장 위쪽 표면 AE는 자신의 단순한 중력의 힘에만 의해서 눌리며, 그에 의해서 가장 위의 껍질의 모든 부분들 그리고 둘째 표면 BFK는 (법칙 19에 따라서) 그들의 척도에 따라서 동일하게 눌려진다. 둘째 표면 BFK는 그 자신의 중력에 의해서 눌려지며, 이것을 첫째 힘에다 더하면, 압력은 두 배가 된다. 이 압력은, 그 척도에 따라서, 그리고 그 자신의 중력의 힘이 더해져서, 그러니까 세 배의 압력이 셋째 표면 CGL을 누른다. 마찬가지로 넷째 면은 네 배의 압력으로 눌려지고, 다섯째 면은 다섯 배로, 이런 식으로 계속된다.

그러므로 각각의 면을 누르는 압력은, 기대고 있는 유체의 양에 비례하는 게 아니라, 유체의 가장 위쪽에 이르기까지의 껍질들의 개수에 비례한다. 그리고 가장 아래쪽 껍질의 중력 곱하기 껍질들의 개수와 같다. 그러니까 위에서 언급한 기둥에 대한 궁극적 비율이 (껍질들의 개수를 한없이 증가시키고, 두께를 한없이 감소시켜서, 중력이 가장 아래 표면에서 가장 위쪽 표면에 이르기까지 연속적으로 작용할 때) 같은 것들의 비율이 되는 입체의 중력과 같다. 그러므로 가장 아래 표면은, 위에서 언급한 기둥의 무게를 지탱하게 된다.

그리고 비슷한 추론에 따라서, 중점으로부터 거리에 따라서 중력이 주어진 어떠한 비율로 감소하든, 그리고 유체가 위로 갈수록 밀도가 낮아지고, 아래로 갈수록 높아지든, 이 법칙은 성립함이 명백하다. [증명 끝]

딸린법칙 1 그러므로 맨 밑바닥은 위의 유체 전체의 무게로 눌려지는 게 아니라, 이 법칙에서 묘사한 무게의 부분만을 지탱하고 있다. 무게의 나머지는 유체의 아치형 구조에 의해서 지탱된다.

딸린법칙 2 게다가 중점으로부터 같은 거리들에서, 압력의 양은 항상 같다. 압력을 받는 표면이 지평면에 대해서 평행하든 또는 수직이든 또는 비스듬하든 상관이 없다. 그 유체가 표면에서 눌려져 위쪽으로 연속적으로, 직선을 따라서 수직으로 상승하든, 또는 꼬불꼬불하게 움푹한 곳들이나 운하들을 따라서 비스듬히 기어올라가든, 그리고 이것들이 규칙적이든 또는 매우 불규칙하든, 넓든 또는 매우 좁든 상관이 없다. 이러한 상황들에서, 이 법칙의 증명을 유체의 각각의 경우들에 적용해 보면, 압력이 달라지지 않는다는 결론이 나온다.

딸린법칙 3 같은 증명에 따라서, 무거운 유체의 부분들은 내리누르는 무게의 압력에 의해서, 그들 서로 간의 운동이 전혀 생기지 않음을 (법칙 19에 따라서) 결론내릴 수 있다. 만약 압축으로부터 생겨나는 운동을 제외하면.

딸린법칙 4 그러니 만약 (유체와) 비중이 같고 압축이 되지 않는 물체를 이 유체 속에다 담그면, 물체는 (유체의) 지탱하는 무게의 압력으로부터 어떠한 운동도 획득하지 못한다. 물체는 하강하지 않고, 상승하지 않고, 그 형태를 바꾸지도 않는다. 만약 그것이 구형이면, 압력에도 불구하고 구형을 유지한다. 만약 정육면체이면, 정육면체를 유지한다. 그것이 매우 부드럽든, 또는 매우 유동적이든, 또는 유체 속에서 자유로이 떠 있든, 또는 바닥에 가라앉아 있든 상관이 없다.

왜냐 하면 유체 속의 임의의 부분은, 그 유체에 잠긴 물체와 마찬가지 상태에 놓여 있다. 그리고 같은 크기, 형태, 비중을 가진 잠긴 물체들은 모두 같은 경우이다. 만약 잠긴 물체가 무게를 유지하면서, 액화되거나 또는 유체의 형태를 취하게 되면, 만약 이전에 상승 또는 하강하거나 또는 압력에 의해서 새로운 형태를 취하고 있었다면, 지금도 여전히 상승 또는 하강하게 되고, 또는 새로운 형태를 취하게 될 것이다. 그렇게 되는 것은, 그 중력 그리고 그 운동들의 다른 원인들이 변화 없이 유지되기 때문이다. 그런데 (법칙 19, 경우 5에 따라서) 이 물체는 이미 정지해서 그 형태를 유지하고 있었다. 그러니 이전과 마찬가지이다.

딸린법칙 5 그러므로 물체의 비중이 인접한 유체보다 더 크면, 물체는 가라앉게 된다. 그리고 비중이 작으면 상승하게 된다. 그 비중의 초과 또는 부족이 초래하는, 운동 그리고 형태의 변화를 획득하게 된다. 왜냐 하면 이 초과 또는 부족은 가하는 힘의 성격을 가진다. 그것이 없으면 물체가 유체의 부분들과 평형 상태를 이룰 텐데, 힘이 가해지게 된다. 이것은 천칭에서 그 무게의 초과 또는 부족과 비교할 수 있다.

딸린법칙 6 그러므로 유체 속의 물체들의 중력은 두 가지이다. 하나는 진짜 그리고 절대적이고, 다른 하나는 겉보기, 일반적 그리고 대조적이다. 절대 중력은, 물체가 하강하려 하는 전체 힘이다. 상대적 그리고 일반적인 중력은, 물체가 둘레의 유체들에 비해서 더욱 (강하게) 하강하려는 중력의 초과분이다.

전자의 종류의 중력에 의해서, 유체의 부분들 그리고 모든 물체들은 그들의 위치들에서 중력을 가한다. 그러므로 그들의 무게들의 결합은 전체 무게를 구성한다. 그런데 모든 전체는 무겁다. 유체들로 가득한 용기들을 들어보면 알 수 있다. 그리고 전체의 무게는 모든 부분들의 무게들의 합과 같다. 그러니 그들로 구성되는 것이다.

다른 종류의 중력에 의해서, 물체들은 그들의 위치들에서 중력을 가하는 게 아니다. 그러니까 서로 간에 대조하여 더 무겁지 않으면, 상호간에 하강하려는 시도를 방해하면서, 그 위치들을 유지한다. 마치 그들의 무게가 없는 것처럼.

공기 속에서 (공기보다) 더 무겁지 않은 물체는, 일반적으로 무게가 없다고 말한다. 일반적으로 무겁다고 판단하는 물체는, 공기의 무게에 의해서 지탱되지 않기 때문이다. 일반적으로 말하는 무게란, 진짜 무게의 공기의 무게에 대한 초과분일 뿐이다. 그리고 일반적으로 가볍다고 부르는 것들은, (공기보다) 덜 무거우며, 공기가 더 무거워서, 밀려나 위로 올라가는 것들이다. 이들은 대조적으로 가벼울 뿐, 진짜는 아니다. 진공 속에서는 하강하기 때문이다.

그러니 물속에서, 물체들은 무게가 크거나 또는 작음에 따라서 하강 또는 상승하며, 그러니 대조적 그리고 겉보기로 무겁거나 또는 가벼우며, 그들의 대조적 그리고 겉보기의 무거움 또는 가벼움은, 그 진짜 무게의 그것을 감싸고 있는 물의 무게 대비 초과분 또는 부족분이다.

더 무거워서 하강하지도 않고, 더 무거운 것에 밀려나 상승하지도 않으면, 그들의 진짜 무게로 전체 무게를 증가시키지만, 그러나 대조적으로 그리고 일반적인 의미로, 그것들은 물속에서 무게가 없다. 이러한 경우들의 증명은 비슷하다.

딸린법칙 7 중력에 대해서 증명한 것들이, 다른 임의의 구심의 힘들에 대해서도 성립한다.

딸린법칙 8 따라서 만약 매질 속에서 어떤 물체가 움직이는데, 매질에게 그 자신의 중력 또는 다른 임의의 구심력이 가해지며, 물체에게 같은 힘이 더욱 강하게 가해지면, 힘들의 차이가 그 동인의 힘이 된다. 앞의 법칙들에서 우리는 그것을 구심의 힘으로 간주하였다. 만약 물체에게 가해지는 그 힘이 가벼우면, 힘들의 차이를 원심의 힘이라 잡아야 한다.

딸린법칙 9 게다가 유체들은, 그 속에 잠긴 물체들을 누르더라도 그 외부 형태들을 바꾸지 않으니, 유체는 (법칙 19, 딸린 법칙에 따라서) 내부 부분들의 서로 간의 위치들을 바꾸지 않을 것임이 또한 명백하다. 그러니 동물들이 잠겨 있고, 모든 감각들이 부분들의 운동으로부터 생겨난다면, 유체는 잠긴 몸뚱이들에게 해를 가하지 않으며, 그 어떠한 감각들도 불러일으키지 않는다. 다만 그 몸뚱이들이 압력에 의해서 응축(압축)될 수는 있다.

그리고 임의의 몸뚱이들의 체계가 압축시키는 유체에 둘러싸여 있는 경우도 마찬가지이다. 그 체계의 모든 부분들은 마치 그들이 진공 속에 구성되어 있는 것처럼, 같은 운동들로 움직여지게 되며, 그들의 대조적 중력만을 유지하게 된다. 그렇지만 유체는 그들의 운동들을 약간 방해할 수도 있고, 압축에 의해서 그들이 뭉치는 데 필요할 수도 있다.

법칙 21, 정리 16

어떤 유체의 밀도가 압력에 비례한다고 하자. 그리고 그 모든 부분들이 중점으로부터 거리에 역으로 비례하는 구심력에 의해서 아래로 당겨진다고 하자. 그러면 차례차례 비율이 같도록 거리들을 잡으면, 그와 같은 거리들에서 유체의 밀도들도 차례차례 비율이 같게 된다.

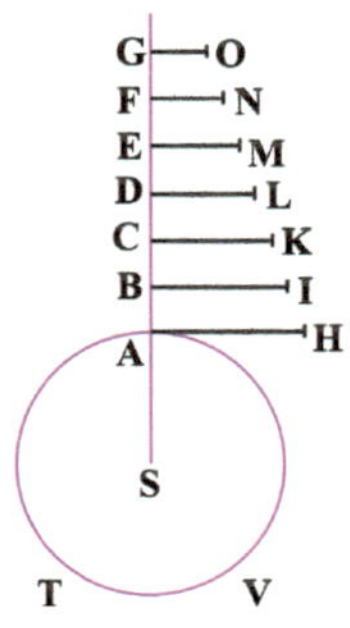

유체를 지탱하고 있는 구형 밑면을 ATV로 나타내자. S는 중점, 거리들 SA, SB, SC, SD, SE, SF, …는 차례차례 비율이 같다고 (등비수열이라고) 하자. 수직선들 AH, BI, CK, DL, EM, FN, …을 세우되, 이들의 길이는 위치들 A, B, C, D, E, F, …에서 매질의 밀도들에 비례하도록 해라. 그러면 같은 위치들에서 비중들은 $\frac{AH}{AS}$, $\frac{BI}{BS}$, $\frac{CK}{CS}$, …에 비례한다. 또는, 마찬가지이지만, $\frac{AH}{AB}$, $\frac{BI}{BC}$, $\frac{CK}{CD}$, …에 비례한다.

우선 A에서 B까지, B에서 C까지, C에서 D까지, …, 비중들이 일정하다고 가정하자. 그러니 점들 B, C, D, …에서 단계적으로 감소하게 된다.

이러한 비중들에다 높이들 AB, BC, CD, …를 곱하면, 압력들 AH, BI, CK, …를 구성하게 되며, 밑바닥 ATV는 (정리 15에 따라서) 이들에 의해서 눌려진다.

그러므로 입자 A는 AH, BI, CK, DL, 무한히 계속되는, 모든 압력들을 지탱하고 있다. 그리고 입자 B는 처음 AH를 제외한 나머지 모두를, 입자 C는 처음의 둘 AH, BI를 제외한 나머지 모두를 지탱하고 있다. 이렇게 계속된다.

그러므로 첫째 입자 A의 밀도 AH 대 둘째 입자 B의 밀도 BI와의 비율은, 무한히 계속되는 모든 AH + BI + CK + DL + …의 합 대, 모든 BI + CK + DL + …의 합의 비율과 같다. 그리고 둘째 B의 밀도 BI 대, 셋째 C의 밀도 CK와의 비율은, 모든 BI + CK + DL + …의 합 대, 모든 CK + DL + …의 합의 비율과 같다.

그러므로 그 합들은 그들의 차이들 AH, BI, CK, …에 비례한다. 그러므로 (이 책 렘마 1에서 따라서) 이들은 차례차례 비율이 같다. 그리고 그 차이들 AH, BI, CK, …도 합들에 비례하니, 역시 차례차례 비율이 같다. 그런데 위치들 A, B, C, …에서의 밀도들은 AH, BI, CK, …에 비례하니, 이들도 역시 차례차례 비율이 같다.

건너뛰며 나아가서, 그리고 비율들의 같음에 따라서, 거리들 SA, SC, SE는 차례차례 비율이 같으며, 밀도들 AH, CK, EM도 차례차례 비율이 같다. 그리고 같은 추론으로, 임의의 차례차례 비율이 같은 거리들 SA, SD, SG에 대해서, 밀도들 AH, DL, GO는 차례차례 비율이 같다.

이제 점들 A, B, C, D, E, …가 서로 합류하도록 만들면, 맨 밑바닥의 A에서부터 유체의 맨 위에 이르기까지, 비중들이 연속적으로 변화하게 된다. 그리고 차례차례 비율이 같은 임의의 거리들 SA, SD, SG에서, 밀도들 AH, DL, GO는 여전히 차례차례 같은 비율을 유지하게 된다. [끝]

딸린법칙 그러므로 두 위치들, 이를테면 A와 E에서 유체의 밀도가 주어지면, 다른 임의의 위치 Q에서의 매질의 밀도를 구할 수 있다. S를 중점으로, SQ, SX를 직각인 점근선들로 해서 쌍곡선을 그리고, 이 쌍곡선이 수직선들 AH, EM, QT를 자르는 점들을 a, e, q라 하고, 점근선 SX로 수직선들 HX, MY, TZ를 내리긋고, 만나는 점들을 h, m, t라 하자.

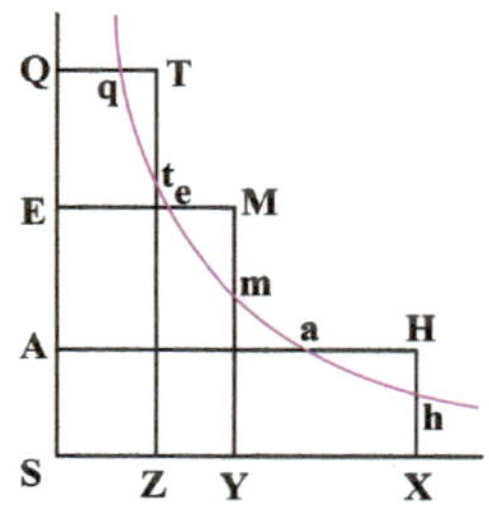

넓이 YmtZ 대 주어진 넓이 YmhX와의 비율이, 주어진 넓이 EeqQ 대 주어진 넓이 EeaA의 비율과 같도록 잡아라. 그러면 Zt를 길게 늘인 직선이, 직선 QT를 밀도에 비례해서 자르게 된다.

왜냐 하면 만약 직선들 SA, SE, SQ가 차례차례 비율이 같으면, 넓이들 EeqQ, EeaA는 같으며, 따라서 이들에 비례하는 넓이들 YmtZ, XhmY도 역시 같다. 그리고 직선들 SX, SY, SZ, 그러니까 직선들 AH, EM, QT는 차례차례 비율이 같다. 이렇게 되어야 한다. 그리고 차례차례 비율이 같은 수열에서, 다른 임의의 순서로 직선들 SA, SE, SQ를 얻으면, 직선들 AH, EM, QT도, 쌍곡선 도형들의 넓이들이 비례하기 때문에, 차례차례 비율이 같은 다른 양들의 수열에서 이와 같은 순서대로 얻은 것이다. [증명 끝]

법칙 22, 정리 17

어떤 유체의 밀도가 압력에 비례한다고 하자. 그리고 그의 부분들이 중점으로부터 거리들의 제곱에 역으로 비례하는 중력에 의해서 아래로 당겨진다고 하자. 그러면 조화수열이 되도록 거리들을 잡으면, 이러한 거리들에서 유체의 밀도들은 등비수열이 된다.

중점을 S라 나타내고, 거리들 SA, SB, SC, SD, SE가 등비수열이 되도록 잡아라. 수직선들 AH, BI, CK, …를 세우되, 이들은 위치들 A, B, C, D, E, …에서의 유체의 밀도들에 비례하도록 해라. 그러면 같은 위치들에서 그 비중들은 $\frac{AH}{SA^2}$, $\frac{BI}{SB^2}$, $\frac{CK}{SC^2}$, …에 비례하게 된다.

비중들이 일정하게 계속된다고 상상하자. 첫째 A에서 B까지, 둘째 B에서 C까지, 셋째 C에서 D까지, …. 이들에다 고도들 AB, BC, CD, DE, …를 곱해라. 또는, 마찬가지인데, 고도들에 비례하는 거리들 SA, SB, SC, …를 곱해라. 그러면 압력들을 표현하는 $\frac{AH}{SA}$, $\frac{BI}{SB}$, $\frac{CK}{SC}$, …가 나온다.

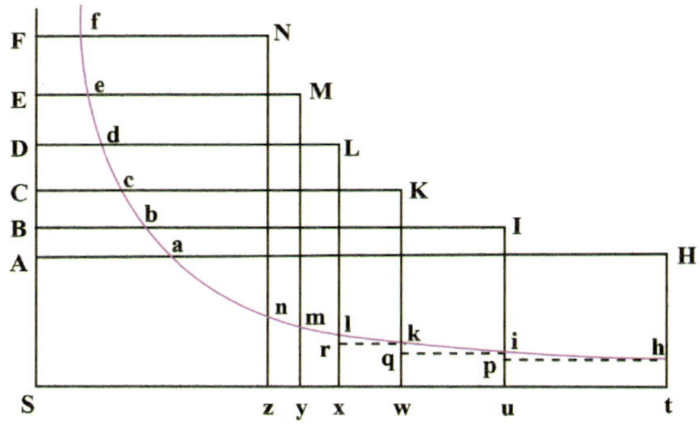

그런데 밀도들은 이러한 압력들의 합들에 비례하니, 밀도들의 차이들 AH − BI, BI − CK, …는 합들의 차이들 $\frac{AH}{SA}$, $\frac{BI}{SB}$, $\frac{CK}{SC}$, …에 비례한다.

S를 중점으로, SA, Sx를 점근선들로 해서 임의의 쌍곡선을 그리고, 이 쌍곡선이 수직선들 AH, BI, CK, …를 자르는 점들을 a, b, c, …라 하자. 점근선 Sx로 수직선들 Ht, Iu, Kw를 긋고, 쌍곡선이 이들을 자르는 점들을 h, i, k라 하자. 그리고 밀도들의 차이들 tu, uw, …는 $\frac{AH}{SA}$, $\frac{BI}{SB}$,

…에 비례한다.

그리고 직사각형들 tu×th, uw×ui, 또는 tuph, uwqi, …는 $\frac{AH \times th}{SA}$, $\frac{BI \times ui}{SB}$, …에 비례한다. 그러니까 Aa, Bb, …에 비례한다. 왜냐 하면 쌍곡선의 성질에 따라서, SA 대 AH 또는 St의 비율은, th 대 Aa의 비율과 같으며, 따라서 $\frac{AH \times th}{SA}$ 는 Aa와 같다. 그리고 마찬가지 추론으로, $\frac{BI \times ui}{SB}$ 는 Bb와 같고, ….

게다가 Aa, Bb, Cc, …는 차례차례 비율이 같으니, 따라서 이들의 차이들인 Aa − Bb, Bb − Cc, …에 비례한다. 그러므로 직사각형들 tuph, uwqi, …는 이 차이들에 비례한다. 그리고 차이들의 합들 Aa − Cc 또는 Aa − Dd는 직사각형들의 합들 tuph + uwqi 또는 tuph + uwqi + wxrk에 비례한다.

이러한 항들이 원하는 만큼 많다고 하자. 그러면 모든 차이들의 합, 이를테면 Aa − Ff가, 모든 직사각형들의 합, 이를테면 zthn에 비례하게 된다. 항들의 개수를 한없이 증가시키고, 점들 A, B, C, … 사이 거리들을 한없이 감소시키면, 그 직사각형들은 쌍곡선 도형의 넓이 zthn과 같아지게 되며, 따라서 차이 Aa − Ff는 이 넓이에 비례하게 된다.

이제 임의의 거리들, 이를테면 SA, SD, SF가 조화수열이 되도록 잡아라. 그러면 차이들 Aa − Dd, Dd − Ff는 같아지게 된다. 그러므로 이 차이들에 비례하는 넓이들 thlx, xlnz도 서로 같아지게 되며, 밀도들 St, Sx, Sz, 그러니까 AH, DL, FN은 차례차례 비율이 같게 된다. [증명 끝]

딸린법칙 그러므로 만약 유체의 임의의 두 밀도들, 이를테면 AH와

BI가 주어지면, 그들의 차이에 대응하는 넓이 thiu가 주어지게 된다. 그러므로 임의의 고도 SF에서의 밀도 FN을 구할 수 있다. 넓이 thnz를 잡되, 주어진 넓이 thiu와의 비율이, 차이 Aa − Ff 대 차이 Aa − Bb의 비율과 같도록 하면 된다.

설명

비슷한 추론으로, 만약 유체의 입자들에 작용하는 중력이 중점으로부터 거리의 세제곱의 비율로 감소하면, 그리고 거리들 SA, SB, SC, …의 제곱들의 역들이 (말하자면 $\frac{SA^3}{SA^2}$, $\frac{SA^3}{SB^2}$, $\frac{SA^3}{SC^2}$) 등차수열이 되도록 잡으면, 밀도들 AH, BI, CK, …는 등비수열이 됨을 증명할 수 있다.

그리고 만약 중력이 거리들의 네제곱의 비율로 감소하고, 그리고 거리들의 세제곱들의 역들이 (예를 들어 $\frac{SA^4}{SA^3}$, $\frac{SA^4}{SB^3}$, $\frac{SA^4}{SC^3}$, …) 등차수열이 되도록 잡으면, 밀도들 AH, BI, CK, …는 등비수열이 된다. 그리고 이렇게 무한히 계속된다.

다시, 만약 유체의 입자들의 중력이 모든 거리들에서 서로 같고, 거리들이 등차수열이면, 밀도들은 등비수열이 된다. 이 사실은 저명하신 에드먼드 핼리 박사가 발견하였다. 만약 중력이 거리에 비례하고, 거리들의 제곱들이 등차수열이 되도록 잡으면, 밀도들은 등비수열이 된다. 그리고 이렇게 무한히 계속된다.

이것들이 이렇게 되는 것은, 압력에 의해서 압축된 유체의 밀도가 압력의 힘에 비례할 때이다. 또는, 마찬가지인데, 유체가 차지한 공간이 이 힘에 역으로 비례할 때이다.

이와 다른 압축의 규칙들도 상상할 수 있다. 예를 들어 압축의 힘의 세제곱이 밀도의 네제곱에 비례한다고 하자. 또는 힘의 세제곱의 비율이 밀도의 네제곱의 비율과 같다. 이러한 경우는, 만약 중력이 중점으로부터 거리의 제곱에 역으로 비례하면, 밀도는 거리의 세제곱에 역으로 비례하게 된다.

압축의 힘의 세제곱이 밀도의 다섯제곱에 비례한다고 상상해 보자. 그리고 중력은 거리의 제곱에 역으로 비례한다고 하자. 그러면 밀도는 거리의 1.5제곱에 역으로 비례하게 된다. 압축의 힘이 밀도의 제곱에 비례한다고 상상해 보자. 그리고 중력은 거리의 제곱의 비율의 역이라고 하자. 그러면 밀도는 거리에 역으로 비례하게 된다.

이러한 모든 경우들을 논하는 것은 성가신 일이다. 게다가 공기의 밀도는 압축의 힘에 정확하게, 또는 최소한 매우 근사하게 비례함이 실험들을 통해서 확립되었다. 그러므로 지구의 대기에서의 공기의 밀도는 그 지탱하는 전체 공기의 무게에 비례한다. 그러니까 기압계의 수은주 높이에 비례한다.

법칙 23, 정리 18

만약 유체의 입자들이 서로 멀어지려 하고, 밀도가 압력에 비례하면, 입자들의 원심력은 그들의 중점들 사이 거리에 역으로 비례한다. 그리고 역으로, 입자들이 그들의 중점들 사이 거리에 역으로 비례하는 힘으로 서로 배척하면, 그리고 탄성적인 유체를 구성하면, 그 밀도는 압력에 비례한다.

유체가 입방체 공간 ACE에 들어 있었는데, 압축되어서 더 작은 입방체 공간 ace 속으로 축소되었다고 하자. 그리고 입자들이 각각의 공간에서 서로 간에 닮은꼴로 위치하면, 그 거리들은 입방체의 변들 AB, ab에 비례한다. 그리고 매질들의 밀도들은, 이들을 담고 있는 부피들 AB^3, ab^3에 역으로 비례한다.

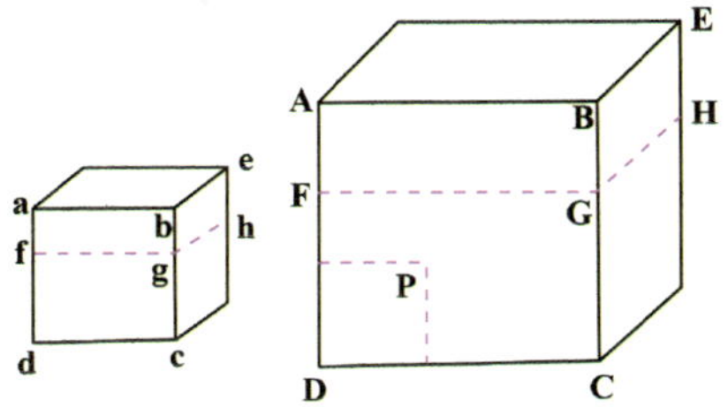

큰 입방체의 한 면 ABCD에서, 작은 입방체의 면 db와 크기가 같도록 정사각형 DP를 잡아라. 그러면 가정에 따라서, 정사각형 DP가 담겨 있는 유체에게 가하는 압력 대, 정사각형 db가 담겨 있는 유체에게 가하는 압력과의 비율은, 유체들의 밀도들 간의 비율과 같다. 그러니까 ab^3 대 AB^3이다.

그런데 정사각형 DB가 담겨 있는 유체에게 가하는 압력 대, 정사각형 DP가 같은 유체에게 가하는 압력과의 비율은, 정사각형 DB 대 정사각형 DP의 넓이 비율과 같다. 그러니까 AB^2 대 ab^2이다. 그러므로 비례식의 같음에 따라서, 정사각형 DB가 유체에게 가하는 압력 대, 정사각형 db가 유체에게 가하는 압력과의 비율은, ab 대 AB이다.

평면들 FGH, fgh를 입방체들의 속으로 그려서, 유체를 두 부분들로 분할하여라. 그러면 이들 상호 간에 같은 힘들로 누르며, 평면들 AC, ac에 의해서 눌려지는 힘들과 같다. 그러니까 ab 대 AB와 같은 비율이다. 그러므로 이러한 압력들을 유지하게 하는 원심의 힘들의 비율도 이와 같은 비율이다.

각각의 입방체에서 입자들의 개수가 같고, 닮은꼴로 위치하고 있으니, 평면들 FGH, fgh를 따라서 가하는 모든 입자들의 힘들은, 각각의 입자들이 각각에게 가하는 힘들에 비례한다. 그러므로 큰 입방체의 평면 FGH에 따라서 각각들이 각각들에게 가하는 힘들 대, 작은 입방체의 평면 fgh에 따라서 각각들이 각각들에게 가하는 힘들과의 비율은, ab 대 AB의 비율과 같다. 그러니까 입자들 서로 간의 거리에 역으로 비례한다.

그리고 역으로, 만약 각각의 입자들의 힘들이 거리에 역으로 비례한다면, 그러니까 입방체의 변들 AB, ab에 역으로 비례한다면, 힘들의 합들은 이와 같은 비율이 되며, 면들 DB, db의 압력들도 힘들의 합들에 비례한다. 그리고 정사각형 DP의 압력 대 옆면 DB의 압력은, ab^2 대 AB^2이다. 그리고 비례식의 같음에 따라서, 정사각형 DP의 압력 대 옆면 db의 압력은, ab^3 대 AB^3이다. 그러니까 압축하는 힘 대 압축하는 힘의 비율은, 밀도 대 밀도의 비율과 같다. [증명 끝]

설명

비슷한 추론으로, 만약 입자들의 원심의 힘들이 중점들 사이 거리들의 제곱에 역으로 비례하면, 압축의 힘들의 세제곱들은 밀도들의 네제곱에 비례하게 된다. 만약 원심의 힘들이 거리들의 세제곱 또는 네제곱에 역으로 비례하면, 압축의 힘들의 세제곱은 밀도들의 다섯제곱 또는 여섯제곱에 비례하게 된다.

그리고 일반적으로, 거리를 D라 하고, 압축된 유체의 밀도를 E라 하고, 원심의 힘들이 거리의 임의의 거듭곱 D^n에 역으로 비례한다고 하자. 여기서 지수는 숫자 n이다. 그러면 압축의 힘들은 E^{n+2}의 세제곱근에 비례하게 된다. E^{n+2}의 지수는 숫자 n+2이다. 그리고 역도 성립한다.

이 모든 것들에서, 입자들의 원심의 힘들은 바로 옆의 입자들에게만 한정되거나, 또는 그리 멀리 확산되지 않는다고 이해하자. 이러한 예로는 자성체들이 있다. 이들의 당기는 힘은, 그 바로 옆에 있는, 그와 같은 종류의 물체에게서 거의 다 끝난다. 쇠로 된 판을 사이에 넣으면,

자석의 힘은 제한을 받게 되며, 그 판에서 거의 끝나 버린다. 멀리 있는 물체들은 자석보다 오히려 쇠판에 의해 끌리게 된다.

이와 같이, 만약 입자들이 그들과 같은 종류이며 그들에 인접한 다른 입자들을 밀어버리되, 더 멀리 있는 입자들에게는 어떠한 힘도 가하지 않으면, 우리가 이 법칙에서 다룬 유체가 바로 그러한 입자들로 구성되었을 것이다. 만약 각각의 입자의 힘이 무한히 전파되면, 더 거대한 양의 유체를 똑같이 압축하려면 더 거대한 힘이 필요할 것이다.

탄성적인 유체가 실제로 상호 간에 배척하는 입자들로 구성되었는지 여부는 물리학의 문제이다. 우리는 그러한 입자들로 구성된 유체에 대해서 수학적으로 증명하였으며, 철학자들이 그러한 문제들을 다룰 수 있도록 도구(수단)를 제공하고 있다.

제 6 장
진자들의 운동과 저항

법칙 24, 정리 19

매단 중점으로부터 진동의 중점들이 같은 거리들인 진자들에서, 추들의 물질의 양들은, 무게들의 비율 그리고 진공 속에서 진동들의 시간들의 제곱의 비율을 결합한 비율이 된다.

왜냐 하면 주어진 힘이 주어진 물질에게 주어진 시간 동안 생성할 수 있는 속력은, 힘 그리고 시간에 바로 비례하고, 물질에 역으로 비례한다. 힘이 더 크거나, 또는 시간이 더 크거나, 또는 물질이 더 작으면, 더 큰 속력이 생성된다. 이것은 운동 법칙 2로부터 명백하다.

이제 만약 진자들이 길이가 같으면, 수직선으로부터 같은 거리들인 위치들에서, 동인력들(vires motices, 움직이게 하는 힘들)은 무게들에 비례한다. 그러므로 만약 두 추들이 진동하면서 같은 호들을 그린다면, 그 호들을 같은 부분들로 분할하여라. 그런데 추들이 호들의 대응하는 각각의 부분들을 그리는 시간들은, 전체 진동들의 시간들에 비례하니, 진동들의 대응하는 부분들에서의 속력들 상호 간의 비율은, 동인력들 그리고 진동들의 전체 시간들에 바로 비례하고, 물질의 양들에 역으로 비례한다. 그러므로 물질의 양들은 힘들 그리고 진동들의 시간들에 바로 비례하고, 속력들에 역으로 비례한다.

그런데 속력들은 시간들에 역으로 비례하니, 그러니 시간들에 바로 그리고 속력들에 역으로 비례하면, 시간들의 제곱들에 비례한다. 그러므로 물질의 양들은 동인력들 그리고 시간들의 제곱들에 비례한다. 그러니까 무게들 그리고 시간들의 제곱들에 비례한다. [증명 끝]

딸린법칙 1 그러므로 만약 시간들이 같으면, 각각의 추들의 물질의 양들은 무게들에 비례한다.

딸린법칙 2 만약 무게들이 같으면, 물질의 양들은 시간들의 제곱들에 비례한다.

딸린법칙 3 만약 물질의 양들이 같으면, 무게들은 시간들의 제곱들에 역으로 비례한다.

딸린법칙 4 여타 사항들이 같으면, 시간들의 제곱들은 진자들의 길이들에 비례한다. 만약 시간들 그리고 물질의 양들이 같으면, 무게들은 진자들의 길이들에 비례하게 된다.

딸린법칙 5 그리고 일반적으로, 진자의 물질의 양은 무게 그리고 시간의 제곱에 바로 비례하고, 진자의 길이에 역으로 비례한다.

딸린법칙 6 그런데 저항이 없는 매질 속에서도, 진자의 물질의 양은 상대적인 무게 그리고 시간의 제곱에 바로 비례하고, 진자의 길이에 역으로 비례한다. 왜냐 하면 위에서 설명한 것처럼, 상대적인 무게는 임의의 무거운 매질 속에서 물체의 동인력이기 때문이다. 그러므로 저항이 없는 그러한 매질 속에서, 진공 속에서 절대 무게가 하는 일과 같은 역할을 한다.

딸린법칙 7 그러므로 추들을 서로 간에, 각각의 물질의 양에 관하여 비교해 보는 방법이 명백하다. 같은 추를 다른 위치들에서 구한 무게들을 비교해 보면, 중력의 변화를 알 수 있다. 그리고 가장 정밀한 실험들을 행하여 본 결과, 나는 각각의 추들의 물질의 양이 항상 그들의 무게에 비례함을 발견하였다.

법칙 25, 정리 20

임의의 매질 속에서, 시간의 변화율들의 비율로 저항을 받는 진자들의 추들, 그리고 저항이 없고 비중이 같은 매질 속에서 움직이는 진자들의 추들은, 사이클로이드를 따라 같은 시간에 진동들을 행하며, 그리고 호들의 비례하는 부분들을 같이 그리게 된다.

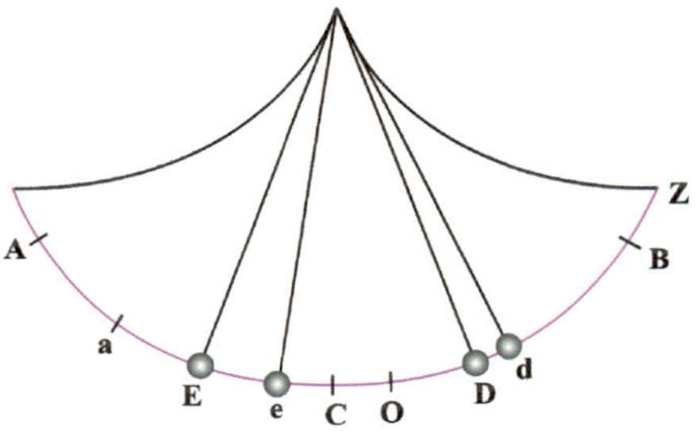

AB는 사이클로이드의 호라 하고, 물체 D가 저항이 없는 매질 속에서 진동하며, 임의의 시간에 이 호를 그린다고 하자. 이것을 이등분하는 점을 C라 하면, C는 이 호의 가장 아래쪽 점이다. 그리고 임의의 위치 D 또는 d 또는 E에서 물체에게 가해지는 가속의 힘은, 호 CD 또는 Cd 또는 CE의 길이에 비례하게 된다.

그 힘을 이러한 호로 나타내자. 그러면 저항은 시간의 변화율에 비례하고, 따라서 주어졌으니, 그것을 사이클로이드 호의 주어진 부분 CO로 나타내자. 그리고 호 Od를 잡되, 호 Od 대 호 CD의 비율이, 호 OB 대 호 CB의 비율과 같도록 해라.

그러면 저항이 있는 매질 속에서 d에서 추에게 가해지는 힘은, 힘 Cd의 저항 CO에 대한 초과분이니, 호 Od로 나타내게 된다. 따라서 저항이 없는 매질 속에서 위치 D에서 추 D에게 가해지는 힘과의 비율이, 호 Od 대 호 CD의 비율과 같다. 그러므로 위치 B에서도 역시, 호 OB 대 호 CB의 비율과 같다.

그러므로 만약 두 추들 D, d가 위치 B에서 나아가며, 이러한 힘들이 가해지면, 시작시 그 힘들은 호들 CB 그리고 OB에 비례하니, 처음 속력들과 처음 그린 호들도 이와 같은 비율이 된다. 그러한 호들을 BD, Bd라 하자. 그러면 나머지 호들 CD, Od도 이와 같은 비율이 된다.

그러므로 CD, Od에 비례하는 힘들은, 그들 간에 시작시와 같은 비율을 유지하며, 따라서 추들이 나아가며 호들을 이와 같은 비율로 동시에 그리게 된다. 그러므로 힘들 그리고 속력들 그리고 나머지 호들 CD, Od는 항상 전체 호들 CB, OB의 비율과 같으며, 따라서 그 나머지 호들을 동시에 그리게 된다. 그러므로 두 추들 D, d는 위치들 C, O에 동시에 도착하게 된다. 저항이 없는 매질 속의 것은 위치 C에, 저항이 있는 매질 속의 것은 위치 O에.

그런데 C, O에서의 속력들은 호들 CB, OB의 비율과 같으니, 추들이 더 나아가서, 추들이 동시에 그리게 될 호들도 같은 비율이 된다. 그들을 CE, Oe라 하자. 저항이 없는 매질 속에서, 추 D가 E에서 늦춰지는 힘은 CE에 비례하며, 그리고 저항이 있는 매질 속에서, 추 d가 e에서 늦춰지는 힘은, 힘 Ce와 저항 CO를 더한 것에 비례한다. 그러니까 Oe에 비례한다. 그러므로 추들이 늦춰지는 힘들은 호들 CE, Oe에 비례하며, 이들은 호들 CB, OB에 비례한다. 그러니 따라서, 속력들을 그 주어진 비율로 늦추니, 그 주어진 비율과 같도록 유지된다.

그러므로 속력들 그리고 그 속력들로 그린 호들은, 항상 상호 간의 비율이, 호들 CB 그리고 OB의 주어진 그 비율과 같다. 그러므로 전체 호들 AB, aB를 이와 같은 비율로 잡으면, 추들 D, d는 이 호들을 동시에 그리게 되며, 위치들 A, a에서 모든 운동들을 동시에 잃게 된다.

그러므로 전체 진동들은 등시성(isochronous)을 가진다. 그리고 호들의 임의의 부분들 BD, Bd 또는 BE, Be를 잡아서, 이들이 동시에 그려지면,

이들은 전체 호들 BA, Ba에 비례한다. [증명 끝]

딸린법칙 그러므로 저항이 있는 매질 속에서, 가장 빠른 운동은 가장 낮은 지점 C에서가 아니라, 그린 전체 호 Ba를 이등분하는 그 점 O에서 일어난다. 그리고 추는 그 점에서 a를 향해 나아가면서, 이전에 B에서 O로 하강하면서 가속이 된 것과 같은 정도로 감속이 된다.

법칙 26, 정리 21

진자들의 추들이 그 속력들의 비율로 저항을 받으면, 사이클로이드를 따른 진동들은 등시성이다.

왜냐 하면 만약 두 추들이, 매단 중점들로부터 같은 거리이면서, 길이가 다른 호들을 진동하면서 그리면, 그리고 호들의 대응하는 부분들에서의 속력들이 상호 간에 전체 호들의 비율이면, 저항들은 속력들에 비례하니, 그들도 역시 상호 간에 호들의 비율과 같다. 따라서 만약 동인의 힘들이 중력으로부터 생겨나면, 이들도 호들의 비율과 같으며, 이러한 저항들을 제거하거나 또는 더해지니, 그 차이들 또는 합들도 상호 간에 호들의 비율과 같게 된다.

그리고 속력들의 증가들 또는 감소들은 이러한 차이들 또는 합들에 비례하니, 속력들은 항상 전체 호들에 비례하게 된다. 그러므로 만약 어느 한 경우에 속력들이 전체 호들에 비례하면, 그들은 항상 같은 비율을 유지하게 된다. 그런데 운동의 시작시, 물체들이 하강하며 그 호들을 그리기 시작할 때, 힘들은, 호들에 비례하기 때문에, 호들에 비례하는 속력들을 생성하게 된다. 그러므로 속력들은 항상 그릴 전체 호들에 비례하게 되며, 그러므로 그 호들을 동시에(같은 시간 동안) 그리게 된다. [증명 끝]

법칙 27, 정리 22

만약 진자의 추들이 속력들의 제곱들의 비율로 저항을 받으면, 저항이 있는 매질에서의 진동들의 시간들과, 같은 비중을 가지는 저항이 없는 매질에서의 진동들의 시간들과의 차이는, 진동으로 그리는 호들에 매우 근사하게 비례한다.

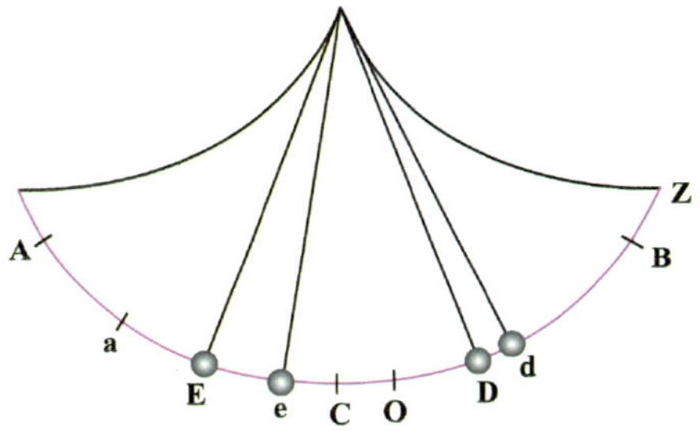

저항이 있는 매질 속에서 길이가 같은 진자들이 길이가 다른 호들 A, B를 그린다고 하자. 그러면 호 A에서 추의 저항 대, 호 B의 그에 대응하는 부분에서 추의 저항과의 비율은, 속력들의 제곱들의 비율, 그러니까 AA 대 BB의 비율과 매우 근사하다.

만약 호 B에서의 저항 대 호 A에서의 저항의 비율이 AB 대 AA의 비율과 같으면, 호들 A, B에서의 시간들은, 앞의 법칙에 따라서, 같게 된다. 그러므로 호 A에서의 저항 AA, 또는 호 B에서의 저항 AB는, 저항이 없는 매질 속에서의 시간에 비해서 호 A에서 여분의 시간을 생성한다. 그리고 저항 BB는, 저항이 없는 매질 속에서의 시간에 비해서 호 B에서 여분의 시간을 생성한다. 그런데 그 여분들은, 그들을 초래하는 힘들 AB와 BB에, 그러니까 호들 A와 B에, 매우 근사하게 비례한다. [증명 끝]

딸린법칙 1 그러므로 저항이 있는 매질 속에서, 길이가 다른 호들에서 행해진 진동들의 시간들로부터, 비중이 같고 저항이 없는 매질 속에서의 진동들의 시간들을 구할 수 있다. 왜냐 하면 그 시간들의 차이 대,

짧은 호에서의 시간의, 저항이 없는 매질 속에서에 시간에 대한 여분과의 비율은, 호들의 차이 대, 짧은 호와의 비율과 같기 때문이다.

딸린법칙 2 진동들은 짧을수록 더욱 등시성을 가지며, 가장 짧은 진동은 저항이 없는 매질 속에서와 매우 근사하게, 같은 시간에 행해진다. 그렇지만 큰 호들에서 행해지는 진동들은, 시간들이 약간 더 길다. 왜냐 하면 추의 하강에서의 저항이, 이것에 의해서 시간이 늘어나는데, 하강에서 그린 길이에 대한 비율이, 그 이후의 상승에서의 저항보다, 이것에 의해서 시간이 단축되는데, 더 크기 때문이다.

그렇지만 진동들의 시간은, 짧든 또는 길든, 매질의 운동에 따라서 약간 늘어나는 것처럼 보인다. 왜냐 하면 감속되는 추들은, 그들의 속력에 비해서, 약간 작은 비율로 저항을 받고, 가속되는 추들은 일정한 속력으로 나아가는 것들보다 약간 더 저항을 받기 때문이다. 왜냐 하면 매질은, 추로부터 전해 받은 운동에 따라서 같은 방향으로 진행하며, 전자의 경우 더 크게, 후자의 경우 더 작게 동요되었기 때문이다. 그러므로 움직이는 추들에게 더 많이 또는 더 적게 동조한다. 그러므로 진자는 그 속력의 비율에 비해서, 그 하강에서 더 크게 저항하고, 그 상승에서 더 작게 저항한다. 그리고 둘 다 시간을 늘리는 원인들이다.

법칙 28, 정리 23

진자의 추가 사이클로이드를 따라 진동하는데, 시간의 변화율의 비율로 저항을 받는다고 하자. 그러면 그 저항 대 중력의 힘의 비율은, 하강하며 그린 전체 호의, 연이어 상승하며 그릴 호에 대한 초과분 대, 진자 길이의 두 배와의 비율과 같다.

하강하며 그린 호를 BC로, 상승하며 그린 호를 Ca로, 호들의 차이를

Aa로 나타내자. 법칙 25에서와 같이 구성하고 증명을 하면, 진동하는 추에게 임의의 위치 D에서 가해지는 힘 대 저항의 힘의 비율은, 호 CD 대 호 CO의 비율과 같게 된다. 호 CO는 그 차이 Aa의 절반이다.

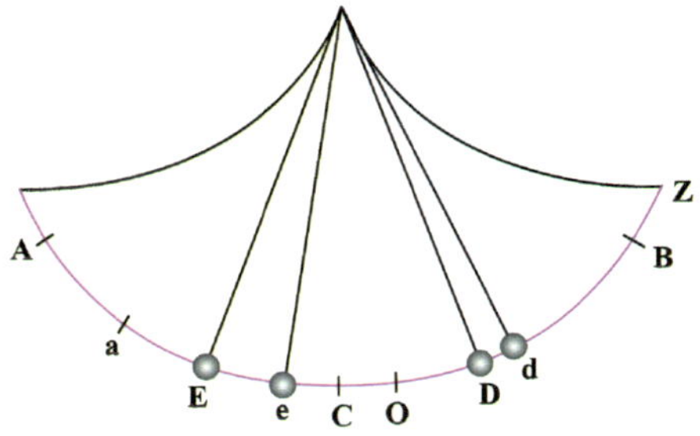

그러므로 처음에 사이클로이드의 가장 높은 점에서 진동의 추에게 가해진 힘은, 그러니까 중력의 힘은, 저항에 대한 비율이, 그 최고점 그리고 최저점 C 사이의 사이클로이드의 호 대 호 CO의 비율과 같다. 그러니까 (만약 호들을 두 배로 하면) 사이클로이드의 전체 호, 또는 진자 길이의 두 배 대, 호 Aa의 비율과 같다. [증명 끝]

법칙 29, 문제 6

사이클로이드를 따라 진동하는 추가 속력의 제곱의 비율로 저항을 받는다고 하자. 각각의 위치에서 그 저항을 구하시오.

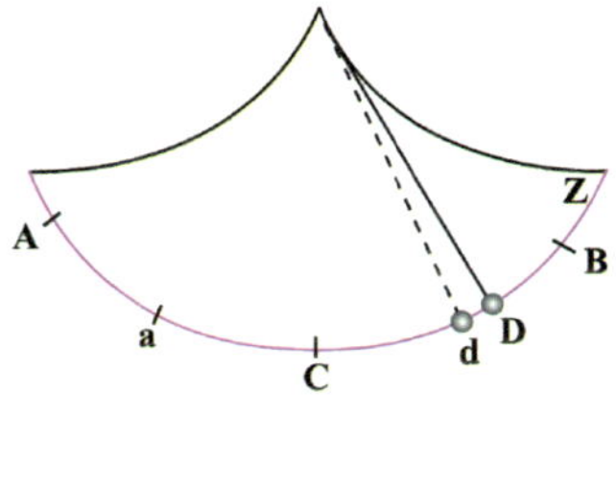

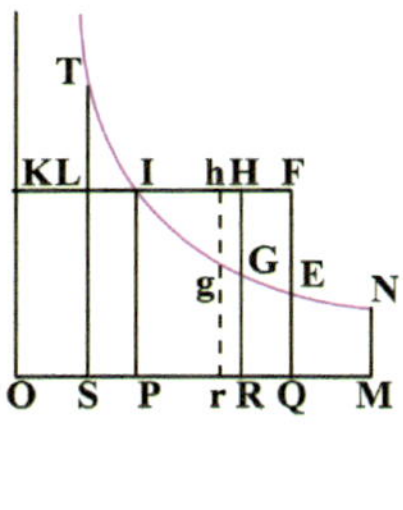

완전한 진동으로 그린 호를 Ba라 하고, 사이클로이드의 최저점을 C라 하고, 전체 사이클로이드 호의 절반을 CZ라 하자. CZ는 진자의 길이와 같다. 임의의 위치 D에서 추가 받는 저항을 구해야 한다.

무한히 긴 직선 OQ를 점들 O, S, P, Q에서 자르되, (수직선들 OK, ST, PI, QE를 세우고, O를 중점으로, OK, OQ를 점근선들로 해서 쌍곡선 TIGE를 그리고, 수직선들 ST, PI, QE를 자르는 점들을 T, I, E라 하고, 점 I를 지나고 점근선 OQ에 평행하도록 직선 KF를 그어서, 점근선 OK와 만나는 점을 K라 하고, 수직선들 ST, QE와 만나는 점들을 L, F라 하자.) 쌍곡선 도형의 넓이 PIEQ 대 쌍곡선 도형의 넓이 PITS의 비율이, 추가 하강하면서 그린 호 BC 대 상승하면서 그린 호 Ca의 비율이 되도록 해라. 그리고 넓이 IEF 대 넓이 ILT의 비율이, OQ 대 OS가 되도록 해라.

수직선 MN으로 쌍곡선 도형의 넓이 PINM을 잘라 내되, 이 넓이 대 쌍곡선 도형의 넓이 PIEQ의 비율이, 호 CZ 대, 하강하며 그린 호 BC의 비율과 같도록 해라. 그리고 만약 수직선 RG가 쌍곡선 도형의 넓이 PIGR을 잘라 내어서, 이 넓이 대 넓이 PIEQ의 비율이, 임의의 호 CD 대 전체 하강으로 그린 호 BC의 비율과 같으면, 임의의 위치 D에서의 저항 대 중력의 힘의 비율은, 넓이 $\frac{\mathrm{OR}}{\mathrm{OQ}} \times \mathrm{IEF} - \mathrm{IGH}$ 대 넓이 PINM의 비율과 같음을 보이겠다.

왜냐 하면 위치들 Z, B, D, a에서 추에게 가해지는, 중력으로부터 생겨나는 힘들은, 호들 CZ, CB, CD, Ca에 비례하며, 그리고 이 호들은 넓이들 PINM, PIEQ, PIGR, PITS에 비례한다. 이 넓이들이 호들 그리고 힘들, 둘 다를 각각 나타낸다고 하자.

하강하는 추가 그린 최소의 거리를 Dd라 하자. 그리고 평행선들 RG, rg 사이에 놓인, 최소의 넓이 RGgr로 이것을 나타내자. 그리고 rg를 h까지 길게 늘여라. 그러면 GHhg, RGgr은 넓이들 IGH, PIGR이 동시에 감소한 양들이다.

그리고 넓이 $\frac{OR}{OQ}\times IEF - IGH$ 의 증가분 $GHhg - \frac{Rr}{OQ}\times IEF$ 또는 $Rr\times HG - \frac{Rr}{OQ}\times IEF$ 는, 넓이 PIGR의 감소분 RGgr, 또는 $Rr\times RG$ 와의 비율이, $HG - \frac{IEF}{OQ}$ 대 RG의 비율과 같다. 그러니까 $OR\times HG - \frac{OR}{OQ}\times IEF$ 대 $OR\times GR$ 또는 $OP\times PI$ 의 비율과 같다. 그러니까 (왜냐 하면 $OR\times HG$, $OR\times HR - OR\times GR$, $ORHK - OPIK$, PIHR, $PIGR + IGH$ 가 같으니) $PIGR + IGH - \frac{OR}{OQ}\times IEF$ 대 OPIK의 비율과 같다.

그러므로 만약 넓이 $\frac{OR}{OQ}\times IEF - IGH$ 를 Y라 부르고, 넓이 PIGR의 감소분 RGgr이 주어지면, 넓이 Y의 증가분은 PIGR − Y에 비례하게 된다.

중력으로부터 생겨나는, D에서 추에게 가해지는 힘을 V로 나타내자. 이 힘은 그리게 될 호 CD에 비례한다. 그리고 저항을 R이라 나타내자. 그러면 D에서 추에게 가해지는 전체 힘은 V − R이 된다. 그러므로 속력의 증가는, V − R 그리고 증가가 만들어지는 시간의 원소, 둘의 결합(곱)에 비례한다.

그런데 속력 자체는, 그 시간 동안 그린 거리의 증가에 바로 비례하고, 그 시간의 원소에 역으로 비례한다. 그런데 가정에 따라서 저항은 속력의 제곱에 비례하니, 저항의 증가는 (렘마 2에 따라서) 속력 그리고 속력의 증가, 둘을 결합한 것에 비례한다. 그러니까 거리의 변화 그리고 V − R, 둘을 결합한 것에 비례한다. 그러므로 거리의 변화가 주어지면, V − R에 비례한다. 그러니까 힘 V를 그것을 나타내는 PIGR로 적고, 저항

R을 다른 어떤 넓이 Z로 나타내면, PIGR − Z에 비례한다.

그러므로 주어진 변화율들을 뺌으로써 넓이 PIGR이 일정하게 감소하면, 넓이 Y는 PIGR − Y의 비율로 증가하며, 넓이 Z는 PIGR − Z의 비율로 증가한다. 그러므로 만약 넓이들 Y 그리고 Z가 동시에 시작하고, 처음 시작시 같으면, 이들은 같은 변화율들을 더하게 되니, 계속 같게 된다. 그리고 역시 같은 변화율들에 따라서 감소하게 되니, 동시에 사라진다.

그리고 역으로, 만약 이들이 동시에 시작하고 동시에 사라지면, 이들은 같은 변화율들을 가지며, 항상 서로 같게 된다. 왜냐 하면 만약 저항 Z가 증가하면, 그 속력 그리고, 추가 상승하면서 그린 호 Ca는, 둘 다 감소하게 된다. 그리고 모든 운동과 더불어 저항이 사라지는 점은, 점 C에 더욱 가까워지니, 저항은 넓이 Y보다 더 빨리 사라지게 된다. 그리고 저항이 감소하면, 반대로 된다.

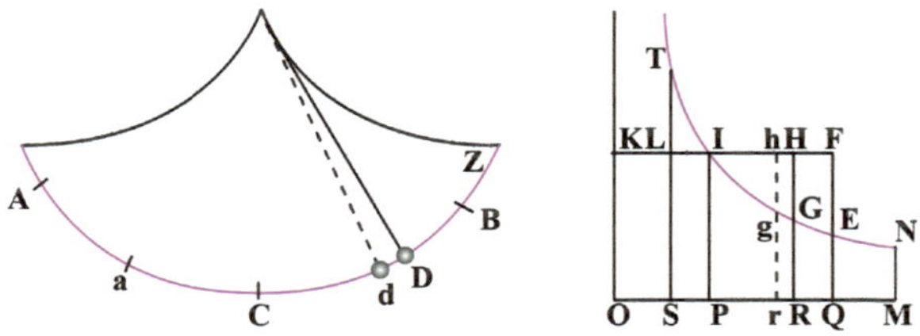

이제 저항이 0인 곳에서, 넓이 Z가 시작하고 그리고 끝난다고 하자. 그러니까 운동의 시작시 호 CD와 호 CB는 길이가 같고, 직선 RG는 직선 QE에 놓이게 되고, 그리고 운동의 종료시 호 CD와 호 Ca는 길이가 같고, RG는 직선 ST에 놓이게 된다. 그리고 넓이 Y 또는 $\frac{OR}{OQ}\times IEF - IGH$ 도 저항이 0일 때에 시작하고 사라진다고 하자. 그러니까 $\frac{OR}{OQ}\times IEF$ 와

IGH가 같을 때이다. 그러니까 (구성에 따라서) 직선 RG가 직선들 QE와 ST에 연차적으로 놓이는 때이다.

그러므로 그 넓이들은 동시에 시작하고 동시에 사라지며, 따라서 항상 서로 같다. 그러므로 넓이 $\frac{OR}{OQ} \times IEF - IGH$ 는 넓이 Z와 같다. 그런데 넓이 Z로 저항을 나타냈다. 그러니 중력을 나타낸 넓이 PINM과의 비율이, 저항 대 중력의 비율과 같다. [증명 끝]

딸린법칙 1 그러므로 가장 낮은 위치 C에서 저항 대 중력의 힘의 비율은, 넓이 $\frac{OP}{OQ} \times IEF$ 대 넓이 PINM의 비율과 같다.

딸린법칙 2 이게 가장 커지는 것은, 넓이 PIHR 대 넓이 IEF의 비율이 OR 대 OQ인 때이다. 왜냐 하면 그 경우에 그 변화율(그러니까 PIGR − Y)이 0이 되기 때문이다.

딸린법칙 3 그러므로 각각의 위치들에서 그 속력도 구할 수 있다. 속력은 저항의 제곱근에 비례하며, 운동을 시작하는 바로 그 순간은, 저항이 없는 공간에서 같은 사이클로이드를 따라 움직이는 추의 속력과 같기 때문이다.

그렇지만 이 법칙에서 저항과 속력을 구하는 계산법이 너무 어려우니, 다음 법칙을 여기에 덧붙여 놓는 게 적당해 보인다.

법칙 30, 정리 24

추가 진동하며 그리는 사이클로이드의 호와 길이가 같도록 직선 aB를 잡아라. 그리고 그 각각의 점 D에서 수직선 DK를 세우되, 이 수직선 대 진자의 길이의 비율은, 추가 호의 대응하는 점에서 받는 저항 대 중력의 힘의 비율과 같도록 해라. 그러면 전체 하강에서 그린 호와 연이어 전체 상승에서 그린 호의 차이에다, 같은 호들의 합의 절반을 곱하면, 모든 수직선들 DK가 모여서 만드는 넓이 BKa와 같다.

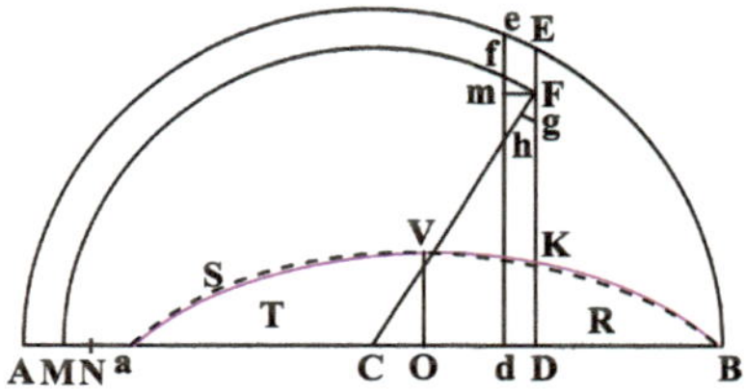

완전한 진동으로 그리는 사이클로이드의 호를, 그것과 길이가 같은 직선 aB로 나타내자. 그리고 진공 속에서 그리는 호를 길이 AB로 나타내자. AB를 이등분하는 점 C를 잡아라. 그러면 점 C는 사이클로이드에서 가장 낮은 점을 나타낸다.

그리고 CD는, D에서 추에게 사이클로이드의 접선을 따라서 가하는, 중력으로부터 생겨나는 힘에 비례하게 된다. 그리고 CD 대 진자의 길이의 비율은, D에서의 힘 대 중력의 힘의 비율과 같다. 그러므로 이 힘을 CD의 길이로 나타내면, 중력의 힘은 진자의 길이로 나타낼 수 있다. 그리고 DE에서 DK를 잡되, DK 대 진자의 길이의 비율이 저항 대 중력의 비율과 같도록 하면, DK는 저항을 나타내게 된다.

C를 중점으로, 구간 CA 또는 CB로 반원 BEeA를 작도하여라. 이제 추가 한없이 짧은 시간 동안 거리 Dd를 그린다고 하자. 수직선들 DE, de를 세워서, 원둘레와 만나는 점들을 E, e라 하면, 이들은 진공 속에서 추가 점 B에서 하강하기 시작해 위치들 D, d에서 획득하게 되는 속력들에 비례한다. (이것은 1권 법칙 52로부터 명백하다.)

그러니 이 속력들을 그 수직선들 DE, de로 나타내자. 그리고 저항이 있는 매질 속에서 물체가 B에서 하강하기 시작해 D에서 획득하는 속력을 DF라 하자. 그리고 C를 중점으로, 구간 CF로 원 FfM을 그리고, 직선들

de, AB와 만나는 점들을 f, M이라 하자. 그러면 M은, 더 이상 저항이 없다면, 추가 상승하게 될 위치를 나타내고, df는, 추가 d에서 획득하게 되는 속력을 나타낸다.

그러니 추가 한없이 짧은 거리 Dd를 그리면서 매질의 저항에 의해서 잃어버리는 속력의 변화율을 Fg로 나타내고, CN은 Cg와 같도록 잡으면, N은 더 이상 저항이 없으면 추가 상승하게 될 위치를 나타내고, MN은 그 속력의 상실에서 유래되는 상승의 감소를 나타내게 된다.

df로 수직선 Fm을 내리그어라. 그러면 저항 DK에 의해서 생성된, 속력 DF의 감소분 Fg 대, 힘 CD에 의해서 생성된, 이 속력이 증가분 fm과의 비율은, 생성시키는 힘 DK 대 생성시키는 힘 CD의 비율과 같다. 그런데 삼각형들 Fmf, Fhg, FDC가 닮은꼴이니, fm 대 Fm 또는 Dd의 비율은, CD 대 DF의 비율과 같다. 그리고 비례식의 같음에 따라서, Fg 대 Dd는 DK 대 DF와 같다.

마찬가지로 Fh 대 Fg는 DF 대 CF와 같다. 그리고 순서가 바뀐 비례식의 같음에 따라서, Fh 또는 MN 대 Dd는 DK 대 CF 또는 CM과 같다. 그러므로 MN×CM을 모두 더한 것은 Dd×DK를 모두 더한 것과 같다.

움직이는 점 M에다, 불확정(indeterminate) 직선 CM과 길이가 같도록 직각의 세로 좌표를 세운다고 가정하자. 이것이 연속적인 운동으로 전체 길이 Aa를 그린다고 하자. 그 운동에 의해서 그리는 사다리꼴, 또는 이것과 넓이가 같은 직사각형 $Aa \times \frac{1}{2} aB$ 는, MN×CM을 모두 더한 것과 같으며, 따라서 Dd×DK를 모두 더한 것과 같다. 그러니까 넓이 BKVTa와 같다. [증명 끝]

딸린법칙 그러므로 저항의 규칙과, 호들 Ca, CB의 차이인 Aa로부터,

저항 대 중력의 비율을 매우 근사하게 구할 수 있다.

왜냐 하면 만약 저항 DK가 일정하면, 도형 BKTa는 Ba와 DK로 만든 직사각형이 된다. 따라서 $\frac{1}{2}Ba$ 와 Aa로 만든 직사각형은 Ba와 DK로 만든 직사각형과 넓이가 같아지며, DK는 $\frac{1}{2}Aa$ 와 같아진다. 그런데 DK가 저항을 나타내고, 진자의 길이가 중력을 나타내니, 저항 대 중력의 비율은 $\frac{1}{2}Aa$ 대 진자의 길이의 비율과 같다. 법칙 28에서 증명한 것과 완전히 같다.

만약 저항이 속력에 비례하면, 도형 BKTa는 타원에 매우 근사하게 된다. 왜냐 하면 만약 저항이 없는 매질 속에서, 추가 완전히 진동하면서 길이 BA를 그리면, 임의의 위치 D에서의 속력은, 지름 AB에다 그린 원의 세로 좌표 DE에 비례하기 때문이다.

그러므로 저항이 있는 매질 속에서 Ba를, 그리고 저항이 없는 매질 속에서 BA를, 거의 같은 시간들에 그린다. 그러므로 Ba의 각각의 점들에서의 속력들 대, 길이 BA의 그에 대응하는 점들에서의 속력들과의 비율은, Ba 대 BA의 비율과 매우 근사하니, 저항이 있는 매질 속에서 점 D에서의 속력은, 지름 Ba 위에다 그린 원들 또는 타원들의 세로 좌표에 비례하게 된다. 그러므로 도형 BKVTa는 타원에 거의 근사하다.

저항은 속력에 비례한다고 가정하였으니, 가운데 점 O에서의 저항을 OV로 나타내자. O를 중점으로, OB, OV를 축들의 절반으로 해서 타원 BRVSa를 그리면, 이 타원은 도형 BKVTa와, 그리고 그것과 넓이가 같은 직사각형 $Aa \times BO$ 와, 매우 근사하게(quamproxime) 같다. 그러므로 $Aa \times BO$ 대 $OV \times BO$ 는, 이 타원의 넓이 대 $OV \times BO$ 와 같다.

그러니까 Aa 대 OV는, 반원의 넓이 대 반지름의 제곱과 같다. 그러니까 거의 11 : 7 이다. 그러므로 $\frac{7}{11}$Aa 대 진자의 길이의 비율은, 진동하는 추가 O에서 받는 저항 대 그 중력의 비율과 같다.

만약 저항 DK가 속력의 제곱의 비율이면, 도형 BKVTa는, V가 꼭짓점이고 OV가 축인 포물선과 거의 같게 되며, 따라서 $\frac{2}{3}$Ba 와 OV로 만든 직사각형과 (넓이가) 매우 근사하게 같게 된다. 그러므로 $\frac{1}{2}$Ba 와 Aa로 만든 직사각형은 $\frac{2}{3}$Ba 와 OV로 만든 직사각형과 넓이가 같으며, 따라서 OV는 $\frac{3}{4}$Aa 와 같다. 그러므로 진동하는 추가 O에서 받는 저항 대 그 중력의 비율은, $\frac{3}{4}$Aa 대 진자의 길이의 비율과 같다.

이러한 결론들이, 실제 문제들에서 충분하도록 정확하다고 나는 생각한다. 왜냐 하면 타원 또는 포물선 도형 BRVSa는 도형 BKVTa와 가운데 점 V에서 일치하니, 이것이 그 도형에 비해서 BRV 또는 VSa 방향에서 더 크면, 그 도형에 비해서 반대 방향에서 더 작게 되며, 따라서 매우 근사하게 같게 된다.

법칙 31, 정리 25

만약 진동하는 추의 저항을, 그리는 호들의 각각의 부분들에서 주어진 비율로 증가 또는 감소시키면, 하강하면서 그린 호와 연이은 상승에서 그린 호 사이의 차이는, 같은 비율로 증가 또는 감소하게 된다.

왜냐 하면 그 차이는 매질의 저항에 의한 진자의 늦춰짐에 의해서

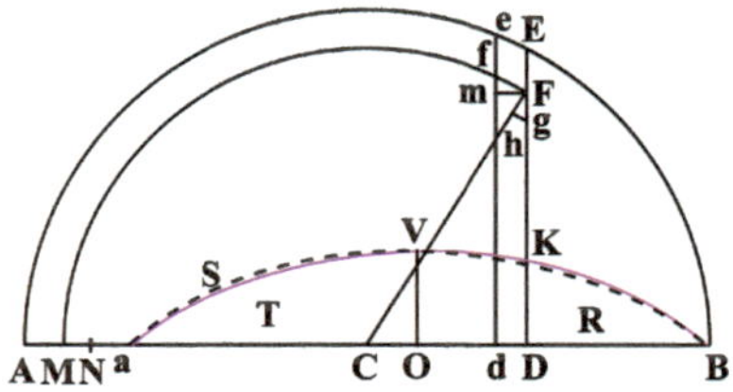

생기며, 따라서 늦춰짐 전체 그리고 거기에 비례하는 늦추는 저항에 비례한다. 앞의 법칙에서, 직선 $\frac{1}{2}$aB 와 그 호들 CB, Ca의 차이인 Aa를 가지고 만든 직사각형은, 넓이 BKTa와 같았다.

그리고 만약 길이 aB가 그대로이면, 그 넓이는 세로 좌표 DK와 같은 비율로 증가 또는 감소한다. 그러니까 저항의 비율에 따라서. 그러므로 넓이는 길이 aB 그리고 저항, 둘을 결합한 것에 비례한다. 그러므로 Aa 그리고 $\frac{1}{2}$aB 로 만든 직사각형은, aB 그리고 저항, 둘을 결합한 것에 비례하며, 따라서 Aa는 저항에 비례한다. [증명 끝]

딸린법칙 1 그러므로 만약 저항이 속력에 비례하면, 같은 매질 속에서 호들의 차이는, 그린 전체 호에 비례하게 된다. 그리고 역도 성립한다.

딸린법칙 2 만약 저항이 속력의 제곱에 비례하면, 그 차이는 전체 호의 제곱에 비례하게 된다. 그리고 역도 성립한다.

딸린법칙 3 그리고 일반적으로, 만약 저항이 속력의 세제곱 또는 다른 임의의 비율로 비례하면, 그 차이는 전체 호의 그와 같은 비율에 비례하게 된다. 그리고 역도 성립한다.

딸린법칙 4 그리고 만약 저항이 부분적으로 속력의 단순한 비율에 비례하고, 부분적으로 속력의 제곱에 비례하면, 그 차이도 부분적으로 전체 호의 비율에 비례하고, 부분적으로 전체 호의 제곱의 비율에 비례하게 된다. 그리고 역도 성립한다. 그러므로 속력에 관련된 저항의 규칙 그리고 비율은, 그 호의 길이에 관련된 호들의 차이의 규칙 그리고 비율과 같다.

딸린법칙 5 그러므로 만약 진자가 연이은 진동으로 길이가 다른 호들을 그리면, 이 차이들의 증가 그리고 감소의 비율을 그린 호의 길이와 관련하여 구할 수 있다. 그 다음에 저항의 증가 그리고 감소의 비율도 더 큰 또는 더 작은 속력과 관련하여 구할 수 있다.

일반적인 설명

이 법칙들로부터, 임의의 그 어떠한 매질이든, 그 속에서 진동하는 진자들을 사용하여, 매질의 저항을 구하는 것이 가능하다. 나는 다음과 같은 실험들을 통하여 공기의 저항을 조사하였다.

무게가 $57\frac{7}{22}$ 로마 온스이고 지름이 $6\frac{7}{8}$ 런던 인치인 나무공을 가는 실로 묶어서, 단단한 고리에 매달아 놓았다. 고리와 진동하는 공의 중점 사이의 거리는 $10\frac{1}{2}$ 피트였다. 매단 중점으로부터 10피트 1인치 거리에, 실에다 점을 찍어 표시를 해 놓았다. 자에다 인치 단위로 눈금을 새기고, 그 자를 이 점의 위치에 놓아서, 진자가 진동하는 호들의 길이들을 기록할 수 있도록 했다. 그 다음에 나무공이 그 운동의 $\frac{1}{8}$ 을 잃는 데 걸리는 진동들의 횟수를 세었다.

만약 진자를 수직 위치에서 2인치 거리만큼 당겼다가 놓아 보내면, 그 전체 하강에서 2인치 호를 그리며, 하강 그리고 연이은 상승으로 구성된, 처음의 전체 진동에서, 거의 4인치의 호를 그린다. 이것은 164번의 진동들에서 그 운동의 $\frac{1}{8}$ 을 잃었다. 그러니까 그 마지막 상승에서 $1\frac{3}{4}$ 인치의 호를 그렸다.

만약 처음 하강에서 4인치의 호를 그렸으면, 121번의 진동들에서 그 운동의 $\frac{1}{8}$ 을 잃었다. 그래서 그 마지막 상승에서 $3\frac{1}{2}$ 인치의 호를 그렸다. 만약 처음 하강에서 8, 16, 32, 또는 64인치의 호를 그렸다면, 운동의 $\frac{1}{8}$ 을 잃은 것은 각각 69, $35\frac{1}{2}$, $18\frac{1}{2}$, $9\frac{2}{3}$ 번째 진동이었다.

그러므로 처음 상승 그리고 마지막 하강으로 그린 호들 사이의 차이는, 첫째, 둘째, 셋째, 넷째, 다섯째, 여섯째 경우에 각각 $\frac{1}{4}$, $\frac{1}{2}$, 1, 2, 4, 8인치였다. 각각의 경우 이 차이들을 진동의 횟수로 나누어라. 그러면 한 번의 평균적 진동에서, 그린 호들은 $3\frac{3}{4}$, $7\frac{1}{2}$, 15, 30, 60, 120인치이고, 하강하면서 그린 호와 연이은 상승에서 그린 호의 차이는 각각 $\frac{1}{656}$, $\frac{1}{242}$, $\frac{1}{69}$, $\frac{4}{71}$, $\frac{8}{37}$, $\frac{24}{29}$ 인치이다.

큰 진동들에서, 이들은 그린 호들의 제곱들에 매우 근사하게 비례한다. 그런데 작은 진동들에서는, 그 비율보다 약간 더 크다. 그러므로 (이 책 법칙 31, 딸린 법칙 2에 따라서) 공이 받는 저항은, 빨리 움직이면 속력의 제곱에 매우 근사하게 비례하고, 느리게 움직이면 그 비율보다 약간 더 크다.

이제 임의의 진동에서 가장 빠른 속력을 V로 나타내자. 그리고 A, B, C는 주어진 양들인데, 호들의 차이가 $AV + BV^{\frac{3}{2}} + CV^2$ 이라고 상상하자. 사이클로이드에서 가장 빠른 속력들은, 진동으로 그린 호들의 절반들에 비례한다. 그러나 원에서는, 그 호들의 절반들의 현들에 비례한다. 그러므로 호들의 길이가 같으면, 사이클로이드에서 원보다 속력이 더 크며, 호의 절반 대 그것의 현과의 비율이 된다.

그리고 원에서의 시간들은 사이클로이드에서의 시간들보다 더 크며, 속력의 역의 비율이다. 그러니 호들의 차이들은 (저항 그리고 시간의 제곱, 둘의 결합에 비례하니) 두 곡선들에서 매우 근사하게 같음이 명백하다. 왜냐 하면 사이클로이드에서 그 차이들은 저항과 더불어, 거의 호 대 현의 제곱의 비율로 증가하여야 한다. 속력이 그의 단순한 비율로 증가하기 때문이다. 그리고 시간의 제곱과 더불어, 같은 제곱의 비율로 감소하여야 한다.

그러므로 사이클로이드에 (적용하기 위해서) 적당히 감소시키려고, 원에서 관찰한 것과 같이 호들의 차이들을 잡되, 최고 속력들은 호들에 대응하도록, 절반이든 또는 완전하든, 그러니까 숫자들 $\frac{1}{2}$, 1, 2, 4, 8, 16에 대응하도록 잡아라. 그러므로 둘째, 넷째, 여섯째 경우들에서, 속력 V를 숫자들 1, 4, 16이라고 적자. 그러면 둘째 경우 호들의 차이는 $\frac{1/2}{121} = A + B + C$ 가 된다. 넷째 경우는 $\frac{2}{35\frac{1}{2}} = 4A + 8B + 16C$, 여섯째 경우는 $\frac{8}{9\frac{2}{3}} = 16A + 64B + 256C$ 가 된다. 이 방정식들로부터, 적당히 치환하고 분석적으로 환원하면, A=0.0000916, B=0.0010847, C=0.0029558이 나온다. 그러므로 호들의 차이는

$$0.0000916\,V + 0.0010847\,V^{\frac{3}{2}} + 0.0029558\,V^{2}$$

에 비례한다.

그런데 (법칙 30, 딸린 법칙을 이 경우에 적용하면) 공이 진동하면

서 그리는 호의 가운데에서의 저항은, 거기서 속력은 V이고, 그 무게에 대한 비율이, $\frac{7}{11}AV + \frac{7}{10}BV^{\frac{3}{2}} + \frac{3}{4}CV^2$ 대 진자의 길이의 비율과 같으니, 만약 A, B, C에다 구한 수들을 넣으면, 공의 저항 대 그 무게의 비율은, $0.0000583V + 0.0007593V^{\frac{3}{2}} + 0.0022169V^2$ 대 매단 중점과 자 사이 진자의 거리, 그러니까 대 121인치와의 비율과 같다.

둘째 경우 V의 값이 1, 넷째 경우 4, 여섯째 경우 16이니, 저항 대 공의 무게의 비율은, 둘째 경우 0.0030345 대 121, 넷째 경우 0.041748 대 121, 여섯째 경우 0.61705 대 121이 된다.

줄에다 표시해 놓은 점이 그리는 호의 길이는, 여섯째 경우 $120 - \frac{8}{9\frac{2}{3}}$ 또는 $119\frac{5}{29}$ 인치였다. 그런데 반지름이 121인치이고, 매단 지점과 공의 중점 사이 진자의 길이는 126인치이니, 공의 중점이 그린 호는 $124\frac{3}{31}$ 인치였다.

공기의 저항 때문에, 진동하는 추의 최고 속력은 그리는 호의 최저점에서가 아니라, 전체 호의 거의 가운데에서 생겨나니, 이 최고 속력은, 저항이 없는 매질 속에서 공이 전체 호의 절반인 $62\frac{3}{62}$ 인치를 사이클로이드에서 그리며 하강한 경우와 거의 같다. 우리는 위에서 진자의 운동을 사이클로이드의 경우로 환원해 놓았다.

그러므로 그 (최고) 속력은, 그 공이 수직으로 낙하하면서, 그 호의 버스트사인과 같은 높이를 그릴 때 획득하게 되는 속력과 같게 된다.

그런데 그 사이클로이드에서의 버스트사인 대 호 $62\frac{3}{62}$ 과의 비율은, 같은 호 대 진자 길이의 두 배인 252와의 비율과 같다. 그러므로 15.278인치가 된다. 그러므로 그 속력은, 추가 낙하하면서 15.278인치 거리를 그렸을 때 획득하게 되는 속력과 같다. 그러므로 그러한 속력을 가졌을 때 공이 받게 되는 저항은, 그의 무게에 대한 비율이 0.61705 대 121이다. 또는 (저항 중에, 속력의 제곱에 비례하는 부분만을 고려하면) 0.56752 대 121이다.

유체정역학 실험으로, 나는 이 나무공의 무게 대 같은 크기의 물공의 무게의 비율이 55 대 97임을 구하였다. 그러므로 121 대 213.4가 이와 같은 비율이다. 그러므로 물공이 앞에서 언급한 속력으로 움직여 나가면, 그 저항 대 그의 무게의 비율은 0.56752 대 213.4가 된다. 그러니까 1 대 $376\frac{1}{50}$ 이 된다.

그런데 물공의 무게는, 공이 일정한 속력으로 나아가며 30.556인치 길이를 그리는 시간 동안, 낙하하는 공이 그 속력 전부를 생성하도록 만드니까, 그와 같은 시간 동안 저항의 힘이 일정하게 지속되면, 그게 제거하게 될 속력은, 1 대 $376\frac{1}{50}$ 의 비율로 작은 속력임이 명백하다. 그러니까 전체 속력의 $\frac{1}{376\frac{1}{50}}$ 이다. 그러므로 그 시간 동안, 공이 일정한 속력으로 나아가면, 그 반지름의 길이인 $3\frac{7}{16}$ 인치를 그리는 동안, 그 운동의 $\frac{1}{3342}$ 을 잃게 된다.

나는 또한 진자가 그 운동의 사분의 일을 잃기까지 진동한 횟수도 세었다. 다음 표에서, 맨 위의 숫자들은 처음 하강에서 그리는 길이를 나타내며, 인치 단위와 인치의 부분들로 표현해 놓았다. 가운데 숫자들은 마지막 상승의 호의 길이를 나타낸다. 그리고 맨 아래는 진동들의 횟수를 나타낸다. 운동의 $\frac{1}{8}$ 을 잃는 것에 비해서, 이 실험은 더욱 정확함을 밝혀 둔다. 그 계산 과정은 독자 여러분들에게 맡기겠다.

처음 하강	2	4	8	16	32	64
마지막 상승	$1\frac{1}{2}$	3	6	12	24	48
진동 횟수	374	272	$162\frac{1}{2}$	$83\frac{1}{3}$	$41\frac{2}{3}$	$22\frac{2}{3}$

그 다음에, 지름이 2인치이고 무게가 $26\frac{1}{4}$ 로마 온스인 납공을 같은 실에다 매달았다. 그래서 공의 중점과 매단 지점 사이 거리는 $10\frac{1}{2}$ 피트가 되도록 했고, 운동의 주어진 부분을 잃기까지 진동한 횟수를 세었다. 다음에 나오는 첫째 표는, 전체 운동의 $\frac{1}{8}$ 을 잃기까지 진동한 횟수를 보여 준다. 둘째 표는, 운동의 $\frac{1}{4}$ 을 잃기까지 진동한 횟수이다.

처음 하강	1	2	4	8	16	32	64
마지막 상승	$\frac{7}{8}$	$\frac{7}{4}$	$3\frac{1}{2}$	7	14	28	56
진동 횟수	226	228	193	140	$90\frac{1}{2}$	53	30

처음 하강	1	2	4	8	16	32	64
마지막 상승	$\frac{3}{4}$	$1\frac{1}{2}$	3	6	12	24	48
진동 횟수	510	518	420	318	204	121	70

첫째 표의 셋째, 다섯째, 일곱째 관측들을 택하고, 이 특정한 관측들에서 최고 속력들을 각각 1, 4, 16으로 나타내고, 그리고 일반적으로 앞에서처럼 양 V로 나타내자. 그러면 셋째 관측으로부터 $\frac{1/2}{193} = A + B + C$, 다섯째로부터 $\frac{2}{90\frac{1}{2}} = 4A + 8B + 16C$, 일곱째로부터 $\frac{8}{30} = 16A + 64B + 256C$가 나온다. 이 방정식들을 환원하면, A=0.001414, B=0.000297, C=0.000879가 나온다.

그러므로 속력 V로 움직이는 공의 저항 대, 그의 무게 $26\frac{1}{4}$ 온스와의 비율은, $0.0009\,V + 0.000208\,V^{\frac{3}{2}} + 0.000659\,V^2$ 대 진자의 길이 121인치와의 비율과 같다. 그리고 만약 우리가 저항 중에 속력의 제곱에 비례하는 부분만을 고려하면, 공의 무게와의 비율이, $0.000659\,V^2$ 대 121인치가 된다.

그런데 첫째 실험에서, 저항 중의 이 부분 대 나무공의 무게 $57\frac{7}{22}$

온스와의 비율은, $0.002217\,V^2$ 대 121이었다. 그러므로 나무공의 저항 대 납공의 저항의 비율은(그들의 속력들이 같을 때), $57\frac{7}{22}$ 곱 0.002217 대 $26\frac{1}{4}$ 곱 0.000659의 비율과 같다. 그러니까 $7\frac{1}{3}$ 대 1이다.

두 공들의 지름들은 $6\frac{7}{8}$, 2인치들이다. 그들의 제곱들은 서로 간의 비율이 $47\frac{1}{4}$ 대 4, 또는 $11\frac{13}{16}$ 대 1에 매우 근사하다. 그러므로 속력이 같은 공들의 저항들은 지름들의 제곱들의 비율보다 더 작다.

그런데 우리는 아직 실의 저항을 고려하지 않았다. 그것도 매우 큼이 명백하며, 여기서 구한 진자의 저항에서 빼 주어야 한다. 나는 이것을 정확하게 구할 수 없었지만, 작은 진자의 전체 저항의 삼분의 일보다 더 큼을 발견하였다. 그러니 이것으로부터, 공들의 저항들에서 실의 저항을 빼 주면, 지름들의 제곱들의 비율에 매우 근사하게 됨을 나는 알게 되었다. 왜냐 하면 비율 $7\frac{1}{2} - \frac{1}{3}$ 대 $1 - \frac{1}{3}$, 그러니까 $10\frac{1}{2}$ 대 1은 지름들의 제곱들의 비율인 $11\frac{13}{16}$ 대 1과 그리 다르지 않다.

그런데 큰 공들에서는 줄의 저항이 덜 중요해지니, 나는 지름이 $18\frac{3}{4}$ 인치인 공을 가지고도 실험을 해 보았다. 매단 지점과 진동의 중점 사이 진자의 길이는 $122\frac{1}{2}$ 인치였으며, 매단 지점 그리고 실의 매듭 사이 거리는 $109\frac{1}{2}$ 인치였다.

진자의 처음 하강에서 매듭이 그린 호는 32인치였다. 다섯 번의 진동들이후, 마지막 상승에서 같은 매듭이 그린 호는 28인치였다. 호들의 합, 또는 평균 진동이 그리는 전체 호는 60인치이다. 호들의 차이는 4인치이다. 이것의 십분의 일, 또는 평균 진동에서 하강 그리고 상승 사이의 차이는 $\frac{2}{5}$ 인치이다.

반지름 $109\frac{1}{2}$ 대 반지름 $122\frac{1}{2}$ 의 비율은, 매듭의 평균 진동이 그리는 전체 호 60인치 대 공의 중점의 평균 진동이 그리는 전체 호 $67\frac{1}{8}$ 인치의 비율과 같다. 그리고 차이 $\frac{2}{5}$ 인치 대 새로운 차이 0.4475인치의 비율과 같다.

만약 그린 호의 길이를 (그대로) 유지하면서, 진자의 길이를 126 대 $122\frac{1}{2}$ 의 비율로 증가시키면, 진동 시간은 그 제곱근의 비율로 증가하게 되며, 진자의 속력은 그 제곱근의 비율로 감소하게 된다. 그러나 하강 그리고 연이은 상승에서 그린 호들의 차이는 0.4475로 유지된다.

그 다음에 만약 그린 호를 $124\frac{3}{31}$ 대 $67\frac{1}{8}$ 의 비율로 증가시키면, 그 차이 0.4475는 그 제곱의 비율로 증가하게 되며, 그래서 1.5295가 될 것이다. 이렇게 되는 것은, 진자의 저항이 속력의 제곱에 비례한다는 가정으로부터이다.

그러므로 만약 진자가 전체 호 $124\frac{3}{31}$ 인치를 그리고, 매단 지점과 진동의 중점 사이의 길이가 126인치라 하면, 하강 그리고 연이은 상승에서 그린 호들의 차이는 1.5295인치가 될 것이다. 그리고 이 차이에다 진동하는 공의 무게를 곱하면, 무게는 208 온스였으니, 318.136이 나온다.

다시, 위에서 언급한 나무공으로 구성된 진자에서, 진동의 중점이, 매단 지점으로부터 거리가 126인치이고, 그린 전체 호가 $124\frac{3}{31}$ 인치일 때, 하강 그리고 상승으로 그린 호들의 차이는 $\frac{126}{121}$ 곱 $\frac{8}{9\frac{2}{3}}$ 이다. 이것에다 공의 무게를 곱하면, 무게는 $57\frac{7}{22}$ 온스였는데, 49.396이 나온다.

내가 이러한 차이들에다 공들의 무게들을 곱한 까닭은, 그들의 저항들을 구하기 위해서였다. 왜냐 하면 그 차이들은 저항들로부터 생겨나며, 저항들에 바로 비례하고 무게들에 역으로 비례한다. 그러므로 그 저항들은 숫자들 318.136 그리고 49.396에 비례한다. 그런데 작은 공의 저항 중에 속력의 제곱에 비례하는 부분은, 전체 저항과의 비율이, 0.56752 대 0.61675이다. 그러니까 45.453 대 49.396이다. 그리고 큰 공은 저항 중 그 부분이 그 전체 저항과 거의 같다.

그러므로 그 부분들 사이의 비율은, 318.136 대 45.453과 매우 근사하다. 그러니까 7 대 1이다. 그런데 공들의 지름들은 $18\frac{3}{4}$ 그리고 $6\frac{7}{8}$ 이고, 이들의 제곱들은 $351\frac{9}{16}$ 그리고 $47\frac{17}{64}$ 이고, 비율은 7.438 대 1이다. 그러니까 공들의 저항들의 비율 7 대 1과 매우 근사하다.

이 비율들의 차이는, 실의 저항에 의해서 생겨나는 것보다 크지 않다. 그러므로 저항들의 부분들로서, 공들의 크기가 같을 때, 속력들의 제곱들에 비례하는 것들은, 속력들이 같을 때, 공들의 지름들의 제곱들에 역시 비례한다.

내가 이 실험들에서 사용한 공들 중에, 가장 큰 공은 완벽한 구형이 아니었다. 그러므로 여기 제시된 계산들에서, 나는 간단하게 하기 위해서, 자질구레한 숫자들은 무시해 버렸다. 실험 자체가 아주 정밀했던 게 아니니까, 계산을 아주 정확하게 하는 것이 별 의미가 없다.

진공의 증명이 이러한 사항들에 달려 있으니, 더 많은, 더 큰, 더욱 정확하게 구형인 공들을 가지고 이 실험들을 수행하기 바란다. 공들을 등비수열이 되도록 잡아서, 그 지름들이 4, 8, 16, 32인치라고 하자. 실험들의 진행으로부터, 더욱 큰 공들을 어떻게 될지 추론할 수 있다.

다른 유체들의 저항들을 서로 간에 비교하기 위해서, 나는 다음과 같이 실험하였다. 나는 나무 상자를 구했는데, 길이가 4피트, 폭이 1피트, 높이가 1피트였다. 이 상자의 덮개를 벗긴 다음에, 물을 부어 담았다. 진자가 그 속에 잠기도록 한 다음, 물속에서 진동하도록 하였다.

납으로 된 공이, 무게가 $166\frac{1}{6}$ 온스, 지름이 $3\frac{5}{8}$ 인치였는데, 다음 표에 기술해 놓은 것처럼 (물속에서) 움직였다. 매단 지점에서 줄에 표시해 놓은 어떤 점까지의 진자의 길이는 126인치이고, 진동의 중점까지 길이는 $134\frac{3}{8}$ 인치이다.

줄에 표시해 놓은 점이 처음 하강으로 그린 호, 인치								
64	32	16	8	4	2	1	$\frac{1}{2}$	$\frac{1}{4}$

마지막 상승으로 그린 호, 인치								
48	24	12	6	3	$1\frac{1}{2}$	$\frac{3}{4}$	$\frac{3}{8}$	$\frac{3}{16}$

호들의 차이, 잃어버린 운동에 비례함, 인치								
16	8	4	2	1	$\frac{1}{2}$	$\frac{1}{4}$	$\frac{1}{8}$	$\frac{1}{16}$

물속에서의 진동 횟수								
*	*	$\frac{29}{60}$	$1\frac{1}{5}$	3	7	$11\frac{1}{4}$	$12\frac{2}{3}$	$13\frac{1}{3}$

공기 속에서의 진동 횟수								
$85\frac{1}{2}$	287	535	*	*	*	*	*	*

실험의 넷째 세로줄에서, 공기 속에서의 535번의 진동들과 물속에서의 $1\frac{1}{5}$ 번의 진동들이 잃어버린 운동이 같다. 물속에 비해서 공기 속에서의 진동들이 실제로 약간 더 빠르기는 했다. 그렇지만 만약 두 매질들 속에서 속력들이 같아지도록, 물속에서의 진동들을 그러한 비율로 가속시켰다면, 이전과 같은 운동을 잃어버리기까지의, 물속에서의 진동들의 횟수는 여전히 $1\frac{1}{5}$ 번으로 같게 유지될 것이다. 왜냐 하면 저항이 증가한 만큼, 시간의 제곱은 그와 동시에 그 비율의 제곱에 따라서 감소하기 때문이다.

그러므로 진자들의 속력들이 같으면, 공기 속에서의 535번의 진동들 그리고 물속에서의 $1\frac{1}{5}$ 번의 진동들이 같은 운동들을 잃어버리게 된다. 그러므로 물속에서의 진자의 저항 대 공기 속에서의 저항의 비율은 535 대 $1\frac{1}{5}$ 이다. 넷째 세로줄의 경우, 전체 저항들의 비율은 이렇게 된다.

이제 공기 속에서 최고 속력 V로 움직일 때, 하강 그리고 연이은 상승에서 공이 그리는 호들의 차이를 $AV + CV^2$으로 나타내자. 넷째 세로줄의 경우의 최고 속력 대 첫째 세로줄의 경우의 최고 속력의 비율은 1 대 8이고, 넷째 세로줄의 경우의 호들의 차이 대 첫째 세로줄의 경우의 호들의 차이의 비율은 $\frac{2}{535}$ 대 $\frac{16}{85\frac{1}{2}}$, 또는 $85\frac{1}{2}$ 대 4280이다.

이 경우들에서 속력들을 1, 8이라 적고, 호들의 차이들을 $85\frac{1}{2}$, 4280이라 적자. 그러면 $A + C = 85\frac{1}{2}$ 이고, $8A + 64C = 4280$ 또는 $A + 8C = 535$ 이다. 그리고 이 방정식들을 환원하면, $7C = 449\frac{1}{2}$, 즉 $C = 64\frac{3}{14}$, 그리고 $A = 21\frac{2}{7}$ 이다. 그런데 저항은 $\frac{7}{11}AV + \frac{3}{4}CV^2$ 이니, 저항은 $13\frac{6}{11}V + 48\frac{9}{56}V^2$ 이 된다.

그러므로 넷째 세로줄의 경우, 속력은 1이었는데, 전체 저항 대 저항 중에 속력의 제곱에 비례하는 부분과의 비율은 $13\frac{6}{11} + 48\frac{9}{56}$ 대 $48\frac{9}{56}$ 이다. 또는 $61\frac{12}{17}$ 대 $48\frac{9}{56}$ 이다. 그러므로 물속에서의 진자의 저항 대, 공기 속에서의 진자의 저항 중에 속력의 제곱에 비례하는 부분과의 비율은, 빠른 속력들의 경우 이 부분만 고려해도 되는데, $61\frac{12}{17}$ 대 $48\frac{9}{56}$ 그리고 535 대 $1\frac{1}{5}$ 을 결합한 것이다. 그러니까 571 대 1이다.

만약 물속에서 진동한 진자의 실이 전부 물속에 잠겨 있었다면, 저항이 더욱 컸을 것이다. 그러니 물속에서 진동하는 진자의 저항 중에, 속력의 제곱에 비례하는 부분 대, 속력이 빠른 추들에서는 이것만 고려해도 되는데, 같은 진자 전체가 같은 속력으로 공기 속에서 진동할 때의 저항과의 비율은, 약 850 대 1이 될 것 같다. 그러니까 물의 밀도 대 공기의 밀도의 비율과 매우 근사할 것이다.

이 계산에서, 물속에서 진동하는 진자의 저항도 속력의 제곱에 비례하는 그 부분을 잡아서 고려해야 한다. 그런데 (약간 이상해 보이지만) 물속에서의 저항은 속력의 제곱보다 더 큰 비율로 증가하였다. 그 원인을 찾다가, 다음 생각이 떠올랐다. 진자의 공의 크기에 비해서, 상자의 폭이 너무 좁아서, 물의 물러서는 운동이 이 이유로 너무 크게 방해를 받은 것 같다. 왜냐 하면 지름 1인치인 진자의 공을 담구었더니, 저항은 매우 근사하게 속력의 제곱의 비율로 증가하였기 때문이다.

나는 두 개의 공들로 진자를 구성하여서 이것을 실험하였다. 아래의 작은 공은 물속에서 진동하도록 했고, 위의 큰 공은 물보다 약간 위의 실에 묶어서, 공기 속에서 진동하도록 했다. 큰 공은 진자의 운동을 도와주어서, 더 오래 지속하게 해 주었다. 이러한 방법으로 행한 실험을 다음 표에 적어 놓았다.

처음 하강으로 그린 호	16	8	4	2	1	$\frac{1}{2}$	$\frac{1}{4}$
마지막 상승으로 그린 호	12	6	3	$1\frac{1}{2}$	$\frac{3}{4}$	$\frac{3}{8}$	$\frac{3}{16}$
호들의 차이, 잃어버린 운동에 비례함	4	2	1	$\frac{1}{2}$	$\frac{1}{4}$	$\frac{1}{8}$	$\frac{1}{16}$
진동 횟수	$3\frac{3}{8}$	$6\frac{1}{2}$	$12\frac{1}{12}$	$21\frac{1}{5}$	34	53	$62\frac{1}{5}$

매질들의 저항들을 서로 간에 비교하기 위하여, 나는 쇠로 된 진자들이 수은 속에서 진동하도록 하였다. 쇠줄의 길이는 약 3피트였고, 쇠공의 지름은 약 $\frac{1}{3}$ 인치였다. 그리고 수은 바로 위의 줄에다 상당히 큰 납공을 묶어서, 진자의 운동이 더 긴 시간 지속되도록 만들었다. 그 다음에 3파운드 정도의 수은을 담을 수 있는 작은 그릇에다, 수은 그리고 보통의 물을 번갈아 넣어서, 진자가 각각의 유체 속에서 차례차례 진동하도록 하였으며, 나는 저항들의 비율을 구하려 하였다. 그리고 수은의 저항 대 물의 저항은 약 13 또는 14 대 1임을 구하였다. 그러니까 수은의 밀도 대 물의 밀도의 비율과 같았다.

진자의 공을 약간 더 큰 것을 사용하여서, 지름이 약 $\frac{1}{2}$ 또는 $\frac{2}{3}$ 인치가 되도록 하였더니, 수은의 저항은 물의 저항과 비교해서, 대략 숫자 12 또는 10 대 1로 나왔다. 그러나 이전의 실험이 좀 더 신뢰할 수 있다. 왜냐 하면 뒤의 실험의 경우, 잠긴 공의 크기에 비해서 그릇의 폭이 너무 좁았다. 공이 커지면 그릇도 커져야 한다.

큰 그릇들을 가지고, 금속을 녹인 액체와, 다른 어떤 액체들을 뜨겁게 그리고 차갑게 해서, 이런 종류의 실험들을 되풀이하고 싶었다. 그러나 이 모든 실험들을 할 시간이 없었다. 그리고 지금까지 설명해 놓은 것을 보면, 빨리 움직이는 물체들은 그들이 속에서 움직이고 있는 그 유체의 밀도에 거의 비례해서 저항을 받음이 확실해 보인다.

정확하게 비례한다는 말은 아니다. 왜냐 하면 밀도가 같더라도, 점성(끈적끈적함)이 있는 유체들은 유동적인 유체들보다 더 크게 저항할 것임이 의심의 여지가 없기 때문이다. 예를 들어 차가운 기름은 따뜻한 기름보다 더, 따뜻한 기름은 빗물보다 더, 물은 알코올보다 더.

그렇지만 유체들이 감각들에 충분히 유동적이면, 공기 속에서, 민물이든 소금물이든 물속에서, 알코올 속에서, 테르핀 속에서, 증류를 해서 찌꺼기를 제거하고 따뜻하게 데운 기름 속에서, 황산 그리고 수은 속에서, 녹인 금속 속에서, 이러한 어떤 것들이든, 충분히 유동적이어서, 그릇들에 의해서 들썩여졌을 때, 그들에게 가해진 운동을 상당한 시간 유지하면, 그리고 부으면 쉽게 방울방울 분해되어 흐르면, 앞에서 언급한 법칙들이 상당히 정확하게 성립할 것임이 의심의 여지가 없다. 큰 추들로 만든 진자들을, 빠른 속력으로 움직이며 실험을 하면 특히 그럴 것이다.

마지막으로, 어떤 사람들은 에테르(ether)라는 가장 엷고 희박한 매질이 있어서, 모든 물체들의 구멍과 틈새로 자유롭게 스며든다고 생각하고 있다. 이 매질은 물체들의 구멍들 사이로 흘러드니, 저항이 생겨날 것이라고 간주된다. 움직이는 물체들에서 우리들이 경험하는 저항들이 전적으로 그들의 외부 표면에서 생겨나는지, 또는 내부 부분들도 역시 그들 자신들의 면들에서 상당한 저항을 느끼게 되는지 확인하기 위해서, 나는 다음과 같은 실험을 고안하였다.

나는 가문비나무로 둥그런 통을 만들어서, 길이 11피트인 실을 묶고, 쇠로 만든 고리(ring)를 달았다. 충분히 단단한, 쇠로 만든 갈고리(hook)에다 고리를 걸어서, 언급한 길이의 진자를 늘어뜨렸다. 갈고리의 위쪽 우묵한 부분을 날카롭게 날을 세워 놓아서, 그 날에 놓여 있는 고리의 위쪽 호가 매우 자유롭게 움직일 수 있도록 했다. 실은 고리의 아래쪽 호에 묶어 놓았다.

나는 이렇게 구성한 진자를 수직인 위치에서 약 6피트 거리를 당겼다. 갈고리의 날에 수직인 평면을 따라 당겨서, 진자와 더불어 진동을 하는 고리가, 갈고리의 날 위에서 이쪽저쪽으로 미끄러지지 않도록 하였다. 왜냐 하면 (진자를) 매단 지점은, 고리와 갈고리가 접하는 점이며, 그 점은 고정되어 있어야 하기 때문이다.

나는 진자를 당겨 놓은 위치를 정확하게 표시해 놓고, 그 다음에 진자를 하강하도록 놓아주었다. 그리고 진자가 한 번, 두 번, 세 번 진동한 끝에 되돌아온 세 위치들을 표시하였다. 나는 이것을 여러 번 되풀이하여서, 가능한 한 정확하게 그 위치들을 구하였다.

그 다음에 나는 통 속에다 납을 비롯한, 가까이 있던 무거운 금속들을 넣었다. 그렇지만 나는 먼저 빈 통의 무게를 재었고, 통의 둘레를 묶은 실의 무게, 실의 나머지 부분인, 고리로부터 통까지 뻗어 있는 실의 절반 무게도 구해서 더했다. 이렇게 뻗어 있는 실도, 수직 위치에서 벗어난 진자에게, 그 무게의 절반을 항상 가하기 때문이다. 나는 이 무게에다 통 속에 든 공기의 무게를 더했다. 이 전체 무게는, 금속들을 잔뜩 넣은 통 무게의 약 1/78이었다.

그런데 금속들을 잔뜩 넣은 통은, 그 자신의 무게가 실을 강하게 당겨서 진자의 길이가 늘어나기 때문에, 실의 길이를 약간 짧게 하여서, 진동할 때 진자의 길이가 이전과 같도록 만들었다. 그 다음에 진자를 처음 표시해 놓은 위치로 당겼다가 놓았더니, 이 진자는 대략 77번 진동한 다음에 두 번째 표시해 놓은 지점에 닿았고, 그리고 다시 같은 횟수를 진동한 다음에 세 번째 지점에 닿았고, 그리고 다시 같은 횟수를 진동한 다음에 네 번째 지점에 닿았다. 그러니 가득 찬 통의 전체 저항은, 빈 통의 저항에 비해서, 78 대 77보다 비율이 더 크지 않다고 나는 결론을 내렸다.

왜냐 하면 만약 둘의 저항들이 같으면, 가득 찬 통은 빈 통에 비해서 관성이 78배이니, 그 진동 운동을 그만큼 더 길게 유지할 것이며, 그러니 항상 78번 진동한 다음에 표시해 놓은 지점에 닿을 것이다. 그런데 77번의 진동들을 완결한 다음에 닿았던 것이다.

그러므로 통의 바깥쪽 면의 저항을 A로 나타내고, 빈 통의 안쪽 부분들의 저항을 B로 나타내자. 그리고 만약 속력들이 같은 물체들의 안쪽 부분들의 저항이 질량에 비례하면, 또는 저항하는 입자들의 개수에 비례하면, 통이 가득 찼을 때 통의 내부 부분들의 저항은 78B가 될 것이다. 그러니 빈 통 전체의 저항 A + B 대 가득 찬 통 전체의 저항 A + 78B의 비율은, 77 대 78이 된다. 그리고 빼셈을 하면, A + B 대 77B의 비율은, 77 대 1이 된다. 그러므로 A + B 대 B의 비율은, 77×77 대 1이 된다. 다시 빼셈을 하면, A 대 B의 비율은 5928 대 1이 된다.

그러므로 빈 통의 안쪽 부분들이 받는 저항은, 바깥쪽 면이 받는 같은 저항에 비해서, 5000분의 1도 채 되지 않는다. 이 추론은, 가득 찬 통의 더 큰 저항은 다른 어떤 잠재적인 원인에 의해서 생기는 게 아니라, 뭔가 미세하고 엷은 유체가 통 속의 금속들에게 작용하여서 생길 뿐이라는 가설에 바탕을 두고 있다. 나는 이 실험을 내 기억에 의존하여 적어 놓았다. 이것을 기록해 둔 종이를 잃어버렸기 때문이다. 그래서 자질구레한 분수 부분은 빠트려야 했다. 이미 내 기억에서 사라졌으니 어쩔 수 없다. 모든 것들을 되풀이할 시간은 없다.

처음 실험에서는 갈고리가 약했기 때문에, 무거운 통이 일찍 늦춰졌다. 그 원인을 찾아보니, 갈고리가 너무 약해서 통의 무게를 지탱할 수 없었기 때문이었다. 그래서 그 진동들에 따라서, 갈고리도 모든 방향들로 굽었던 것이다. 그래서 나는 강한 갈고리를 준비하였다. 매단 지점이 움직이지 않도록 하였더니, 모든 것들이 앞에서 설명한 것처럼 나왔다.

제 7 장

유체들의 운동과 투사체들의 저항

법칙 32, 정리 26

물체들의 체계가 두 개가 있어서, 같은 개수의 입자들로 구성되어 있고, 그리고 대응하는 입자들이 닮은꼴이고 비례하며, 한 체계의 각각의 입자와 다른 체계의 각각의 입자가, 서로 간에 닮은꼴로 위치하며, 상호 간에 주어진 비율의 밀도를 가진다고 하자. 그리고 이들이 서로 간에 비례하는 시간들에 (어느 한 체계의 입자들은 서로 간에 그리고 다른 체계의 입자들은 서로 간에) 닮은꼴로 움직이기 시작하며, 같은 체계의 입자들은 반사의 순간들만을 제외하면 상호 간에 접촉하지 않으며, 상호 간에 당기거나 밀어내지도 않으며, 다만 대응하는 입자들의 지름들에 역으로 비례하고 속력들의 제곱들에 바로 비례하는 가속의 힘들만이 작용한다고 하자. 그러면 그 체계들의 입자들은 서로 간에 비례하는 시간들에서 닮은꼴의 움직임을 계속하게 된다.

닮은꼴인 물체들이 닮은꼴로 위치하여서, 비례하는 시간들에 서로 간에 닮은꼴로 움직인다는 말의 의미는, 그러한 시간들의 끝에 가서, 그 위치들이 항상 상호 간에 닮은꼴이라는 뜻이다. 예를 들어, 한 체계(system)의 입자들을 다른 체계의 대응하는 입자들과 비교해 보니 그러하다는 말이다. 그러므로 비례하는 시간들 동안, 대응하는 입자들은 닮은꼴인 도형들의 닮은꼴이며 대응하는 부분들을 그리게 된다.

그러므로 만약 이러한 두 체계들이 있다면, 대응하는 입자들은 처음의 운동들이 닮은꼴이니, 그들이 상호 간에 만날 때까지 닮은꼴의 운동들을 지속한다. 왜냐 하면 만약 그들에게 힘이 전혀 가해지지 않으면,

운동 법칙 1에 의해서 직선들을 따라 일정하게 움직이게 된다.

어떤 힘들이 상호 간에 가해지는데, 그 힘들이 대응하는 입자들의 지름들에 역으로 비례하고, 그리고 속력들의 제곱들에 바로 비례한다고 하자. 입자들의 위치들은 닮은꼴이고, 그리고 힘들이 비례하니, 대응하는 입자들에게 가해지는 전체 힘들은, 가해지는 각각의 힘들의 (운동 법칙들에 딸린 법칙 2에 따라서) 결합이니, 닮은꼴로 결정될 것이다. 마치 닮은꼴로 위치한 입자들 사이의 중점들에서 그들을 돌아보는 것처럼.

그리고 그 전체 힘들 서로 간의 비율은, 구성하는 각각의 힘들의 비율과 같다. 그러니까 대응하는 입자들의 지름들에 역으로 비례하고, 속력들의 제곱들에 바로 비례한다. 그러므로 대응하는 입자들이 닮은꼴인 도형들을 그리기를 계속하도록 만드는 효과를 낳는다.

만약 그 중점들이 고정되어 있으면, (1권 법칙 4, 딸린 법칙 1, 8에 따라서) 일들이 이런 식으로 일어나게 된다. 그러나 만약 중점들이 움직이면, 그 이동들이 닮은꼴이니, 그 체계들의 입자들 사이에서의 그 중점들의 위치들은 닮은꼴이 유지되며, 그러니 입자들이 그리는 도형들에서 닮은꼴인 변화들이 도입될 것이다.

그러므로 대응하는 닮은꼴인 입자들의 운동들은 처음 충돌 이전까지 닮은꼴을 유지하게 되며, 그러니 닮은꼴로 충돌들이 일어나게 되고, 그러니 닮은꼴로 반사들이 되며, 그 다음에 (이미 증명한 것들에 따라서) 그들 사이에 닮은꼴인 운동들을 하고, 서로 닮은꼴로 충돌하고, 이렇게 무한히 계속된다. [증명 끝]

딸린법칙 1 그러므로 만약 임의의 두 물체들이 서로 닮은꼴이고, 그 체계들의 대응하는 입자들에 대해서 닮은꼴로 위치해 있으며, 비례하는 시간들에 서로 간에 닮은꼴로 움직이기 시작하였다면, 그리고 그들의 크기들과 밀도들은 상호 간에 대응하는 입자들의 크기들과 밀도들의 비율들과 같다고 하면, 그들은 비례하는 시간들에서 닮은꼴로 움직이기를 계속하게 된다. 왜냐 하면 그 체계들의 커다란 부분들의 비율이 입자들의 비율과 같기 때문이다.

딸린법칙 2 두 체계들의 닮은꼴이며 닮은꼴로 위치한 모든 부분들이 서로 간에 정지해 있다고 하자. 그리고 그들 중 두 개가, 다른 것들보다 더 크며, 그 체계들에서 상호 간에 대응하는데, 닮은꼴로 위치한 직선들을 따라서 임의의 닮은꼴인 운동들을 시작한다고 하자. 그러면 이들은 체계들의 나머지 부분들에서 닮은꼴인 운동들을 개시하도록 만들며, 그리고 이들은 비례하는 시간들에서 닮은꼴로 움직이기를 계속한다. 그래서 이들의 지름들에 비례하는 거리들을 그리게 된다.

법칙 33, 정리 27

같은 가정들 하에, 그 체계의 커다란 부분들은, 그 속력들의 제곱들의 비율 그리고 그 지름들의 제곱들의 비율 그리고 그 체계들의 그 부분들의 밀도의 단순한 비율을 결합한 비율로 저항을 받게 된다.

왜냐 하면 저항은 부분적으로 그 체계들의 입자들이 서로 간에 가하는 구심력들 또는 원심력들에 의해서, 그리고 부분적으로 입자들 그리고 커다란 부분들의 충돌들과 반사들에 의해서 생겨난다. 그런데 전자의 종류의 저항은, 상호 간의 비율이, 그들이 생겨나는 전체 동인의 힘들에 비례한다. 그러니까 대응하는 부분들에서의 전체 동인의 힘들 그리고 물질의 양들에 비례한다. 이것은 (가정에 따라서) 속력들의 제곱들에 바로, 그리고 대응하는 입자들의 거리들에 역으로, 그리고 대응하는 부분들의 물질의 양들에 바로 비례한다.

그런데 한 체계의 입자들의 거리들은, 다른 체계의 그에 대응하는 입자들의 거리들과의 비율이, 전자의 체계의 입자 또는 부분의 지름 대 후자의 체계의 대응하는 입자 또는 부분의 지름과의 비율과 같으며, 그리고 물질의 양들은 그 부분들의 밀도들 그리고 지름들의 세제곱들에 비례하니, 저항들 상호 간의 비율은, 속력들의 제곱들, 그리고 그 체계들의 그 부분들의 지름들의 제곱들 그리고 밀도들에 비례한다.

후자의 종류의 저항들은, 대응하는 반사들의 횟수 그리고 강도를 결합한 것에 비례한다. 게다가 반사들의 횟수들 서로 간의 비율은, 대응하는 부분들의 속력들에 비례하고, 그리고 그 반사들 사이의 거리들에 역으로 비례한다. 그리고 반사들의 힘들은 속력들 그리고 크기들 그리고 대응하는 부분들의 밀도들을 결합한 것에 비례한다. 그러니까 속력들 그리고 지름들의 세제곱들 그리고 부분들의 밀도들에 비례한다.

그리고 이 모든 비율들을 결합하면, 대응하는 부분들의 저항들은 상호 간의 비율이, 속력들의 제곱들 그리고 지름들의 제곱들 그리고 그 부분들의 밀도들을 결합한 것에 비례한다. [증명 끝]

딸린법칙 1 공기처럼 탄성적인 두 유체들의 체계들이 있어서, 그 부분들이 서로 간에 정지해 있다고 하자. 그리고 두 물체들이 닮은꼴이고, 그 크기 그리고 밀도에 관하여 유체들의 부분들과 비례하며, 그 부분들 사이에 닮은꼴로 위치하였는데, 임의의 닮은꼴로 위치한 직선들을 따라서 투사되었으며, 유체의 입자들이 서로 간에 가하는 가속의 힘들은, 투사된 물체들의 지름들에 역으로, 그리고 속력들의 제곱들에 바로 비례한다고 하자. 그러면 그 물체들은 비례하는 시간들에서 닮은꼴인 운동들을 유체 속에서 초래하게 되며, 닮은꼴이며 그 지름들에 비례하는 거리들을 그리게 된다.

딸린법칙 2 그러므로 같은 유체 속에서, 빠른 투사체는 그 속력의 제곱에 매우 근사하게 비례하는 저항을 겪게 된다. 왜냐 하면 만약에 멀리 있는 입자들이 서로 간에 작용하는 힘들이 속력의 제곱의 비율로 증가하면, 저항은 정확하게 속력의 제곱의 비율이 될 것이다. 그러므로 서로 간에 멀리 떨어진 부분들이 힘이 전혀 작용하지 않는 매질 속에서는, 저항이 정확하게 속력의 제곱의 비율이 된다.

그러니 세 종류의 매질들 A, B, C가 있어서, 닮은꼴이며 크기가 같은 부분들로 구성되어 있고, 같은 거리들을 따라서 규칙적이고 일정하게 배열되어 있다고 하자. 매질 A, B의 부분들은 서로 간에 멀어지는 힘들이, 상호 간의 비율이 T, V라고 하자. 그리고 매질 C의 부분들은 그러한 힘들이 전혀 없다고 하자.

그리고 네 개의 같은 물체들 D, E, F, G가 이 매질들 속에서 움직이는데, 앞의 둘 D, E는 앞의 둘 A, B 속에서, 다른 둘 F, G는 셋째 C 속에서 움직인다고 하자. 물체 D의 속력 대 물체 E의 속력의 비율, 그리고 물체 F의 속력 대 물체 G의 속력의 비율은, 힘 T 대 힘 V의 비율의 제곱근과 같다고 하자.

그러면 물체 D의 저항 대 물체 E의 저항의 비율, 그리고 물체 F의 저항 대 물체 G의 저항의 비율은, 속력들의 제곱들의 비율과 같게 된다. 그러므로 물체 D의 저항 대 물체 F의 저항의 비율은, 물체 E의 저항 대 물체 G의 저항의 비율과 같게 된다.

물체들 D, F가 같은 속력으로, 그리고 물체들 E, G도 같은 속력으로 움직인다고 하자. 물체들 D, F의 속력들을 임의의 비율로 증가시키고, 매질 B의 부분들의 힘들을 그 비율의 제곱에 따라서 감소시키면, 매질 B는 매질 C의 형태와 조건에 얼마든지 가까워질 수 있다. 그러므로 같은 물체들 E와 G가 같은 속력으로 이 매질들 속에서 움직일 때, 이들의 저항들은 비율 1 대 1에 계속 가까워지니까, 그들의 차이는 결국에 가면 주어진 어떠한 차이보다도 작아지게 된다.

그런데 물체들 D, F의 저항들의 상호 간의 비율은, 물체들 E, G의 저항들의 비율과 같으니, 이들은 마찬가지로 1 대 1에 가까워지게 된다. 그러므로 물체들 D, F가 매우 빨리 움직이면, 저항들은 매우 근사하게 같아진다. 그런데 물체 F의 저항은 속력의 제곱에 비례하니, 물체 D의 저항도 속력의 제곱에 매우 근사하게 비례하게 된다.

딸린법칙 3 임의의 탄성적인 유체 속에서 매우 빨리 움직이는 물체의 저항은, 유체의 부분들이 그들의 원심력들이 없어져서, 서로 간에 멀어지지 않는 경우와 거의 같다. 유체의 탄성의 힘이 그 입자들의 원심력들에서 생겨나고, 속력이 워낙 빨라서 그 힘들이 작용하기에 시간이 충분하지 않다면 말이다.

딸린법칙 4 그런데 멀리 (떨어져) 있는 입자들이 서로 간에 멀어지지 않는 매질 속에서, 닮은꼴이며 속력이 같은 물체들의 저항들은, 지름들의 제곱들에 비례하니까, 탄성적인 매질 속에서 매우 빠르게 같은 속력으로 움직이는 물체들의 저항들은, 그 지름들의 제곱들에 매우 근사하게 비례한다.

딸린법칙 5 그리고 닮은꼴이며 크기가 같은 물체들이 같은 속력으로, 밀도가 같은 매질들 속에서 움직이고, 그 매질들의 입자들이 서로 간에 멀어지지 않는다면, 그 입자들이 개수가 많고 크기가 작든, 또는 개수가 적고 크기가 크든 상관이 없이, 같은 시간들 동안 같은 양의 물질들과 부딪치게 된다. 그리고 반면에 (운동 법칙 3에 따라서) 그로부터 같은 (크기의) 반작용들을 겪게 된다. 그러니까 같은 (크기의) 저항들을 받게 된다.

그리고 탄성적이며 밀도가 같은 유체들 속에서, 물체들이 매우 빠르게 움직이면, 그 유체들이 큰 입자들로 구성되었든, 또는 가장 작고 미세한 입자들로 구성되었든, 그들의 저항들은 매우 근사하게 같음이 명백하다. 매질이 미세하다고 해도, 가장 빠른 투사체들의 저항은 거의 감소하지 않기 때문이다.

딸린법칙 6 이 모든 것들은, 매질의 탄성의 힘이 입자들의 원심력으로부터 생겨나는 경우에 성립한다. 그러나 만약 그 힘이 다른 원인으로부터 생겨나면, 양털이나 나뭇가지들이 팽창하듯이 입자들이 팽창하기 때문이거나, 또는 다른 임의의 원인 때문에, 입자들이 서로 간에 자유롭게 움직이지 못하고 방해를 받으면, 매질의 유동성이 줄어들기 때문에, 저항은 앞의 딸린 법칙들에서보다 더 커지게 된다.

법칙 34, 정리 28

만약 같은 지름들로 그린 구와 원기둥이, 같은 입자들이 상호 간에 같은 거리들로 자유로이 분포되어 있는 옅은 매질 속에서, 원기둥의 축을 따라서 같은 속력으로 움직이면, 구의 저항은 원기둥의 저항의 절반이 된다.

물체에 대한 매질의 작용은, 정지해 있는 매질 속을 물체가 움직이든, 또는 정지해 있는 물체에게 매질의 입자들이 그와 같은 속력으로 부딪치든, (운동 법칙들에 딸린 법칙 5에 따라서) 마찬가지이니까, 물체가 정지해 있다고 하고, 움직이는 매질이 어떤 힘을 가하는지 살펴보도록 하자.

C를 중점으로, CA를 반지름으로 해서 그린 구형 물체를 ABKI로 나타내고, 매질의 입자들이 주어진 속력으로, AC에 평행한 직선들의 방향으로 이 물체를 때린다고 하자. FB가 그러한 직선들 중의 하나라고 하자. 거기에서 반지름 CB와 길이가 같도록 LB를 잡고, B에서 이 구에

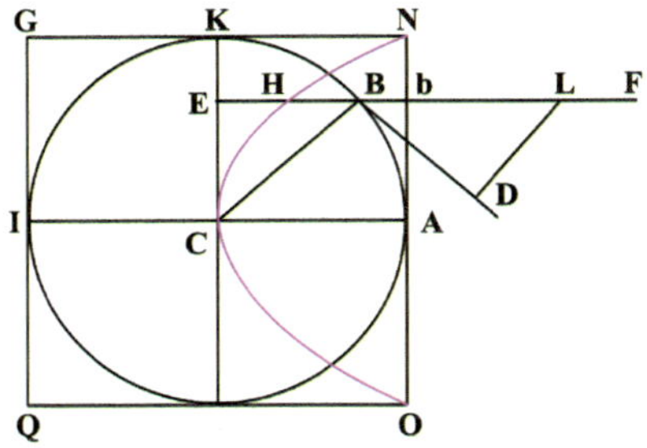

접하도록 직선 BD를 그어라. KC, BD로 수직선들 BE, LD를 내리그어라.

그러면 매질의 입자가 직선 FB를 따라서 비스듬히 입사하여, B에서 구를 때리는 힘 대, ACI를 축으로 해서 구에 외접하도록 그린 원기둥 ONGQ를 같은 입자가 b에서 수직으로 때리는 힘과의 비율은, LD 대 LB, 또는 BE 대 BC와 같다. 다시, 입사의 직선 FB 또는 AC를 따라서 구를 움직이는 이 힘의 효율성 대, 구를 그 결정(determination)의 직선을 따라서, 그러니까 그 구를 직접 가격하는 직선 BC를 따라서, 움직이는 이 효율성과의 비율은, BE 대 BC이다.

그리고 비율들을 결합하면, 직선 FB를 따라서 구에 비스듬하게 입사한 입자가, 그 입사의 평면(방향)을 따라서 구를 움직이는 효율성 대, 같은 입자가 같은 직선을 따라서 원기둥에 수직으로 입사하여서, 원기둥을 같은 평면(방향)으로 움직이는 효율성과의 비율은, BE^2 대 BC^2이다.

그러므로 만약 bE 속에서, 이것은 원기둥의 원형 밑면 NAO에 수직이고 반지름 AC와 길이가 같은데, bH를 잡되, $\frac{BE^2}{CB}$과 길이가 같도록 잡으면, bH 대 bE의 비율은, 구를 때리는 입자의 효과 대 원기둥을 때리는 입자의 효과와의 비율과 같다. 그러므로 직선들 bH를 모두 모아서 만든 입체 대, 직선들 bE를 모두 모아서 만든 입체의 부피 비율은, 구를 때리는 모든 입자들의 효과 대 원기둥을 때리는 모든 입자들의 효과와의 비율과 같다.

그런데 전자의 입체는, 꼭짓점이 C, 축이 CA, 라투스 렉텀이 CA인 포물선형 입체이고, 후자의 입체는, 포물선형 입체에 외접하고 있는 원기둥이다. 그런데 포물선형 입체의 부피는, 그에 외접하는 원기둥 부피의 절반임이 알려져 있다.

그러므로 구에 가해지는 매질 전체의 힘은, 원기둥에 가해지는 같은 전체 힘의 절반이 된다. 그러므로 만약 매질의 입자들이 정지해 있고, 원기둥과 구가 같은 속력으로 움직이면, 구의 저항은 원기둥의 저항의 절반으로 작게 된다. [증명 끝]

설명

같은 방법으로, 다른 도형들도 서로 간에 그들의 저항을 비교하여서, 저항이 있는 매질 속에서 그들의 운동들을 계속 유지하기에 더 적합한 것들을 구할 수 있다. 예를 들어 O를 중점으로, OC를 반지름으로 해서 그린 원형 밑면 CEBH를 가지고, 높이가 OD인, 원뿔대 CBGF를 만들되, 밑면이 같고 높이가 같도록 만든 모든 원뿔대들 중에, 그 축의 방향으로 D를 향해서 움직일 때 받는 저항이 가장 작은 원뿔대를 구하시오.

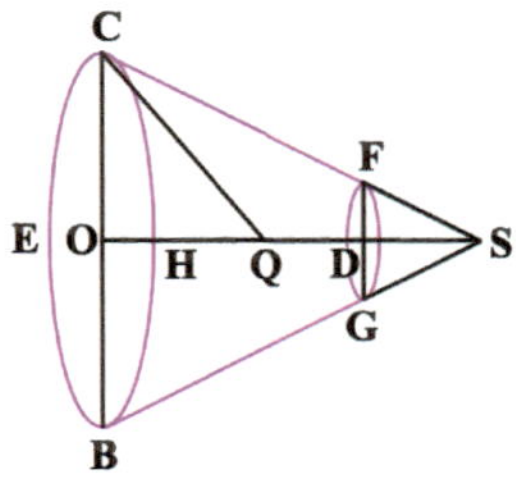

높이 OD를 이등분하는 점 Q를 잡고, OQ를 길게 늘여서 S에 이르도록 하되, QS와 QC가 길이가 같도록 해라. 그러면 구하려 하는 원뿔대는, S를 꼭짓점으로 가지는 원뿔을 자른 것이다.

그런데 각 CSB는 항상 예각이니, 타원 또는 둥그런 도형 ADBE를 그 축 AB에 대해 회전시켜서 입체 ADBE를 만들고, 세 직선들 FG, GH, HI가 점들 F, B, I에서 생성시키는 도형에 접하도록 하여서, GH는 접점 B에서 축에 수직이 되도록 하고, FG, HI는 바로 그 GH와 만드는 각들 FGB, BHI가 135도가 되도록 해라.

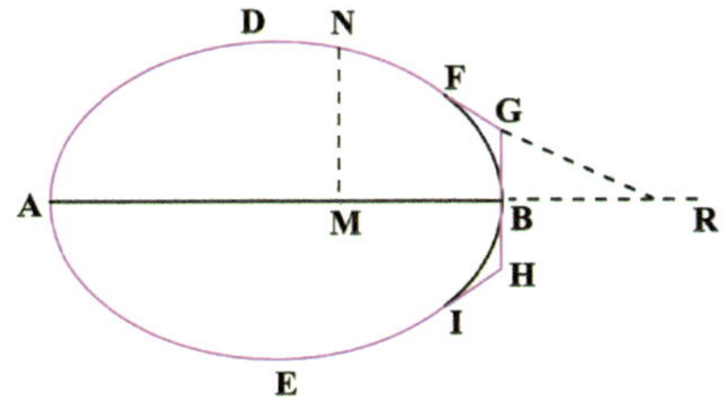

그러면 도형 ADFGHIE를 같은 축 AB에 대해 회전시켜서 생성한 입체는, 이전의 입체에 비해서 저항이 작다. 둘 다 그들의 축 AB 방향으로, 둘 다 끝점 B를 앞으로 해서 움직일 때에 말이다. 선박들을 건조하는 데 이 법칙이 유용하게 쓰일 것 같다.

다음 조건을 만족하도록 곡선 DNFG를 그려라. 곡선 DNFG의 임의의 점 N에서, 축 AB로 수직선 NM을 내리긋고, 주어진 점 G에서 직선 GR을 긋되, 직선 GR은 점 N에서 이 곡선에 접하는 직선과 평행하도록 하고, 직선 GR이 축을 길게 늘인 것과 만나는 점을 R이라 하면, MN 대 GR의 비율은 GR^3 대 $4BR \times GB^2$의 비율과 같게 된다고 하자.

그러면 축 AB에 대해 이 곡선을 회전시켜서 그린 입체는, 앞에서 말한 옅은 매질 속에서 A에서부터 B를 향해서 움직일 때, 길이가 같고 폭이 같도록 그린 다른 어떠한 입체들보다, 저항이 더 작다.

법칙 35, 문제 7

옅은 매질이 있는데, 같은 크기의 매우 작은 입자들이 정지해 있으면서 이 매질을 구성하고 있고, 상호 간에 같은 거리들로 떨어져서 자유롭게 배치되었다고 하자. 구가 이 매질 속에서 일정한 속력으로 움직일 때, 그 저항을 구하시오.

경우 1. 앞에서와 같은 지름과 높이로 원기둥을 그리고, 같은 매질 속에서, 그 축의 길이(방향)를 따라서 같은 속력으로 전진한다고 하자. 그리고 매질의 입자들이 구 또는 원기둥에 입사한 다음에, 가능한 최대의 힘으로 반사되어 되돌아간다고 하자.

그런데 구의 저항은 (직전의 법칙에 따라서) 원기둥의 저항의 절반이며, 구의 부피 대 원기둥의 부피는 2 대 3이고, 원기둥은 입자들을 수직으로 때려서 가장 강한 힘으로 반사하게 되니, 입자들에게 그 자신의 속력의 두 배 속력을 전달하게 된다. 그러므로 원기둥이 일정한 속력으로 전진하여 그 축 길이의 절반을 그리면, 입자들에게 전달한 운동량은 원기둥의 전체 운동량과 비교해서, 매질의 밀도 대 원기둥의 밀도의 비율과 같다.

그리고 구는 일정한 속력으로 전진하며 그 지름 전체 길이를 그리는 시간 동안, 그와 같은 운동량을 입자들에게 전달하게 된다. 그리고 그 지름의 2/3를 그리는 시간 동안, 입자들에게 전달한 운동량은 구의 전체 운동량과 비교해서, 매질의 밀도 대 구의 밀도의 비율과 같다.

그러므로 구가 겪게 되는 저항은, 일정한 속력으로 전진하며 그 지름의 2/3를 그리는 시간 동안 그 전체 운동량을 제거하거나 또는 생성할 수 있는 힘과의 비율이, 매질의 밀도 대 구의 밀도의 비율과 같다.

경우 2. 매질의 입자들이 구 또는 원기둥에 입사하고 나서 반사되지 않는다고 가정하자. 그러면 원기둥은 입자들을 수직으로 때리면서 자신의 단순한 속력을 입자들에게 전달하게 되며, 따라서 앞의 경우에 비해서 절반의 저항을 겪게 된다. 구의 저항도 역시 앞에 비해서 절반이 된다.

경우 3. 매질의 입자들의 반사들의 힘들이, 가장 크지도 영이지도 않으며, 중간의 어떤 힘으로 구로부터 반사된다고 하자. 그러면 구의 저항도, 경우 1의 저항 그리고 경우 2의 저항 사이의, 같은 비율의 저항이 된다. [증명 끝]

딸린법칙 1 구 그리고 입자들이 한없이 단단하면서, 탄성력이 전혀 없어서, 반사의 힘들이 전혀 없다고 가정하자. 그러면 구의 저항은, 구가 지름의 4/3 거리를 그리는 시간 동안 전체 운동량을 낳거나 없앨 수 있는 힘과의 비율이, 매질의 밀도 대 구의 밀도의 비율과 같다.

딸린법칙 2 여타 사항들이 같으면, 구의 저항은 속력의 제곱에 비례한다.

딸린법칙 3 여타 사항들이 같으면, 구의 저항은 그 지름의 제곱에 비례한다.

딸린법칙 4 여타 사항들이 같으면, 구의 저항은 매질의 밀도에 비례한다.

딸린법칙 5 구의 저항은 속력의 제곱의 비율 그리고 지름의 제곱의 비율 그리고 매질의 밀도의 비율을 결합한 것에 비례한다.

딸린법칙 6 그리고 구의 운동과 그 저항을 다음과 같이 나타낼 수 있다. 저항이 일정하게 계속된다면, 구가 그 전체 운동을 잃게 되는 시간을 AB로 나타내자. AB에 대해 수직선들 AD, BC를 세워라. BC는 전체 운동을 나타낸다고 하자. 점 C를 지나고, AD, AB가 점근선들이 되도록, 쌍곡선 CF를 그려라.

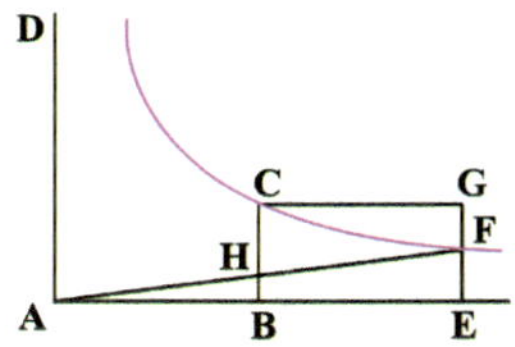

AB를 길게 늘여서 임의의 점 E에 닿도록 해라. 수직선 EF를 세워서, 쌍곡선과 만나는 점을 F라 하자. 평행사변형 CBEG를 완성하여라. 직선 AF를 연결하여서, 직선 BC와 만나는 점을 H라 하자. 그리고 만약 임의의 시간 BE 동안, 구가 처음 운동 BC를 일정하게 계속하면, 저항이 없는 매질 속에서 평행사변형의 넓이 CBEG가 나타내는 거리를 그리게 된다면, 저항이 있는 매질 속에서는 그것이 쌍곡선 도형의 넓이 CBEF가 나타내는 거리를 그리게 되며, 그 시간의 끝에서 그 운동은 쌍곡선의 세로좌표 EF가 나타내며, 그 운동에서 FG 부분을 잃어버렸다. 그리고 같은

시간의 끝에서 그 저항은 길이 BH가 나타내며, 저항 중에 CH 부분은 잃어 버렸다. 이 모든 것들은, 2권 법칙 5, 딸린 법칙 1, 3으로부터 명백하다.

딸린법칙 7 구가 시간 T 동안 일정한 저항 R을 계속 받으면, 그 전체 운동 M을 잃게 된다고 하자. 같은 구가 시간 t 동안 저항이 있는 매질 속에서 움직이는데, 저항 R이 속력의 제곱의 비율로 감소하면, 그 운동 M 중에 $\frac{tM}{T+t}$ 부분을 잃게 되며, $\frac{TM}{T+t}$ 부분이 남게 된다.

그러므로 시간 t 동안 그리는 거리는, 같은 시간 동안 일정한 운동 M으로 그리는 거리와의 비율이, 수 $\frac{T+t}{T}$ 의 로그에다 2.302585092994를 곱한 것 대 수 $\frac{t}{T}$ 와의 비율과 같다. 왜냐 하면 쌍곡선 도형 BCFE 대 직사각형 BCGE의 넓이 비율이 이 비율이기 때문이다.

(번역자 주) 수 2.302585092994를 곱하는 이유는, 상용로그와 자연로그의 변환 때문이다.

설명

나는 이 법칙에서, 연속적이지 않은 매질 속에서의 구형 투사체들의 저항 그리고 늦춰짐을 밝히려 하였으며, 이 저항 대, 구가 그 지름의 2/3 거리를 일정한 속력으로 전진하며 그리는 시간 동안 구의 전체 운동을 제거하거나 또는 생성하는 힘과의 비율이, 매질의 밀도 대 구의 밀도의 비율과 같음을 보였다. 구 그리고 매질의 입자들이 매우 탄성적이어서, 반사의 힘이 가장 강하다면 말이다. 그리고 이 힘은, 구 그리고 매질의 입자들이 한없이 단단하면서 반사의 힘이 전혀 없으면, 절반으로 줄어들게 된다.

그렇지만 물, 뜨거운 기름, 그리고 수은처럼 연속적인 매질들 속에서는,

저항을 생성하는 유체의 모든 입자들을 구가 직접 때리는 게 아니라, 가장 가까운 입자들만을 누르며, 이들이 다른 것들을, 또 이들이 다른 것들을 누르며, 저항은 두 번째 경우의 절반이다.

이와 같이 매우 유동적인 매질들 속에서 구가 겪게 되는 저항은, 구가 그 지름의 8/3 거리를 일정한 운동으로 전진하며 그리는 시간 동안 구의 전체 운동을 제거하거나 또는 생성하는 힘과의 비율이, 매질의 밀도 대 구의 밀도의 비율과 같다. 앞으로 이것을 증명하도록 하겠다.

법칙 36, 문제 8

원기둥 물통의 밑바닥에 있는 구멍을 통해서 물이 빠져나가는 운동을 구하시오.

ACDB는 원기둥 형태의 물통(용기), AB는 그 위쪽 열림, CD는 지표면과 평행한 밑바닥, EF는 바닥의 가운데에 있는 원형 구멍, G는 구멍의 중점, GH는 지표면과 수직인 원기둥의 축이라고 하자.

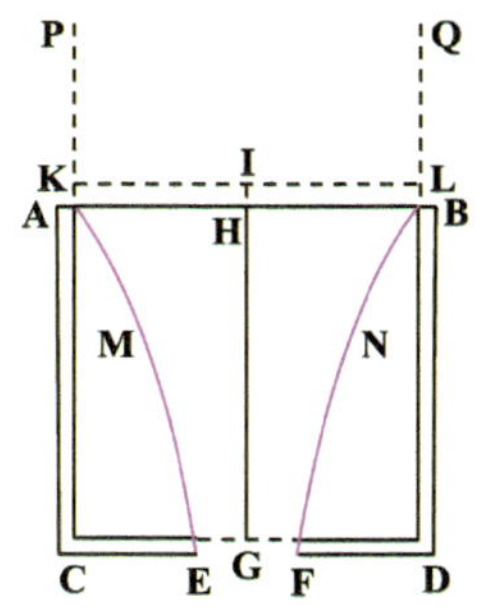

그리고 상상해 보자. 얼음의 원기둥 APQB가 있어서, 이것은 물통의 내부와 폭이 같고, 같은 축을 가지며, 일정한 운동으로 하강을 지속하는데, 그 부분들이 면 AB에 닿자마자 즉시 녹아서 물이 되며, 그 자신의 무게 때문에 물통 속으로 흘러 들어가서, 하강하면서 폭포 또는 물의 기둥 ABNFEM을 형성하여서 구멍 EF를 통해 빠져나가며, 그것(구멍)을 정확하게 채운다고 하자.

하강하는 얼음기둥의 일정한 속력, 그리고 원 AB에 접하는 물의 속력은, 물이 하강하여 고도 IH를 그리면서 얻는 속력과 같다고 하자. IH와

HG가 같은 직선에 놓이도록 해라. 점 I를 지나고 지평면에 평행하도록 직선 KL을 그어라. 이 직선이 얼음의 옆면들과 만나는 점들을 K, L이라 하자.

그러면 구멍 EF를 빠져나가는 물의 속력은, I에서부터 하강하여 고도 IG를 그리면서 획득하는 속력과 같다. 그러므로 갈릴레오의 법칙들에 따라서, IG 대 IH의 비율은, 구멍을 빠져나가는 물의 속력 대 원 AB에서의 물의 속력의 비율의 제곱과 같다. 그러니까 원 AB 대 원 EF의 (넓이) 비율의 제곱과 같다. 왜냐 하면 같은 양의 물이 같은 시간 동안 이 두 원들을 지나면서, (이 두 원들을) 완전히 채우니, 이 두 원들의 (넓이) 비율은 물의 속력들의 비율에 역으로 비례하기 때문이다.

우리는 물이 지평면을 향해서 내려가는 속력을 따지고 있다. 그리고 지평면에 평행한 운동으로서, 하강하는 물의 부분들이 상호 간에 가까워지도록 만드는 운동은 여기서 고려하지 않고 있다. 그것은 중력에 의해서 생겨나는 게 아니며, 중력에 의해서 생겨나는, 지평면에 수직인 운동을 전혀 바꾸지도 않기 때문이다.

사실 우리는 물의 부분들이 약간 응집하는 성질이 있다고 가정하고 있으며, 그 응집력에 의해서 지평면에 평행한 운동들을 하며 서로 접근하여서, 단지 한 개의 폭포(물기둥)를 만들며, 여러 개로 갈라지지 않는다고 하자. 그렇지만 응집력에 의해서 생기는, 지평면에 평행한 운동을, 지금 우리는 고려하지 않고 있다.

경우 1. 이제 물통의 빈 공간 전체, 하강하는 물 ABNFEM의 둘레가 얼음으로 찼다고 하자. 그래서 물은 깔때기를 지나듯이 얼음 속을 지난다고 하자. 그리고 만약 물이 얼음에 닿지 않거나, 또는 마찬가지 말이지만, 얼음이 완벽하게 매끄러워서, 닿기는 하지만 저항이 전혀 없이 완전히 자유롭게 미끄러져 흐르면, 물은 앞에서와 마찬가지 속력으로 구멍 EF를 지나게 되며, 물기둥 ABNFEM의 무게 전체는 앞에서와 마찬가지로 물이 밖으로 흘러나가도록 하는 데 쓰이며, 물통의 밑바닥은 물기둥을 둘러싼 얼음의 무게를 받치게 된다.

이제 물통 속의 얼음이 녹는다고 하자. 그렇지만 물의 배출, 그리고 그 속력은 이전과 같이 유지될 것이다. 더 작지 않을 것이다. 왜냐 하면 얼음이 녹은 물이 하강하려 노력하기 때문이다. 더 크지 않을 것이다. 왜냐 하면 얼음이 녹은 물이 하강하면, 그와 같은 양의 다른 물이 하강하는 것을 방해하게 되기 때문이다. 같은 (크기의) 힘은 반드시, 흐르는 물에 같은 속력을 생성하게 된다.

그러나 흐르는 물의 입자들이 비스듬하게 움직이니, 물통 밑바닥의 구멍은 이전에 비해서 약간 커져야 한다. 왜냐 하면 이제 물의 입자들 전부가 수직으로 구멍을 통과하는 게 아니라, 물통의 모든 옆면들에서부터 흐르기 시작하여, 구멍을 향해 모여들어서, 비스듬한 운동으로 통과하기 때문이다. 그리고 그들의 경로가 아래쪽으로 굽어서, 분출되는 물줄기로 모이게 되며, 구멍의 아래에서 구멍 자신보다 폭이 약간 더 작게 된다. 물줄기의 지름 대 구멍의 지름의 비율은, 내가 측정한 지름들이 정확하다면, 5 대 6, 또는 $5\frac{1}{2}$ 대 $6\frac{1}{2}$ 에 매우 근사하다.

여하튼 나는 가운데에 구멍이 뚫려 있는, 얇고 편편한 판을 준비하였다. 원형 구멍의 지름은 5/8인치였다. 구멍으로 빠져 나간 물줄기가 하강하며 가속이 되면 더 가늘어질 테니, 가속을 막기 위해서, 나는 이 판을 물통의 밑면이 아니라 옆면에 붙였다. 그래서 물줄기가 지평면에 평행한 직선을 따라서 빠져나가도록 만들었다.

그 다음에 물통에다 물을 가득 담고, 구멍을 열어서 물이 빠져나가도록 했다. 그리고 물줄기의 지름을, 구멍에서 1/2인치 정도 떨어진 곳에서 가능한 한 정확하게 재었더니, 21/40인치였다. 그러니 원형 구멍의 지름 대 물줄기의 지름의 비율은, 25 대 21에 매우 근사하다.

그러므로 구멍을 빠져나가면서 물은 사방에서 모이게 되며, 물통 바깥으로 나간 다음에도 이렇게 모여서 가늘어지며, 구멍으로부터 약 1/2인치 거리에 이르기까지 가늘어지면서 가속이 되어, 그 거리에서 더 가늘고 더 빠르게 되며, 구멍 자신과 비교해서 그 비율은 25×25 대 21×21 또는 17 대 12에 매우 근사하다. 그러니까 거의 $\sqrt{2}$ 대 1 비율이다.

실험들에 따르면, 주어진 시간 동안 물통 밑면의 원형 구멍을 통해서 빠져나간 물의 양은, 그 구멍을 통해서가 아니라, 구멍의 지름이 그 구멍 지름과의 비율이 21 대 25인 원형 구멍을 통해서, 언급한 그 속력으로, 그와 같은 가늘기로 빠져나간 물의 양과 같음이 확실하다.

그러므로 그 흘러나가는 물이 바로 그 구멍에서 가지는 속력은, 무거운 물체가 하강하면서 물통 속에 정지해 있는 물의 높이의 절반을 그릴 때 획득하게 되는 속력과 매우 근사하다. 그런데 물통에서 벗어난 이후, 물은 모이면서 가속되어서, 구멍에서 거의 1인치 거리에 이르렀을 때, 대략 2 대 1의 제곱근의 비율의 큰 속력을 획득하게 된다. 이 속력은, 사실 무거운 물체가 하강하면서 물통 속에 정지해 있는 물의 높이의 전부를 그릴 때 획득하게 되는 속력과 매우 근사하다.

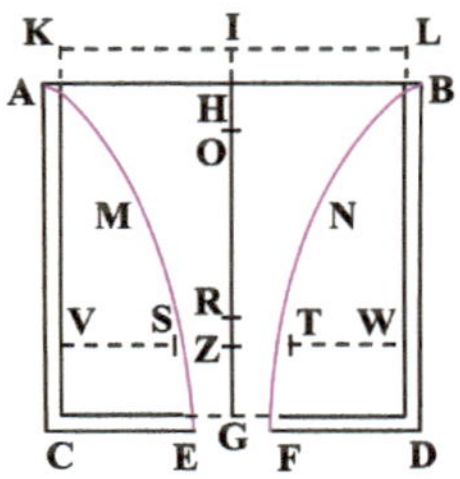

그러니 차후에는, 우리가 EF라 불러 온 그 작은 구멍으로 물줄기의 지름을 나타내도록 하자. 그리고 구멍 EF의 평면의 위에, 평행한 다른 평면 VW를 그 구멍의 지름의 거리만큼 떨어져서 긋고, 더 큰 구멍 ST가 뚫려 있어서,

구멍 ST를 지나 하강하는 물줄기가 아래 구멍 EF를 정확하게 채운다고 가정하자.

그러니 이것의 지름 대 아래 구멍의 지름의 비율은, 대략 25 대 21이다. 이렇게 하면, 물줄기가 아래 구멍을 통해서 수직으로 빠져나가게 된다. 그리고 빠져나가는 물의 양은, 후자의 구멍의 크기에 따라서, 그 문제의 해답이 요구하는 양에 매우 근사하게 된다.

그런데 두 평면과 낙하하는 물줄기로 둘러싸인 공간을 물통의 밑바닥이라고 간주해도 된다. 그러나 문제의 해답이 더 간단하고 더 수학적이 되도록 하려면, 아래 평면만을 물통의 밑바닥으로 사용하고, 물은 마치 얼음 속 또는 깔때기 속을 지나듯이 흘러서, 아래 평면에 만들어진 구멍 EF를 통해서 물통 바깥으로 배출되며, 그 움직임을 계속 유지하고, 얼음은 정지해 있다고 가정하는 편이 낫다.

그러니 차후에는, 중점 Z에 대해서 그린 원형 구멍의 지름을 ST라 하고, 물통 속의 물이 모두 유체인데, 밑바닥으로 배출되는 물줄기는 그 구멍을 통과한다고 하자. 그리고 EF를 밑바닥의 구멍의 지름이라 하자. 물이 그 위의 구멍 ST를 통해서 물통 바깥으로 나가든, 또는 물이 물통에서 얼음 속을, 마치 깔때기 속을 지나듯 낙하하든, 물기둥은 낙하해 통과하면서 (밑바닥의) 구멍을 정확하게 채운다.

그리고 위의 구멍의 지름 ST 대 아래 구멍의 지름 EF의 비율이 약 25 대 21이라 하고, 구멍들의 평면들 사이 수직 거리는 작은 구멍의 지름 EF와 같다고 하자. 그러면 구멍 ST를 통해서 물통 바깥으로 배출되는 물의 하향 속력은, 그 구멍 자신에서는, 물체가 고도 IZ의 절반을 낙하하면서 획득하는 속력과 같게 된다. 그리고 두 낙하하는 물기둥들의 구멍 EF에서의 속력은, 물체가 전체 고도 IG를 낙하하면서 획득하는 속력과 같게 된다.

경우 2. 만약 구멍 EF가 물통 밑바닥의 한가운데 있지 않고, 밑바닥의 다른 곳에 있더라도, 만약 구멍의 크기가 같으면, 물은 이전과 같은 속력으로 배출된다. 왜냐 하면 물체가 같은 깊이의 비스듬한 직선을 따라서 하강하면, 수직인 직선을 따르는 것보다 시간이 더 많이 걸리지만, 두 경우들에서 하강으로 획득하는 속력들은 같기 때문이다. 이것은 갈릴레오가 증명하였다.

경우 3. 물통의 옆면에 있는 구멍을 통해서 배출되는 물의 속력도 같다. 왜냐 하면 만약 그 구멍이 작아서, 면들 AB, KL 사이의 거리가 감지할 수 없을 정도로 작아지고, 수평으로 빠져나간 물줄기가 포물선 모양을 만든다고 하자. 이 포물선의 라투스 렉텀으로부터, 빠져나가는 물줄기의 속력은, 물통에 고여 있는 물의 높이 IG 또는 HG를 물체가 낙하하면서 획득하는 속력과 같음을 구할 수 있다.

실험을 해 보았더니, 구멍 위로 고여 있는 물의 높이가 20인치이고, 지평면과 평행한 평면 위의 고도 20인치에 구멍이 있을 때, 구멍으로부터 분출된 물줄기는, 구멍에서 그 평면으로 내리그은 수직선으로부터 약 37인치 거리에서 평면에 떨어졌다. 그런데 만약 저항이 없었다면, 물줄기는 40인치 거리에서 그 평면에 떨어졌을 테니, 물줄기의 포물선의 라투스 렉텀은 80인치이다.

경우 4. 만약 물이 위로 흘러나가도, 물은 같은 속력으로 배출된다. 왜냐 하면 배출되는 작은 물줄기는 수직 운동에 의해서, 물통에 고인 물의 높이인 GH 또는 GI에 이르게 된다. 물론 공기의 저항 때문에 그 상승이 약간 방해받을 수는 있다. 그러니 따라서 그 배출 속도는, 그것이 바로 그 거리를 낙하하면서 획득하게 되는 속력이다.

고여 있는 물의 한 입자는 (2권 법칙 19에 따라서) 모든 방향에서 같은 압력을 받으며, 그 압력에 밀려서, 모든 방향들로 같은 힘으로 운반된다. 그것이 물통 밑면의 구멍을 통해서 하강하든, 또는 옆면의 구멍을 통해서 수평으로 배출되든, 또는 카날(도관)들 속으로 나가서 거기에서 카날 윗부분에 있는 작은 구멍들을 통해서 상승하든. 그리고 우리가 이 법칙에서 지적해 놓은 물의 배출 속력은, 논리적 추론으로 구할 수도 있고, 이미 기술해 놓은, 널리 알려진 실험들로도 명백하다.

경우 5. 구멍의 모양이 원이거나 또는 정사각형이거나 또는 삼각형이거나 또는 원과 넓이가 같은 다른 어떠한 모양이거나, 배출되는 물의 속력은 같다. 왜냐 하면 배출되는 물의 속력은 구멍의 모양과 상관이 없으며, 평면 KL 아래의 그 고도에 따라서 결정되기 때문이다.

경우 6. 물통 ABDC의 아랫부분이 고여 있는 물속에 잠겨 있어서, 물통의 밑면 위로, 고여 있는 물의 수면까지 높이가 GR이라 하자. 그러면 물통 속의 물이 구멍 EF를 통해 배출되어서, 고여 있는 물속으로 들어가는 속력은, 물이 하강하면서 고도 IR을 그릴 때 얻는 속력과 같다.

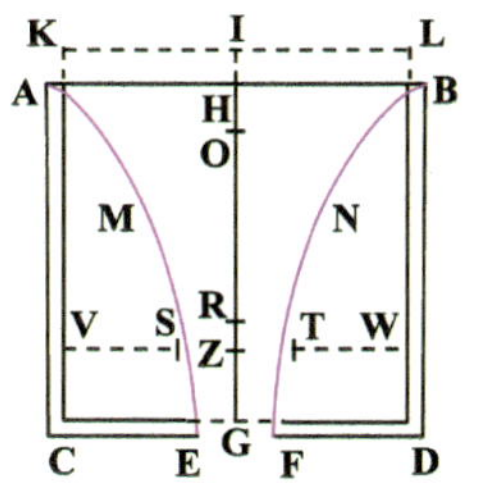

왜냐 하면 물통 속의 물 중에 고여 있는 물의 수면 아래의 물의 무게는, 고여 있는 물의 무게에 따라서 평형을 이루어 지탱되고 있으니, 물통 속의 물의 하강 운동을 전혀 가속하지 않게 된다. 실험들을 통해서, 물이 배출되는 시간을 측정하여서, 이것을 명백하게 밝힐 수 있다.

딸린법칙 1 그러므로 만약 물의 고도 CA를 늘여서 K에 이르되, AK 대 CK의 비율이, 밑면의 임의의 부분에 만든 구멍의 넓이 대 원 AB의 넓이의 비율의 제곱과 같도록 하면, 배출되는 물의 속력은, 물이 하강하면서 고도 KC를 그릴 때 얻는 속력과 같다.

딸린법칙 2 그러므로 배출되는 물의 운동 전체를 생성시키는 힘은, 밑면이 구멍 EF이고 고도가 2GI 또는 2CK인 원기둥 모양의 물의 무게와 같다. 왜냐 하면 배출되는 물이, 이 기둥과 같은 시간 동안, 그 무게로 고도 GI를 하강하면서 획득하는 속력이, 바로 그 배출 속력이기 때문이다.

딸린법칙 3 물통 ABDC 속의 전체 물의 무게 대, 물이 흘러내리도록 하는 데 사용된 부분의 무게와의 비율은, 원들 AB와 EF의 합 대, 원 EF의 두 배와의 비율과 같다.

왜냐 하면 IH와 IG 사이의 비례 중항을 IO라 하자. 그리고 물방울이 I에서부터 하강하여 고도 IG를 그리는 시간 동안, 구멍 EF를 빠져나가는 물은, 밑면이 원 EF이고 고도가 2IG인 원기둥과 같게 된다. 그러니까 밑면이 원 AB이고 높이가 2IO인 원기둥과 같게 된다. 왜냐 하면 원 EF 대 원 AB의 비율은, 고도 IH 대 고도 IG의 비율의 제곱근과 같기 때문이다. 그러니까 비례 중항 IO 대 고도 IG의 단순한 비율과 같다.

그리고 I에서 하강하는 물방울이 고도 IH를 그리는 동안, 빠져나오는 물은 밑면이 원 AB이고 높이가 2IH인 원기둥과 같게 된다. 그리고 I에서 하강하는 물방울이 H에서 G까지 고도들의 차이 HG를 그리는 시간 동안, 빠져나오는 물은, 그러니까 입체 ABNFEM 속의 물 전체는, 원기둥들의 차이와 같게 된다. 그러니까 밑면이 AB이고 높이가 2HO인 원기둥과 같게 된다. 그러므로 물통 ABDC 속의 물 전체 대, 입체 ABNFEM 속의 하강하는 물 전체와의 비율은, HG 대 2HO이다. 그러니까 HO + OG 대 2HO, 또는 IH + IO 대 2IH이다.

그런데 입체 ABNFEM 속의 물 전체의 무게는 물이 흘러내리도록 하는 데 사용되었다. 그러므로 물통 속 물 전체의 무게 대, 물이 흘러내리도록 하는 데 사용된 부분의 무게와의 비율은, IH + IO 대 2IH이다. 그러니까 원들 EF와 AB의 합 대 원 EF의 두 배와의 비율과 같다.

딸린법칙 4 그러므로 물통 ABDC 속의 물 전체의 무게 대, 물통의 밑면이 받치고 있는 부분의 무게와의 비율은, 원들 AB와 EF의 합 대, 이 원들의 차이와의 비율과 같다.

딸린법칙 5 그리고 물통의 밑면이 받치고 있는 부분의 무게 대, 물이 흘러나가도록 하는 데 사용된 다른 부분의 무게와의 비율은, 원들 AB와 EF의 차이 대, 작은 원 EF의 두 배와의 비율과 같다. 그러니까 밑면의 넓이 대 구멍의 두 배와의 비율과 같다.

딸린법칙 6 그리고 밑면을 누르고 있는 부분만의 무게 대, 밑면에 수직으로 기대고 있는 물 전체의 무게와의 비율은, 원 AB 대, 원들 AB와 EF의 합과의 비율과 같다. 또는 원 AB 대, 원 AB의 두 배로부터 밑면을 뺀 것과의 비율과 같다.

왜냐 하면 밑면을 누르고 있는 부분만의 무게 대, 물통 속 물 전체의 무게와의 비율은, 딸린 법칙 4에 따라서, 원들 AB와 EF의 차이 대, 이 원들을 더한 것과의 비율과 같다. 그리고 물통 속 물 전체의 무게 대, 밑면에 수직으로 기대고 있는 물 전체의 무게와의 비율은, 원 AB 대, 원들 AB와 EF의 차이와의 비율과 같다.

그러므로 엇갈린 비례식의 같음에 따라서, 밑면을 누르고 있는 부분만의 무게 대, 밑면에 수직으로 기대고 있는 물 전체의 무게와의 비율은, 원 AB 대, 원들 AB와 EF의 합, 또는 원 AB의 두 배에서 밑면을 뺀 것과의 비율과 같다.

딸린법칙 7 만약 구멍 EF의 가운데에다, G를 중점으로 해서 지평면에 평행하도록 작은 원 PQ를 그려서 놓으면, 이 작은 원이 지탱하는 물의 무게는, 밑면이 이 작은 원이고 높이가 GH인 물의 원기둥 무게의 삼분의 일보다 더 크다.

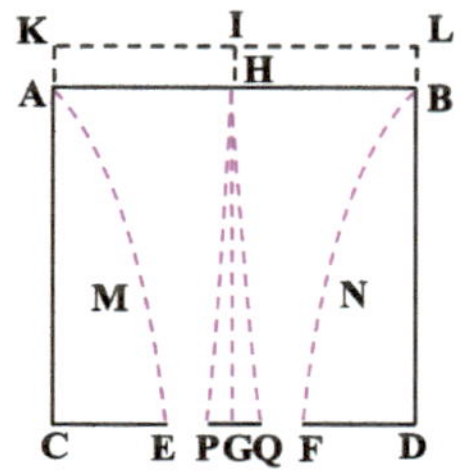

왜냐 하면 위에서처럼, 축 GH를 가지는 폭포 또는 하강하는 물기둥을 ABNFEM으로 나타내자. 그리고 물의 가장 신속하고 빠른 하강을 위해서 그 유동성이 요구되지 않는(필요하지 않은), 물기둥의 둘레 그리고 작은 원의 위, 이 두 군데가 얼어붙었다고 상상하자. 작은 원의 위 얼어붙은 물의 기둥을 PHQ로 나타내자. 그 꼭짓점은 H이고, 그 고도는 GH이다.

그리고 물기둥은 그 전체 무게로 하강하며, PHQ에 전혀 기대거나 누르지 않으며, 마찰 없이 자유롭게 미끄러져 지나간다고 상상하자. 그렇지만 얼음의 그 꼭짓점에서는, 물기둥이 처음 하강을 시작하며 오목한 모습이니, 어쩌면 예외일 것 같다.

그리고 물기둥 둘레의 얼어붙은 AMEC, BNFD는 하강하는 물기둥을 향하는 내부 표면 AME, BNF가 볼록한 것처럼, 이 작은 기둥 PHQ도 물기둥을 향해서 볼록하게 된다. 그러므로 밑면이 작은 원 PQ이고 고도가 GH인 원뿔보다 더 크다. 그러니까 같은 밑면과 고도로 그린 원기둥의 삼분의 일보다 더 크다.

그리고 작은 원은 이 기둥의 무게를 지탱하고 있다. 그러니까 원뿔의 무게보다 더 큰 무게를, 또는 원기둥의 삼분의 일의 무게보다 더 큰 무게를 지탱하고 있다.

딸린법칙 8 매우 작은 원 PQ가 지탱하는 물의 무게는, 밑면이 그 작은 원이고 고도가 HG인 원기둥 무게의 삼분의 2보다 더 작아 보인다. 왜냐 하면 기존의 가정들 하에, 밑면이 그 작은 원이고, 축의 절반 또는 고도가 HG인 회전 타원체의 절반을 그렸다고 상상하자. 이 도형의 부피는 원기둥 부피의 삼분의 2이며, 그 작은 원이 지탱하는, 얼어붙은 물의 기둥 PHQ를 (그 속에) 포함하게 될 것이다.

왜냐 하면 물의 운동은 최대한 수직이지만, 그 물기둥의 바깥 면은 밑면 PQ와 어느 정도 예각으로 만나게 된다. 물이 하강하면서 계속 가속이 되기 때문에, 가속에 따라서 더 가늘어지기 때문이다. 그리고 그 각이 직각보다 더 작으니, 이 작은 기둥은 그 아랫부분이 회전 타원체의 절반 속에 놓인다.

그런데 이 기둥은 위를 향해 예각으로 뾰족해야 한다. 만약 그렇지 않다면, 회전 타원체의 꼭짓점에서 물의 수평 운동은 지평면을 향한 그 운동에 비해서 무한히 더 빠르기 때문이다. 그리고 원 PQ가 더 작을수록, 이 기둥의 꼭짓점은 더 뾰족하게 된다. 그리고 이 원이 한없이 작아지면, 각 PHQ도 한없이 작아지며, 따라서 이 기둥은 회전 타원체의 절반 속에 놓인다. 그러므로 이 기둥은 회전 타원체의 절반보다 더 작다.

또는 밑면이 이 작은 원이고 고도가 GH인 원기둥 부피의 삼분의 2보다 더 작다. 그리고 이 작은 원은 이 기둥의 물의 무게를 지탱하고 있다. 왜냐 하면 그 둘레의 물의 무게는 아래로의 흐름에 사용되기 때문이다.

딸린법칙 9 매우 작은 원 PQ가 지탱하는 물의 무게는, 밑면이 이 작은 원이고 고도가 $\frac{1}{2}\mathrm{GH}$ 인 원기둥의 물의 무게와 매우 근사하다. 왜냐 하면 이 무게는 원뿔 그리고 앞에서 언급한 회전 타원체의 절반의 무게들의 산술평균이기 때문이다.

그러나 만약 이 원이 매우 작은 게 아니라, 반대로 증가하여서 원 EF와 같아지면, 이 원은 그 위에 수직으로 놓여 있는 물 전체의 무게를 지탱해야 한다. 그러니까 밑면이 이 작은 원이고 고도가 GH인 물의 원기둥의 무게를 지탱해야 한다.

딸린법칙 10 그리고 (내가 짐작하기로는) 이 작은 원이 지탱하는 무게는 항상, 밑면이 이 작은 원이고 높이가 $\frac{1}{2}\mathrm{GH}$ 인 물의 원기둥의 무게와의 비율이, EF^2 대 $\mathrm{EF}^2 - \frac{1}{2}\mathrm{PQ}^2$ 의 비율과, 또는 원 EF 대 원 EF에서 이 작은 원 PQ의 절반을 뺀 것과의 비율과 매우 근사하다.

[렘마 4]

그 길이를 따라서 일정하게 전진하는 원기둥의 저항은, 그 길이의 증가 또는 감소에 의해서 변화하지 않는다. 그러므로 같은 지름으로 그린 원이, 같은 속력으로, 그 평면에 수직인 직선을 따라서 전진하는 경우의 저항과 같다.

왜냐 하면 원기둥의 옆면은 그 운동을 전혀 방해하지 않기 때문이다. 그리고 원기둥의 길이가 한없이 감소하면, 원기둥은 원이 된다.

법칙 37, 정리 29

압축되고 무한하며 비탄성적인 유체 속에서, 원기둥이 그 길이를 따라서 일정하게 움직이면, 그 단면의 크기로부터 생겨나는 저항은, 그것이 자신의 길이의 네 배를 그리는 시간 동안 그 전체 운동을 제거 또는 생성할 수 있는 힘과의 비율이, 매질의 밀도 대 원기둥의 밀도의 비율과 매우 근사하다.

물통 ABDC의 밑면 CD가 고여 있는 물의 표면에 닿아 있으며, 물이 이 물통으로부터, 지평면에 수직인 원기둥형 도관 EFTS를 통해서, 고여 있는 물속으로 배출된다. 작은 원 PQ를 지평면에 평행하도록, 도관

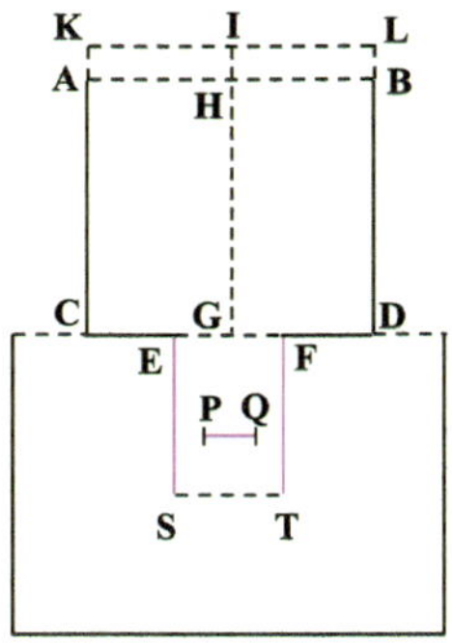

중간의 임의의 곳에 위치시켜라. CA를 K까지 길게 늘이되, AK 대 CK의 비율은, 도관의 개구부(orificii) EF에서 작은 원 PQ를 뺀 것 대 원 AB와의 비율의 제곱이 되도록 해라. 그러면 (법칙 36 경우 5, 경우 6, 딸린 법칙 1에 따라서) 이 작은 원과 도관의 면 사이 고리 모양의 공간을 통과하는 물의 속력은, 물이 하강하여 고도 KC 또는 IG를 그리면서 획득하는 속력과 같음이 명백하다.

그리고 (법칙 36, 딸린 법칙 10에 따라서) 만약 물통의 폭이 무한히 커서, 직선의 원소 HI가 아예 사라지면, 고도들 IG, HG는 같아지며, 작은 구멍으로 흘러내리는 물의 힘 대 밑면이 그 작은 원이고 고도가 $\frac{1}{2}\mathrm{IG}$ 인 원기둥의 무게와의 비율은, EF^2 대 $\mathrm{EF}^2 - \frac{1}{2}\mathrm{PQ}^2$의 비율과 매우 근사하다. 왜냐 하면 물의 힘은, 전체 도관을 통해서 일정한 운동으로 흘러내리니까, 작은 원 PQ가 도관의 어떠한 부분에 위치하든 상관이 없기 때문이다.

이제 도관의 개구부들 EF, ST를 닫았다고 하자. 사방에서 압력을 받고 있는 유체 속에서, 작은 원이 상승하면, 그 상승에 의해서 위쪽의 물은 작은 원과 도관의 옆면 사이의 고리 모양의 공간으로 흘러내리게 된다. 그리고 작은 원의 상승 속력 대 물의 하강 속력과의 비율은, 원들 EF와 PQ의 차이 대 원 PQ와의 비율과 같게 된다.

그리고 원의 상승 속력 대 속력들의 합과의 비율은, 그러니까 하강하는 물의 상승하는 원을 흘러지나는 상대 속력과의 비율은, 원들 EF와

PQ의 차이 대 원 EF와의 비율과 같다. 또는 $EF^2 - PQ^2$ 대 EF^2이다.

그 상대 속력이, 작은 원이 정지해 있을 때 물이 고리 모양의 같은 공간을 통과하는 속력이라고 위에서 보인 것과 같다고 하자. 그러니까 물이 하강하면서 고도 IG를 그릴 때 획득하는 속력과 같다고 하자. 그러면 상승하는 원에다 가하는 물의 힘은 (운동 법칙들에 딸린 법칙 5에 따라서) 이전과 같게 된다.

그러니까 상승하는 작은 원의 저항 대, 밑면이 그 작은 원이고 고도가 $\frac{1}{2}IG$ 인 원기둥 물의 무게와의 비율은, EF^2 대 $EF^2 - \frac{1}{2}PQ^2$의 비율과 매우 근사하게 된다. 그리고 작은 원의 속력은, 물이 하강하면서 고도 IG를 그릴 때 획득하는 속력과의 비율이, $EF^2 - PQ^2$ 대 EF^2의 비율과 같게 된다.

도관의 폭이 한없이 커진다고 하자. 그러면 $EF^2 - PQ^2$과 EF^2 사이의 비율, EF^2과 $EF^2 - \frac{1}{2}PQ^2$ 사이의 비율은, 궁극적으로 같은 것들의 비율에 수렴한다. 그러므로 이제 작은 원의 속력은, 물이 하강하면서 고도 IG를 그릴 때 획득하는 속력과 같게 된다. 그리고 그 저항은, 밑면이 그 작은 원이고 고도가 고도 IG의 절반인 원기둥의 무게와 같게 된다. IG는, 상승하는 작은 원의 속력을 획득하기 위해서, 원기둥이 하강해야 하는 고도이다. 그리고 이 속력으로, 원기둥은 하강하는 시간 동안, 자신의 길이의 네 배를 그리게 된다.

그리고 원기둥의 저항은, 이 속력으로 자신의 길이 방향으로 전진할 때, 그 작은 원의 저항과 같으며(렘마 4에 따라서), 그러므로 그 길이의 네 배를 그리는 시간 동안 그 운동을 생성할 수 있는 힘과 매우 근사하게 같다.

만약 원기둥의 길이가 증가 또는 감소하면, 그 운동 그리고 그 길이의 네 배를 그리는 시간도, 같은 비율로 증가 또는 감소하게 된다. 그러므로 증가 또는 감소한 그 운동을, 같은 비율로 증가 또는 감소한 시간 동안, 생성 또는 제거할 수 있는 힘은 변화하지 않게 된다. 따라서 그것은 여전히 원기둥의 저항과 같다. 왜냐 하면 렘마 4에 따라서, 저항도 변화 없이 유지되기 때문이다.

만약 원기둥의 밀도가 증가 또는 감소하면, 그 운동, 그리고 같은 시간 동안 그 운동을 생성 또는 제거할 수 있는 힘도, 같은 비율로 증가 또는 감소하게 된다. 그러므로 임의의 원기둥의 저항은, 그 길이의 네 배를 그리는 시간 동안 그 운동 전체를 생성 또는 제거할 수 있는 힘과의 비율이, 매질의 밀도 대 원기둥의 밀도의 비율과 매우 근사하게 같다. [증명 끝]

매질은 연속적이 되려면 반드시 압축되어야 한다. 연속적이고 비탄성적(nonelastic)이어야, 압축에 의해서 생긴 모든 압력이 즉시 전파가 된다. 그래야 운동하는 물체의 모든 부분들에 똑같이 작용하며, 그 저항이 변화하지 않는다. 물론, 물체의 운동에 의해서 생기는 압력은 유체의 부분들의 운동을 생성하는 데 사용되며, 여기서 저항이 생긴다.

그러나 유체의 압축에 의해서 생기는 압력은, 아무리 강하다 하더라도, 만약 순간적으로 전파되면, 연속적인 유체의 부분들에 아무런 운동도 생성하지 않으며, 운동의 변화를 전혀 초래하지 않는다. 그러므로 저항을 증가시키지도 않고 감소시키지도 않는다.

그 압축에 의해서 생기는 매질의 작용이, 움직이는 물체의 앞부분에 비해 뒷부분에서 더 강해서, 이 법칙에서 설명한 저항을 감소시키거나 하지는 않음이 확실하다. 그리고 만약 압력을 받는 물체의 운동에 비해서 그 전파가 무한히 더 빠르다면, 뒷부분에 비해서 앞부분에서 그 작용이 더 강할 수가 없다. 그리고 만약 유체가 연속적이고 비탄성적이면,

그 작용은 무한히 빠르며 순간적으로 전파될 것이다.

딸린법칙 1 원기둥들이, 무한하고 연속인 매질들 속에서, 그들의 길이들 방향으로 일정하게 전진하면, 그들의 저항들은, 속력들의 제곱의 비율 그리고 지름들의 제곱의 비율 그리고 매질의 밀도의 비율을 결합한 것에 비례한다.

딸린법칙 2 도관의 폭이 무한히 증가되지 않았으며, 그러나 원기둥은 정지해 있는 매질 속에 감싸여서, 그 길이를 따라서 전진하며, 한편 그 축은 도관의 축과 일치한다고 하자. 그러면 그 저항은, 그것이 그 길이의 네 배를 그리는 시간 동안, 그 전체 운동을 생성 또는 제거할 수 있는 힘과의 비율이, EF^2 대 $EF^2 - \frac{1}{2}PQ^2$의 비율을 단순히, 그리고 EF^2 대 $EF^2 - PQ^2$의 비율을 제곱으로, 그리고 매질의 밀도 대 원기둥의 밀도의 비율을 결합한 것과 같다.

딸린법칙 3 같은 가정들 하에, 길이 L 대 원기둥 길이의 네 배와의 비율이, $EF^2 - \frac{1}{2}PQ^2$ 대 EF^2의 비율을 단순히, 그리고 $EF^2 - PQ^2$ 대 EF^2의 비율을 제곱으로 결합한 것과 같다고 하자. 그러면 원기둥의 저항 대, 원기둥이 길이 L을 그리는 시간 동안 그 전체 운동을 제거 또는 생성할 수 있는 힘과의 비율은, 매질의 밀도 대 원기둥의 밀도의 비율과 같다.

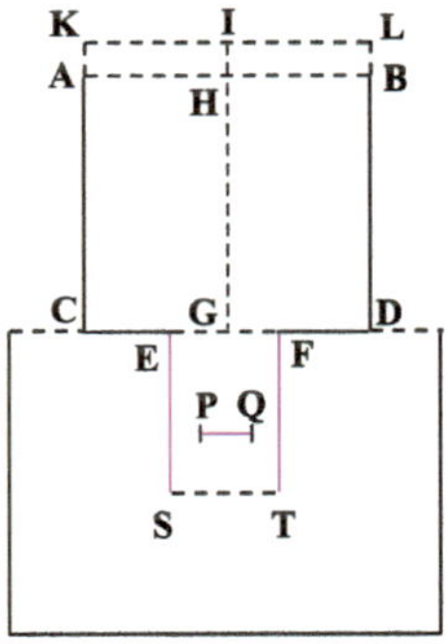

설명

이 법칙에서 우리는 원기둥의 단면의 크기에 의해서 생기는 저항만을 조사하였으며, 운동들의 비스듬함에 의해서 생길 수 있는 저항은 무시하였다. 법칙 36의 경우 1에서, 물통의 물의 부분들이 사방에서 구멍 EF를 향해 모이는 비스듬한 운동들은, 물이 구멍을 통해서 배출되는 것을 방해하였다.

그와 마찬가지로 이 법칙에서, 비스듬한 운동들은, 물의 부분들이 원기둥의 앞쪽 끝면에 눌려서, 그 압력에 밀려나 사방으로 갈라지면서, 그 앞쪽 끝면의 둘레의 위치들로부터 원기둥의 뒤쪽 부분들을 향한 그들의 통과들을 늦추게 되며, 유체가 더 큰 거리를 움직이도록 초래하며, 그 저항을 증가시키는데, 그 비율은 물통으로부터 물이 배출되는 것을 감소시키는 비율과 거의 같다. 그러니까 대략 25 대 21의 제곱의 비율이다.

그리고 그 법칙의 경우 1에서, 물의 부분들이 구멍 EF를 수직으로 최대한 많이 통과하도록 만들기 위해서, 물통 속 물기둥 둘레의 모든 물은 얼어붙었고, 그 운동이 비스듬하고 쓸모가 없는 물은 운동 없이 머문다고 가정하였는데, 이 법칙에서도 그와 마찬가지로, 비스듬한 운동들을 제거하고, 물의 부분들이 가장 직접적이고 빠른 운동으로 밀려나서, 원기둥이 가장 쉽게 통과하도록 해 주면, 그래서 유일하게 남은 저항은, 단면의 크기로부터 생기는 저항이며, 이것은 원기둥의 지름을 감소시키지 않는 한 감소되지 않으니, 그러니 유체의 부분들로서, 그 운동들이 비스듬하며 그리고 쓸모가 없으며 그리고 저항을 만드는 것들은, 원기둥의 양 끝면들에서 서로 간에 정지해 있으며, 원기둥에 달라붙어 연결되어 있다고 간주해야 한다.

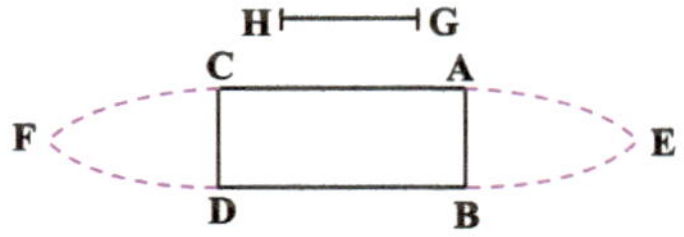

ABDC는 직사각형이고, AE, BE는 둘 다 포물선의 호들로서, AB를 축으로 하여 그렸고, 그 라투스 렉텀 대 길이 HG의 비율은, HG 대 $\frac{1}{2}$AB 의 비율과 같다고 하자. 여기서 HG는, 원기둥이 그 속력을 획득하기 위해서 하강하며 그려야 하는 거리이다. 그리고 CF, DF는 다른 두 포물선의 호들이며, CD를 축으로 하여 그렸고, 그 라투스 렉텀은 전자의 라투스 렉텀의 네 배라고 하자.

그리고 그 도형을 EF를 축으로 하여 회전시켜서, 입체를 생성하여라. 이것의 가운데 부분 ABDC는 우리가 다루고 있는 원기둥이며, 그 끝의 부분들 ABE, CDF는 서로 간에 정지해 있는 유체의 부분들을 포함하고 있으며, 두 개의 단단한 물체들로 굳어져서, 원기둥의 양쪽 끝들에 머리와 꼬리처럼 붙어 있다고 하자.

그리고 입체 EACFDB가 그 축의 길이 FE를 따라서 E를 향해 전진하면, 그 저항은 이 법칙에서 우리가 묘사한 저항과 매우 근사하게 된다. 그러니까 그 일정한 운동을 지속하여 거리 4AC를 그리는 시간 동안, 원기둥의 전체 운동을 제거하거나 또는 생성할 수 있는 힘과의 비율이, 유체의 밀도 대 원기둥의 밀도의 비율과 매우 근사하다. 그리고 법칙 36, 딸린 법칙 7에 따라서, 그 저항은 이 힘에 대한 비율이, 2 대 3의 비율보다 작을 수 없다.

[렘마 5]

폭들이 같은 원기둥, 구 그리고 회전 타원체를 원형 도관의 가운데에 차례차례 위치시키되, 그들의 축들이 도관의 축과 일치하도록 하면, 이 물체들은 도관 속의 물의 흐름을 방해하는 것이 같다.

왜냐 하면 물이 통과하는, 도관 그리고 원기둥, 구, 회전 타원체 사이의 공간이 같기 때문이다. 그리고 물은 같은 공간들을 통해서 같은 속력들로 통과한다. 앞의 법칙 36, 딸린 법칙 7에서 설명한 것처럼, 원기둥, 구, 회전 타원체의 위에 있는 물로서, 물이 가장 빨리 통과하도록 하는데 그 유동성이 필요 없는 물이 얼어붙어 있다고 가정하면, 이것이 성립하게 된다.

[렘마 6]

같은 가정들 하에, 언급한 입체들은 도관 속을 흐르는 물에 의해서 강제되는 것이 같다.

이것은 렘마 5와 운동 법칙 3에 따라서 명백하다. 물 그리고 물체들은 서로 간에 같은 크기로 작용함은 물론이다.

[렘마 7]

만약 물이 도관 속에 정지해 있고, 그리고 이 물체들이 도관 속에서 반대 방향들로 같은 속력으로 이동하면, 그 저항들은 서로 간에 같게 된다.

이것은 바로 앞의 렘마로부터 명백하다. 왜냐 하면 상대적인 운동들은 서로 간에 같기 때문이다.

설명

볼록하고 둥그런 입체들이, 그들의 축들이 관의 축과 일치하면 모두 이렇게 된다. 마찰이 크냐 또는 작으냐에 따라서 약간의 차이가 생길 수 있다. 그러나 이 렘마들에서는 물체들이 매우 매끄럽고, 매질도 점성 또는 마찰이 영이라고 가정하고 있다.

그리고 유체의 부분들로서, 비스듬하고 불필요한 운동들로 도관을 지나는 물의 흐름을 교란하고, 방해하고 그리고 늦출 수 있는 것들은 서로 간에 정지하여서, 물체들의 앞쪽 그리고 뒤쪽 부분들에 얼어서 붙어 있다고 가정하고 있다. 직전의 법칙에서 내가 설명해 놓은 것처럼. 차후 내용에서 우리가 다루는 것은, 주어진 가장 큰 단면적으로 그린, 모든 둥그런 물체들 중에 저항이 최소인 것이기 때문이다.

유체에 떠 있는 물체들은, 직선을 따라서 움직일 때, 그 앞부분의 유체가 상승하도록 초래하고, 그 뒷부분에서 가라앉도록 한다. 그 형태가 뭉툭하면 특히 그러하다. 그러니 머리와 꼬리가 뾰족한 경우보다 더 큰 저항을 받게 된다.

그리고 탄성적인 유체 속에서 움직이는 물체들은, 만약 앞쪽 그리고 뒤쪽이 뭉툭하면, 앞쪽 부분에서 유체를 약간 더 응축시키고, 뒤쪽에서 약간 더 이완시킨다. 그러니 머리와 꼬리가 뾰족한 경우보다 더 큰 저항을 받게 된다.

그러나 이 렘마들 그리고 법칙들에서, 우리가 다루는 것은 탄성적인 유체들이 아니라 비탄성적인 것들이고, 유체에 떠 있는 물체들이 아니라 속에 잠긴 것들이다. 그리고 비탄성적인 유체들 속의 물체들의 저항을 알고 나면, 공기와 같이 탄성적인 유체들 속에서, 바다 그리고 늪처럼 정지해 있는 유체들의 표면들에서, 이 저항을 약간 증가시켜야 한다.

법칙 38, 정리 30

압축되고 무한하며 비탄성적인 유체 속에서, 구가 일정하게 움직이면, 그 저항은, 그것이 그 지름의 삼분의 팔을 그리는 시간 동안 그 전체 운동을 제거 또는 생성할 수 있는 힘과의 비율이, 매질의 밀도 대 구의 밀도의 비율과 매우 근사하다.

왜냐 하면 구 대 외접하는 원기둥의 비율은 2 대 3이다. 그러므로 원기둥이 지름의 네 배 길이를 그리는 시간 동안 원기둥의 모든 운동을 제거할 수 있는 힘은, 구가 이 길이의 2/3를 지나는 시간 동안, 그러니까 그 자신의 지름의 8/3 길이를 그리는 시간 동안, 구의 모든 운동을 없애게 된다. 원기둥의 저항 대 이 힘의 비율은, 법칙 37에 따라서, 유체의 밀도 대 원기둥 또는 구의 밀도의 비율과 매우 근사하다. 그리고 구의 저항은, 렘마 5, 6, 7에 따라서, 원기둥의 저항과 같다. [증명 끝]

딸린법칙 1 압축되고 무한한 매질들 속에서, 구들의 저항들의 비율은, 속력의 제곱의 비율 그리고 지름의 제곱의 비율 그리고 매질의 밀도의 비율을 결합한 것이다.

딸린법칙 2 구가 그의 상대적인 무게의 힘에 의해서, 저항이 있는 유체 속에서 하강할 수 있는 최고 속력은, 같은 구가, 같은 무게로, 저항 없이 하강하면서 그린 거리가, 그 지름의 4/3에 대한 비율이, 구의 밀도 대 유체의 밀도의 비율과 같을 때 획득하게 되는 속력과 같다.

왜냐 하면 구는 그 하강 시간 동안, 하강으로 획득한 속력으로 움직이면 그리게 되는 거리는, 그 지름의 8/3에 대한 비율이, 구의 밀도 대 유체의 밀도의 비율과 같게 된다. 그리고 이 운동을 생성하는 그 무게의 힘은, 구가 그 지름의 8/3 거리를 그와 같은 속력으로 그리는 시간 동안 그와 같은 운동을 생성할 수 있는 힘과의 비율이, 유체의 밀도 대 구의 밀도의 비율과 같다. 그러므로, 이 법칙에 따라서, 그 무게의 힘은 그 저항의 힘과 같게 되며, 그러므로 구가 더 빨라질 수 없다.

딸린법칙 3 구의 밀도 그리고 운동의 시작시 그 속력이 주어졌다고 하고, 구가 그 속에서 움직이는, 압축되며 정지해 있는 유체의 밀도도 주어졌다고 하자. 그러면 법칙 35, 딸린 법칙 7에 따라서, 모든 시간에 대해서 구의 속력 그리고 그 저항 그리고 구가 그린 거리가 주어지게 된다.

딸린법칙 4 압축되며 정지해 있는 유체 속에서, 같은 밀도의 구가 움직이면, 그 지름의 두 배 길이를 그리기 이전에, 그 운동의 절반을 잃게 된다. 같은 딸린 법칙 7에 따라서.

법칙 39, 정리 31

원기둥형 도관 속에 감싸여져 압축되는 유체 속에서, 일정하게 전진하는 구의 저항 대, 구가 그 지름의 삼분의 팔을 그리는 시간 동안 그 전체 운동을 생성 또는 제거할 수 있는 힘과의 비율은, 다음 비율들의 결합과 매우 근사하다. 도관의 개구부 대 이 개구부의 구의 대원의 절반에 대한 초과분의 비율, 그리고 도관의 개구부 대 이 개구부의 구의 대원에 대한 초과분의 비율의 제곱, 그리고 유체의 밀도 대 구의 밀도의 비율.

이것은 법칙 37, 딸린 법칙 2로부터 명백하다. 직전의 법칙에서와 마찬가지 방법으로 증명하면 된다.

설명

마지막 두 법칙들에서 (렘마 5에서처럼) 그 유동성이 구의 저항을 증가시키는, 구의 앞부분의 모든 물이 얼어붙었다고 나는 가정하고 있다. 만약 그 물이 모두 액화되면, 저항은 약간 더 증가하게 된다.

그러나 이 법칙들에서 그 증가는 작을 것이며, 무시해도 된다. 왜냐하면 구의 볼록한 표면이 얼음의 역할을 거의 전부 하기 때문이다.

법칙 40, 문제 9

매우 유동적이고 압축되는 매질 속에서 전진하는 구의 저항을, 현상들로부터 구하시오.

A는 진공 속에서의 구의 무게, B는 저항이 있는 매질 속에서의 그 무게, D는 구의 지름, F는 거리로서, $\frac{4}{3}$D와의 비율이 구의 밀도 대 매질의 밀도의 비율과 같다고 하자. 그러니까 A 대 A − B이다. G는 구가 무게 B로 저항 없이 하강하여 거리 F를 그리는 시간, 그리고 H는 구가 이 하강으로 획득하는 속력이라 하자.

그러면 법칙 38, 딸린 법칙 2에 따라서, 구가 그 무게 B를 가지고 저항이 있는 매질 속에서 하강하며 획득할 수 있는 최고 속력이 H이다. 그리고 구가 그 속력으로 하강하면, 구의 저항은 그 무게 B와 같다. 그리고 다른 임의의 속력으로 하강할 때 받는 저항은, 무게 B와의 비율이, 법칙 38, 딸린 법칙 1에 따라서, 그 속력 대 최고 속력 H와의 비율의 제곱과 같다.

이것은 유체의 물질의 관성(inertia)으로부터 생겨나는 저항이다. 그리고 탄성(elasticitate), 점성(tenacitate, 끈적끈적함), 마찰(frictione)로부터 생기는 저항은 다음과 같이 조사할 수 있다.

구를 내려보내서, 유체 속에서 무게 B로 하강하도록 하여라. 그리고 P는 하강의 시간이라 하고, 만약 시간 G가 초 단위로 주어졌으면, 초 단위로 나타내라. 로그 0.4342944819$\frac{2P}{G}$ 와 일치하는 절대수 N을 구하여라.

그리고 L은 수 $\frac{N+1}{N}$ 의 로그라 하자.

(번역자 주) 수 0.4342944819를 곱하는 이유는, 상용로그와 자연로그의 변환 때문이다.

그러면 하강하면서 획득한 속력은 $\frac{N-1}{N+1}H$ 가 되고, 그린 고도는 $\frac{2PF}{G}$ − 1.3862943611F + 4.605170186LF이다. 만약 유체가 충분히 깊으면, 항 4.605170186LF는 무시해도 된다. 그러니 $\frac{2PF}{G}$ − 1.3862943611F가 그린 고도와 매우 근사하다.

이것은 2권 법칙 9, 딸린 법칙들로부터 명백하며, 구가 겪게 되는 저항은 유체의 관성으로부터 생기는 것이 전부라는 가정에 바탕을 둔다. 그렇지만 만약 다른 저항들을 추가적으로 겪게 되면, 하강이 더욱 느려지게 되며, 이렇게 느려지는 것으로부터 이 저항의 양을 구할 수 있다.

유체 속에서 내려가는 물체의 속력과 하강을 좀 더 쉽게 알 수 있도록, 나는 다음의 표를 구성하였다. 이 표의 첫째 세로줄(열)은 하강의 시간을 나타내고, 둘째 열은 하강으로 획득한 속력을 나타내며, 최고 속력을 100000000으로 하였을 때이다.

셋째 열은 그 하강의 시간 동안 그린 거리인데, 물체가 시간 G 동안 최고 속력으로 그리는 거리가 2F이다. 넷째 열은 같은 시간들 동안 최고 속력으로 그리는 거리들을 나타낸다. 넷째 열의 수들은 $\frac{2P}{G}$ 이며, 여기에서 수 1.3862944 − 4.6051702L을 빼면, 셋째 열의 수들이 구해진다. 이 수들에다 거리 F를 곱해야 하강으로 그린 거리가 나오게 된다. 이것들에다 다섯째 열을 덧붙여 놓았는데, 같은 시간 동안 물체가 그 상대적 무게

B의 힘으로 진공 속에서 하강할 때 그리는 거리를 담고 있다.

시간 P	유체 속에서의 하강 속력	유체 속에서의 하강으로 그린 거리	최고 속력으로 그린 거리	진공 속에서의 하강으로 그린 거리
0.001G	99999 $^{29}/_{30}$	0.000001F	0.002F	0.000001F
0.01G	999967	0.0001F	0.02F	0.0001F
0.1G	9966799	0.0099834F	0.2F	0.01F
0.2G	19737532	0.0397361F	0.4F	0.04F
0.3G	29131261	0.0886815F	0.6F	0.09F
0.4G	37994896	0.1559070F	0.8F	0.16F
0.5G	46211716	0.2402290F	1.0F	0.25F
0.6G	53704957	0.3402706F	1.2F	0.36F
0.7G	60436778	0.4545405F	1.4F	0.49F
0.8G	66403677	0.5815071F	1.6F	0.64F
0.9G	71629787	0.7196609F	1.8F	0.81F
1G	76159416	0.8675617F	2F	1F
2G	96402758	2.6500055F	4F	4F
3G	99505475	4.6186570F	6F	9F
4G	99932930	6.6143765F	8F	16F
5G	99990920	8.6137964F	10F	25F
6G	99998771	10.6137179F	12F	36F
7G	99999834	12.6137073F	14F	49F
8G	9999980	14.6137059F	16F	64F
9G	99999997	16.613705F	18F	81F
10G	99999999 $^{3}/_{5}$	18.6137056F	20F	100F

설명

실험들을 통해서 유체들의 저항들을 조사하기 위해서, 나는 나무로 만든 정사각형 물통을 구했다. 통 내부의 길이와 폭은 9 런던 인치이고, 깊이는 $9\frac{1}{2}$ 피트였다. 나는 이것에다 빗물을 채웠다. 왁스로 구들을 만들되, 속에다 납을 넣었다. 구들의 하강 시간들을 기록하였으며, 하강 고도는 112인치였다.

부피가 일 세제곱 런던 피트인 빗물의 무게는 76 트로이 파운드이다. 그리고 이러한 피트의 일 세제곱 인치의 무게는 이러한 파운드의 19/36 온스이다. 또는 $253\frac{1}{3}$ 그레인이다. 지름 1인치로 그린 물의 구의 무게는, 공기 속에서 132.645그레인이고, 또는 진공 속에서 132.8 그레인이다. 그리고 다른 임의의 구는 진공 속에서의 그 무게에서 물속에서의 그 무게를 뺀 것에 비례한다.

(번역자 주) 1 트로이 파운드는 12 트로이 온스, 1 트로이 온스는 480그레인이다. 1그레인은 64.8밀리그램, 1 트로이 온스는 31.1그램이다.

〈실험 1〉 공기 속에서 그 무게가 $156\frac{1}{4}$ 그레인이고, 물속에서 77그레인인 구가, 전체 고도 112인치를 4초의 시간에 그렸다. 그리고 이 실험을 되풀이하였더니, 역시 4초의 같은 시간에 하강하였다.

진공 속에서 이 구의 무게는 $156\frac{13}{38}$ 그레인이다. 그리고 이 무게의, 물속에서 구의 무게에 대한 초과분은 $79\frac{13}{38}$ 그레인이다. 그러니 구의 지름은 0.84224인치로 나온다. 그리고 그 초과분 대 진공 속에서 구의 무게와의 비율은, 물의 밀도 대 구의 밀도의 비율과 같으며, 그러니 구의 지름의 8/3 (그러니까 2.24597인치) 대 거리 2F의 비율과 같다. 그러므로 2F는 4.4256인치가 된다.

구는 1초의 시간 동안, 그 전체 무게 $156\frac{13}{38}$ 그레인으로 진공 속에서 하강하면, $193\frac{1}{3}$ 인치를 그리게 된다. 그리고 무게 77그레인으로, 같은 시간 동안, 저항이 없으면 물속에서 95.219인치를 그리게 된다.

그리고 시간 G 동안, 이것 대 1초의 비율은 거리 F 또는 2.2128인치 대 95.219인치의 비율의 제곱근과 같은데, 그것은 2.2128인치를 그리게 되며, 물속에서 하강할 수 있는 최고 속력 H를 획득하게 된다. 그러므로 시간 G는 0.15244초이다.

그리고 이 시간 G 동안, 그 최고 속력 H로, 구는 거리 2F인 4.4256인치를 그리게 된다. 그러므로 4초의 시간 동안, 그것은 거리 116.1245인치를 그리게 된다. 거리 1.3862944F 또는 3.0676인치를 빼라. 그러면 거리 113.0569인치가 남게 된다. 이 거리는, 매우 큰 물통 속의 물속에서, 구가 4초의 시간 동안 그리게 되는 거리이다.

이 거리는, 앞에서 언급한 나무 물통이 좁기 때문에, 다음 비율들을 결합한 비율로 감소시켜야 한다. 물통의 개구부 대, 이 개구부의 구의 대원의 절반에 대한 초과분의 비율의 제곱근; 그리고 같은 개구부 대, 이 개구부의 구의 대원에 대한 초과분의 단순한 비율. 그러니까 1 대 0.9914의 비율로.

이것을 계산하면, 거리는 112.08인치로 나오게 된다. 이 이론에 따르면, 이 나무 물통에 든 물속을 구가 4초의 시간 동안 그리는 거리가 이에 매우 근사해야 한다. 실험에 따르면, 그것은 실제로 112인치를 그렸다.

〈실험 2〉 세 개의 같은 구들이, 그 무게들은 제각각 공기 속에서 $76\frac{1}{3}$ 그레인, 물속에서 $5\frac{1}{16}$ 그레인이었는데, 차례차례 내려가도록 하였다.

각각이 15초의 시간 동안, 물속에서 제각각 112인치의 고도를 그렸다.

계산을 해 보면, 진공 속에서 구의 무게는 $76\frac{5}{12}$ 그레인이다. 이 무게의 물속에서의 무게에 대한 초과분은 $71\frac{17}{48}$ 그레인이다. 구의 지름은 0.81296인치이며, 이 지름의 8/3은 2.16789인치이다. 거리 2F는 2.3217인치이다.

무게가 $5\frac{1}{16}$ 그레인인 공이 1초의 시간 동안 저항 없이 하강하면 12.808인치를 그리고, 시간 G는 0.301056초이다. 그러므로 이 구는 무게 $5\frac{1}{16}$ 그레인의 힘으로 물속에서 내려갈 수 있는 최고 속력으로, 시간 0.301056초 동안 2.3217인치 거리를, 시간 15초 동안 115.678인치 거리를 그리게 된다.

거리 1.3862944F 또는 1.609인치를 빼라. 그러면 거리 114.069인치가 남는다. 매우 넓은 물통 속에서, 같은 시간 동안 구가 하강하면서 그리게 되는 거리가 이것이다. 우리의 물통은 좁기 때문에, 약 0.895인치 거리를 빼주어야 한다. 그러면 거리 113.174인치가 남게 되며, 구가 이 물통 속에서, 15초의 시간 동안 그리는 거리와, 이론에 따르면 매우 근사하다. 실험에 따르면, 그것은 실제로 112인치를 그렸다. 그 차이는 감지하기 어렵다.

〈실험 3〉 세 개의 같은 구들이, 그 무게들은 제각각 공기 속에서 121그레인, 물속에서 1그레인이었는데, 차례차례 내려가도록 하였다. 그들은 물속에서 46초, 47초, 그리고 50초의 시간들 동안, 고도 112인치를 그렸다.

이론에 따르면, 이 구들은 약 40초의 시간에 하강하여야 한다. 그들이 느리게 하강한 것은, 다른 원인들에게 부여되고 그에 의해서 생겨나는 저항들에 비해서, 느린 운동들에서의 관성의 힘에 의해서 작은 비율의 저항이 생겨났기 때문인지, 작은 공기 방울들이 구에 달라붙었기 때문인지, 구를 내려보내는 손이나 또는 날씨의 열에 의해서 왁스가 희박하게 되었는지, 또는 물속에서 구의 무게를 측정하는 데 감지하기 힘든 오차가 있었는지, 나는 확실히 알 수 없다. 그러니 물속에서 구의 무게가 몇 그레인 정도는 되어야, 그 실험들이 확실하고 믿을 수 있게 될 것이다.

〈실험 4〉 여기에 설명해 놓은 실험들을 내가 시작한 것은, 유체들의 저항들을 조사하기 위해서였으며, 바로 직전의 법칙들에서 설명해 놓은 이론들을 내가 알기 이전이었다. 그 이후에, 내가 발견한 이론이 옳은지 검사하기 위해서, 나는 나무로 만든 물통을 구했는데, 내부의 폭은 $8\frac{2}{3}$ 인치, 깊이는 $15\frac{1}{3}$ 피트였다.

그리고 나는 왁스 속에 납을 넣어 네 개의 구들을 만들었는데, 각각의 무게는 공기 속에서 $139\frac{1}{4}$ 그레인, 그리고 물속에서 $7\frac{1}{8}$ 그레인이었다. 그리고 이들을 내려보내고, 진동하는 데 반 초가 걸리는 진자를 사용하여서 이들이 물속에서 하강하는 시간을 측정하였다.

구들은, 무게들을 구하고 그리고 하강시킬 때, 차가웠으며, 그리고 상당한 시간 차갑도록 유지하였다. 왜냐 하면 열은 왁스를 희박해지게 만들고, 희박해짐에 따라서 물속에서 구의 무게가 감소하기 때문이다. 그리고 희박해진 왁스는 차갑게 하여도 이전의 밀도로 바로 환원되지 않는다.

이들이 하강하기 전에, 이들이 물속에 완전히 잠기도록 하였다. 어느 부분이든 물 밖으로 나와 있었다면, 그 부분의 무게가 하강의 시작시 더 가속시키기 때문이다. 그리고 이들이 완전히 잠기고 정지하게 한 다음, 매우 조심스럽게 하강시켰으며, 그래서 내려주는 손으로부터 충격을 전혀 받지 않도록 하였다.

이들은 차례차례 $47\frac{1}{2}$, $48\frac{1}{2}$, 50, 51 진동들의 시간들 동안 하강하였으며, 고도 15피트 2인치를 그렸다. 그런데 구들의 무게를 잴 때에 비해서 날씨가 이미 약간 추워졌기 때문에, 나는 다른 날에 이 실험을 되풀이하였다. 그리고 구들은 49, $49\frac{1}{2}$, 50, 53 진동들의 시간들에 내려갔다. 그리고 세 번째에는 시간들이 $49\frac{1}{2}$, 50, 51, 53 진동들이었다.

그리고 실험을 여러 번 하였더니, 구들은 대부분의 경우 $49\frac{1}{2}$ 그리고 50 진동들의 시간들에 내려갔다. 이들이 더 느리게 내려가는 경우는, 물통의 옆면에 닿아서 속력이 늦춰진 것으로 추측된다.

이제 이론상으로 계산해 보자. 구의 무게는 진공 속에서 $139\frac{2}{5}$ 그레인이다. 이 무게의, 구의 물속에서의 무게에 대한 초과분은 $132\frac{11}{40}$ 그레인이다. 구의 지름은 0.99868인치이다. 지름의 8/3은 2.66315인치이다. 거리 2F는 2.8066인치이다. 무게가 $7\frac{1}{8}$ 그레인인 구가, 1초의 시간 동안, 저항 없이 하강하면 9.88164인치를 그린다. 그리고 시간 G는 0.376843초이다.

그러므로 구는, 물속에서 무게 $7\frac{1}{8}$ 그레인의 힘으로 내려갈 수 있는 최고 속력으로, 0.376843초의 시간 동안 거리 2.8066인치를 그리며, 1초의 시간에 거리 7.44766인치를, 그리고 25초 또는 50 진동의 시간에 186.1915인치를 그린다. 거리 1.386294F, 또는 1.9454인치를 빼라. 그러면 거리 184.2461인치가 남는다. 그와 같은 시간 동안, 매우 넓은 물통 속에서 구가 그리게 되는 거리이다.

그런데 우리의 물통은 좁기 때문에, 다음 비율들을 결합한 비율로 이 거리를 감소시켜야 한다. 물통의 개구부 대, 이 개구부의 구의 대원의 절반에 대한 초과분의 비율의 제곱근; 그리고 같은 개구부 대, 이 개구부의 구의 대원에 대한 초과분의 단순한 비율. 그러면 거리는 181.86인치가 된다.

이론에 따르면, 50 진동 시간 동안 이 물통 속에서 구가 그리는 거리는 이것에 매우 근사하다. 실험에 따르면, 그것은 182인치 거리를 $49\frac{1}{2}$ 또는 50 진동 시간에 그렸다.

〈실험 5〉 네 개의 구들이 무게가 공기 속에서 $154\frac{3}{8}$ 그레인, 물속에서 $21\frac{1}{2}$ 그레인인데, 여러 번 내려보냈으며, $28\frac{1}{2}$, 29, $29\frac{1}{2}$, 30 진동 시간 동안, 그리고 때로는 31, 32, 33 진동 시간 동안 고도 15피트 2인치를 그렸다. 이론에 따르면 이들의 하강 시간은 29 진동에 매우 근사하다.

〈실험 6〉 다섯 개의 구들이 무게가 공기 속에서 $212\frac{3}{8}$ 그레인, 물속에서 $79\frac{1}{2}$ 그레인인데, 여러 번 내려보냈으며, 15, $15\frac{1}{2}$, 16, 17, 18 진동 시간 동안 고도 15피트 2인치를 그렸다. 이론에 따르면 이들의 하강 시간은 15 진동에 매우 근사하다.

〈실험 7〉 네 개의 구들이 무게가 공기 속에서 $293\frac{3}{8}$ 그레인, 물속에서

$35\frac{7}{8}$ 그레인인데, 여러 번 내려보냈으며, $29\frac{1}{2}$, 30, $30\frac{1}{2}$, 31, 32, 33 진동 시간 동안 고도 15피트 $1\frac{1}{2}$ 인치를 그렸다. 이론에 따르면 이들의 하강 시간은 28 진동에 매우 근사하다.

무게와 크기가 같은 구들이, 왜 어떤 것들은 빠르게 어떤 것들은 느리게 하강하는지, 그 원인을 조사하다가, 나는 이 생각이 떠올랐다. 구들은, 처음 내려보내어 하강을 시작할 때, 더 무거워서 먼저 하강을 시작하는 면이, 그 중점의 둘레에서 진동을 하게 되며, 그래서 진동 운동을 생성하게 된다.

그 진동들 때문에, 구는 진동 없이 내려가는 경우에 비해서, 더 큰 운동을 물과 주고받게 된다. 그리고 주고받음에 따라서, 내려가는 데 써야 할 자신의 운동의 일부를 잃게 된다. 그러므로 진동이 크냐 또는 작으냐에 따라서, 더 또는 덜 늦어지게 된다.

게다가 구는 하강하며 진동함에 따라서, 그 면으로부터 항상 멀어지게 된다. 그리고 이렇게 멀어짐에 따라서, 물통의 면들에 접근하게 되며, 때로는 면들에 부딪치기도 한다. 구가 무거울수록 이 진동은 더 강하며, 구가 클수록 물을 더 심하게 휘젓는다.

그러므로 구들의 진동을 줄이려고, 나는 왁스와 납을 가지고 새로운 구들을 제작하였다. 납을 구의 어떤 면에, 그 표면 가까이에 박아 놓았다. 그리고 구를 내려보낼 때, 가능한 한 구의 무거운 편이 하강의 시작 시 가장 아래에 가도록 하였다. 그랬더니 진동들이 이전에 비해서 훨씬 작아졌으며, 구들이 내려가는 시간들의 불일치가 줄어들었다. 다음 실험들에서처럼.

〈실험 8〉 네 개의 구들이 무게가 공기 속에서 139그레인, 물속에서 $6\frac{1}{2}$ 그레인인데, 여러 번 내려보냈으며, 내려간 진동의 시간들은 52보다 많지 않고, 50보다 적지 않으며, 대부분의 경우 약 51 진동 시간이었으며, 고도 182인치를 그렸다. 이론에 따르면 이들은 약 52 진동 시간에 내려가야 한다.

〈실험 9〉 네 개의 구들이 무게가 공기 속에서 $273\frac{1}{4}$ 그레인, 물속에서 $140\frac{3}{4}$ 그레인인데, 여러 번 내려보냈으며, 내려간 진동의 시간들은 12보다 적지 않고, 13보다 많지 않으며, 고도 182인치를 그렸다. 이론에 따르면 이들의 하강 시간은 $11\frac{1}{3}$ 진동에 매우 근사해야 한다.

〈실험 10〉 네 개의 구들이 무게가 공기 속에서 384그레인, 물속에서 $119\frac{1}{2}$ 그레인인데, 여러 번 내려보냈으며, $17\frac{3}{4}$, 18, $18\frac{1}{2}$, 19 진동 시간 동안 고도 $181\frac{1}{2}$ 인치를 그렸다. 그리고 이들이 19 진동 시간에 내려갔을 때, 나는 때때로 이들이 바닥에 닿기 전에 물통 옆면에 부딪치는 소리를 들었다. 이론에 따르면 이들의 하강 시간은 $15\frac{5}{9}$ 진동에 매우 근사하다.

〈실험 11〉 세 개의 같은 구들이 무게가 공기 속에서 48그레인, 물속에서 $3\frac{29}{32}$ 그레인인데, 여러 번 내려보냈으며, $43\frac{1}{2}$, 44, $44\frac{1}{2}$, 45, 46 진동 시간 동안 고도 $182\frac{1}{2}$ 인치에 매우 근사하게 그렸다. 이론에 따르면

이들의 하강 시간은 약 $46\frac{5}{9}$ 진동이다.

〈실험 12〉 세 개의 같은 구들이 무게가 공기 속에서 141그레인, 물속에서 $4\frac{3}{8}$ 그레인인데, 여러 번 내려보냈으며, 61, 62, 63, 64, 65 진동 시간 동안 고도 182인치를 그렸다. 이론에 따르면 이들의 하강 시간은 $64\frac{1}{2}$ 진동에 매우 근사하다.

이 실험들에 따르면, 실험들 2, 4, 5, 8, 11, 12에서처럼 구들이 느리게 내려가는 경우는, 하강 시간이 이론에 의해서 정확하게 제시됨이 명백하다. 그러나 구들이 더 빨리 내려가는 경우는, 실험들 6, 9, 10에서처럼, 저항이 속력의 제곱의 비율보다 더 크다. 왜냐 하면 구들이 하강하면서 약간 진동하기 때문이다.

그리고 이 진동은, 가벼운 구들이 느리게 하강하는 경우, 그 운동이 약하기 때문에 곧 멈춘다. 그러나 무겁고 거대한 구들의 경우, 그 운동이 강하기 때문에 오래 지속되며, 여러 번 진동한 다음에야 비로소 주위의 물이 멎게 만든다.

게다가 구들은, 빠르면 빠를수록, 유체가 그 뒤쪽 부분을 누르는 것이 약해진다. 그리고 만약 속력이 계속 증가하면, 유체의 압력이 동시에 증가하지 않는다면, 마침내 구의 뒤쪽에 빈 공간이 생기게 된다. 그러나 유체의 압력이 (법칙 32, 법칙 33에 따라서) 속력의 제곱의 비율로 증가하여야만, 저항이 같은 제곱의 비율로 유지된다. 그런데 이렇게 되지 않기 때문에, 빠른 구들은 뒤쪽에서 덜 눌려지게 되며, 이 압력의 부족 때문에, 그들의 저항은 속력의 제곱의 비율보다 약간 더 크게 된다.

그러므로 물속에서 하강하는 물체들의 현상들은 이론과 일치한다.

이제 우리들은 공기 속에서의 하강 현상들을 조사해 보자.

〈실험 13〉 런던 세인트 폴 대성당 꼭대기에서, 1710년 6월달에, 두 개의 유리공을 동시에 떨어뜨렸는데, 하나는 수은을 가득 채웠고, 다른 하나는 공기를 채웠다. 이들이 하강하면서 그린 고도는 220 런던 피트이다. 나무 판자를 매달아 놓았는데, 한쪽 끝은 쇠로 만든 경첩으로, 다른 한쪽은 나무 쐐기로 지탱하고 있었다.

두 개의 공들을 판자 위에 놓은 다음에 동시에 떨어뜨렸는데, 나무 쐐기에 매단 쇠줄을 당겨서, 쐐기를 뺀 것이다. 쇠줄은 땅바닥에까지 닿고 있었다. 쐐기가 빠지면 판자는 쇠로 만든 경첩에만 지탱하게 되며, 그것을 축으로 하여 아래로 회전하게 된다. 그와 동시에, 초 단위로 진동하는 진자가 진동을 시작하도록 했다. 아래로 늘어뜨린 바로 그 쇠줄에 의해서 진동이 시작되었다. 공들의 지름과 무게, 하강하는 데 걸린 시간을 다음 표에 나타내었다.

수은으로 채운 공			공기로 채운 공		
무게 (그레인)	지름 (인치)	시간 (초)	무게 (그레인)	지름 (인치)	시간 (초)
908	0.8	4	510	5.1	$8\frac{1}{2}$
983	0.8	4−	642	5.2	8
866	0.8	4	599	5.1	8
747	0.75	4+	515	5.0	$8\frac{1}{4}$
808	0.75	4	483	5.0	$8\frac{1}{2}$
784	0.75	4+	641	5.2	8

그런데 관측 시간들을 교정해 주어야 한다. 왜냐 하면 수은으로 채운 공은 (갈릴레오의 이론에 따르면) 4초 동안에 257 런던 피트 거리를 그리며, 220피트는 3과 42/60초에 불과하다. 나무 판자는, 나무 쐐기를 뺐을 때, 그래야 하는 것보다 약간 느리게 회전하였으며, 그 느린 회전이 시작시 공들의 낙하를 방해하였다. 왜냐 하면 공들은 판자 가운데에 놓여 있었고, 나무 쐐기보다 오히려 그 축에 더 가까이 놓여 있었다. 그러니 하강 시간이 약 18/60초 더 길어졌다.

그러니 이제 이 시간을 빼 주어서 교정해야 한다. 큰 공들의 경우 특히 그래야 한다. 이들은 지름이 크기 때문에, 작은 공들에 비해서 회전하는 판자에 지탱해 있는 시간이 더 길기 때문이다. 이렇게 하고 나면, 여섯 개의 큰 공들이 떨어지는 데 걸린 시간은 각각 8과 12/60초, 7과 42/60초, 7과 42/60초, 7과 57/60초, 8과 12/60초, 7과 42/60초이다.

공기를 채운 다섯 번째 공은 지름이 5인치이고, 무게가 483그레인이며, 220피트 고도를 그리는 데 8과 12/60초가 걸렸다. 이 공과 부피가 같은 물은 무게가 16600그레인이고, 부피가 같은 공기는 무게가 $\frac{16600}{860}$ 그레인 또는 $19\frac{3}{10}$ 그레인이다. 그러므로 진공 속에서 이 공의 무게는 $502\frac{3}{10}$ 그레인이다.

그리고 이 무게 대, 이 공과 부피가 같은 공기 무게와의 비율은, $502\frac{3}{10}$ 대 $19\frac{3}{10}$ 이다. 그리고 2F 대 공의 지름의 8/3과의 비율, 그러니까 $13\frac{1}{3}$ 인치와의 비율이 바로 이 비율이다. 그러니 2F는 28피트 11인치이다.

그 전체 무게가 $502\frac{3}{10}$ 그레인인 공이 진공 속에서 하강하면, 1초의 시간 동안 위에서처럼 $193\frac{1}{3}$ 인치를 그리게 된다. 그리고 무게 483그레인으로는, 185.905인치를 그리게 된다.

그리고 역시 같은 무게 483그레인으로 진공 속에서, 거리 F 또는 14피트 $5\frac{1}{2}$ 인치를 시간 57/60과 58/3600초 동안 그리며, 공기 속에서 내려갈 수 있는 최고 속력을 획득한다. 공은 이 속력으로, 시간 8과 12/60초 동안 245피트 $5\frac{1}{3}$ 인치 거리를 그리게 된다. 1.3863F 또는 20피트 $\frac{1}{2}$ 인치를 빼라. 그러면 225피트 5인치가 남게 된다. 이 거리는, 이론에 따르면 공이 하강하면서 8과 12/60초 동안 그려야 한다. 실험에 따르면 220피트 거리를 그렸다. 차이는 감지하기 어렵다.

공기를 채운 나머지 공들에 대해서 마찬가지로 계산해서, 나는 다음 표를 만들었다.

공의 무게 (그레인)	지름 (인치)	220피트 고도를 하강하는 데 걸린 시간	이론상으로 그리는 거리	초과분
510	5.1	8″ 12‴	226피트 11인치	6피트 11인치
642	5.2	7″ 42‴	230피트 9인치	10피트 9인치
599	5.1	7″ 42‴	227피트 10인치	7피트 0인치
515	5	7″ 57‴	224피트 5인치	4피트 5인치
483	5	8″ 12‴	225피트 5인치	5피트 5인치
641	5.2	7″ 42‴	230피트 7인치	10피트 7인치

〈실험 14〉 1719년 7월달에, 데사굴리에(John Theophilus Desaguliers) 박사는 이러한 종류의 실험을 다시 행하였다. 그는 돼지 방광을 가지고

구형 껍질(orb, 공)을 만들었는데, 나무로 만든 우묵한 구형 틀 속에, 축축한 방광을 공기를 가득 불어넣고 강제로 쑤셔 넣었다. 그리고 마른 다음에 그것들을 꺼냈다.

같은 대성당의 둥근 아치형 탑의 높은 위치에서, 그러니까 고도 272 피트에서, 그것들을 내려보냈으며, 그와 동시에 납으로 된 공을 내려보냈는데, 납공의 무게는 약 2 트로이 파운드였다. 한편 공들을 내려보낸 대성당의 위쪽 부분에 사람이 서 있어서, 전체 하강의 시간들을 기록하였다. 그리고 다른 사람은 땅에 서 있어서, 납공의 하강 그리고 방광의 하강 사이의 시간들의 차이를 기록하였다. 반 초 단위로 진동하는 진자를 써서 시간을 측정하였다.

땅에 서 있는 다른 사람은 일 초에 네 번 진동하는 정밀한 시계를 가지고 있었다. 다른 사람은 다른 기계를 가지고 있었는데, 역시 일 초에 네 번 진동하는 진자가 있는, 정교하게 만든 기계였다. 그리고 대성당 꼭대기에 서 있는 다른 한 사람도 비슷한 기계를 가지고 있었다. 그리고 이 계기들은 모두, 그 작동들을 마음대로 시작 또는 정지할 수 있도록 제작되었다.

납공은 약 $4\frac{1}{4}$ 초의 시간에 하강하였다. 그리고 이 시간에다 앞에서 말한 시간의 차이를 더해서, 방광이 떨어지는 데 걸린 전체 시간을 구했다. 납공이 땅에 닿은 이후에, 다섯 개의 방광들이 내려가는 데 걸린 시간은, 첫 번째 실험의 경우 $14\frac{3}{4}$ 초, $12\frac{3}{4}$ 초, $14\frac{5}{8}$ 초, $17\frac{3}{4}$ 초, $16\frac{7}{8}$ 초였다. 그리고 두 번째 실험의 경우 $14\frac{1}{2}$ 초, $14\frac{1}{4}$ 초, 14초, 19초, $16\frac{3}{4}$ 초였다.

납공이 떨어진 시간인 $4\frac{1}{4}$ 초를 더해라. 그러면 다섯 개의 방광들이 떨어지는 데 걸린 전체 시간들은, 첫 번째 실험의 경우 19초, 17초, $18\frac{7}{8}$ 초, 22초, $21\frac{1}{8}$ 초였고, 두 번째 실험의 경우 $18\frac{3}{4}$ 초, $18\frac{1}{2}$ 초, $18\frac{1}{4}$ 초, $23\frac{1}{4}$ 초, 21초였다. 그리고 대성당 꼭대기에서 기록한 시간들은, 첫 번째 실험의 경우 $19\frac{3}{8}$ 초, $17\frac{1}{4}$ 초, $18\frac{3}{4}$ 초, $22\frac{1}{8}$ 초, $21\frac{5}{8}$ 초였고, 두 번째 실험의 경우 19초, $18\frac{5}{8}$ 초, $18\frac{3}{8}$ 초, 24초, $21\frac{1}{4}$ 초였다.

그런데 방광들은 항상 바로 수직으로 하강한 게 아니다. 때로는 약간 떠다니면서, 하강의 사이에 이쪽저쪽으로 흔들렸다. 그리고 이러한 운동들 때문에, 때로는 반 초 만큼, 때로는 완전한 일 초 만큼, 하강 시간들이 길어지고 증가하였다.

첫 번째 실험의 경우 둘째, 넷째 방광들이 더 수직에 가깝게 떨어졌고, 두 번째 실험의 경우 첫째, 셋째 방광들이 그러했다. 다섯째 방광은 주름이 졌는데, 그 주름 때문에 약간 느려졌다. 나는 매우 가는 실을 이들 둘레에 두 번씩 감아 둘레 길이를 재어서, 지름을 구했다.

그리고 다음 표에서, 이론과 실험 결과를 같이 놓고 비교해 보았다. 공기의 밀도는 빗물의 밀도와의 비율이 1 대 860이라고 가정하였으며, 공들이 이론에 따르면 하강하면서 그렸을 거리들을 계산하였다.

방광의 무게 (그레인)	지름 (인치)	272피트 고도를 하강한 시간(초)	같은 시간 동안 이론상 그리는 거리	이론과 실험 결과의 차이
128	5.28	19	271피트 11인치	−0피트 1인치
156	5.19	17	272피트 1/2인치	+0피트 1/2인치
$137\frac{1}{2}$	5.3	18	272피트 7인치	+0피트 7인치
$97\frac{1}{2}$	5.26	22	277피트 4인치	+5피트 4인치
$99\frac{1}{8}$	5	$21\frac{1}{8}$	282피트 0인치	+10피트 0인치

그러므로 우리 이론은, 구들이 공기 속에서 그리고 물속에서 운동할 때 겪게 되는 저항을 거의 정확하게 제시하고 있다. 구들의 속력들 그리고 크기들이 같으면, 저항은 유체들의 밀도에 비례한다.

제 6장 뒷부분에 붙여 놓은 설명에서, 진자들의 실험들을 통해서, 같은 크기이고 같은 속력인 구들이 공기, 물, 그리고 수은 속을 지나면, 그 저항은 유체들의 밀도들에 비례함을 보였다. 우리는 여기에서 같은 것을 더 정확하게, 공기 그리고 물속에서 하강하는 물체들의 실험들로 보였다.

왜냐 하면 진자들은 각각의 진동으로 유체에게 운동을 일으키는데, 돌아오는 진자의 운동에 항상 반대가 된다. 그리고 이 운동으로부터 생겨나는 저항, 게다가 진자를 매달아 놓은 실의 저항이, 진자 전체의 저항이 하강하는 물체들의 실험들에서 구하는 저항보다 더 커지도록 만든다.

그 설명에서 상술해 놓은 진자들의 실험들에 따르면, 물과 비중이 같은 구는, 공기 속에서 그 반지름 길이를 그리면, 그 운동의 $\frac{1}{3342}$ 부분을 잃게 된다. 그러나 여기 7장에서 제시해 놓은 이론에 따르면, 낙하 실험으로 검증된 바, 같은 길이를 그리는 구는 그 운동의 $\frac{1}{4586}$ 부분을 잃을 뿐이다. 물의 밀도 대 공기의 밀도의 비율은 860 대 1이라는 가정하에 말이다.

그러므로 진자들의 실험들에 의하면 (방금 설명한 이유들 때문에) 하강하는 공들의 실험들에 의한 것보다 더 큰 저항이 나오게 되며, 비율은 약 4 대 3이다. 그런데 공기, 물, 그리고 수은 속에서 진동하는 진자들의 저항들은, 비슷한 원인들에 따라서 비슷하게 증가하니, 이 매질들 속에서 그 저항들의 비율은, 진자들의 실험들 그리고 하강하는 물체들의 실험들, 둘 다에 의해서 상당히 정확하게 제시될 것이다.

그리고 이것으로부터 다음과 같이 결론을 내릴 수 있다. 그 어떠한 임의의 매우 유동적인 유체 속에서, 물체들의 운동들의 저항들은, 여타 사항들이 같으면, 유체들의 밀도들에 비례한다.

이렇게 확립된 것들을 바탕으로, 이제 어떤 임의의 유체 속으로 투사된, 임의의 구가 그 운동의 얼마만큼의 부분을 주어진 시간 동안 잃게 되는지, 매우 근사하게 예상할 수 있다. D는 구의 지름, 그리고 V는 운동의 시작시 그 속력이라 하자. 그리고 시간 T는, 속력이 V인 구가 진공 속에서 그리는 거리가, $\frac{8}{3}$D와의 비율이 구의 밀도 대 유체의 밀도의 비율과 같게 되는, 시간이라고 하자.

그러면 그 유체 속으로 투사된 구는, 임의의 시간 t 동안, 그 운동의 $\frac{tV}{T+t}$ 부분을 잃게 되며, $\frac{TV}{T+t}$ 부분이 남게 된다. 그리고 그리게 되는 거리는, 같은 시간 동안 진공 속에서 일정한 속력 V로 그리는 거리와의 비율이, 수 $\frac{T+t}{T}$ 의 로그에다 2.302585093을 곱한 것 대 수 $\frac{t}{T}$ 와의

비율과 같다. (법칙 35, 딸린 법칙 7에 따라서)

느린 운동들에서, 저항은 약간 작아질 수 있다. 왜냐 하면 구의 형태는 같은 지름으로 그린 원기둥의 형태에 비해서 운동에 좀 더 적합하기 때문이다. 빠른 운동들에서, 저항은 약간 커질 수 있다. 왜냐 하면 유체의 탄성 그리고 압축은 속력의 제곱의 비율로 증가하지 않기 때문이다. 그러나 나는 이런 세세한 사항들에 연연하지 않겠다.

그리고 비록 공기, 물, 수은 그리고 비슷한 유체들의 부분들을 한없이 잘게 쪼개서, 한없이 미세하고 유동적인 유체가 된다 하더라도, 그럼에도 투사된 구들에 대한 저항은 줄어들지 않는다. 왜냐 하면 앞의 법칙들에서 다룬 저항은 물질의 관성(inertia)에서부터 생겨나기 때문이다. 그리고 물질의 관성은 물체들에게 본질적이며, 항상 물질의 양들(질량들)에 비례한다.

유체의 부분들을 쪼갬에 따라서, 부분들의 점성 그리고 마찰에 의해서 생겨나는 저항은 실제로 감소될 수 있다. 그러나 물질의 양은 그 부분들의 쪼갬에 의해서 감소하지 않는다. 그리고 물질의 양이 그대로 유지되면, 그 관성의 힘도 유지되며, 여기서 다룬 저항은, 항상 그것에 비례한다. 이 저항이 감소하려면, 물체들이 움직이는 공간들 속의 물질의 양(질량)을 감소시켜야만 한다.

그러므로 하늘의 공간들 속을, 행성들 그리고 혜성들의 구들이 모든 방향들로 매우 자유롭게 움직이며, 운동의 감소를 전혀 감지할 수 없으니, 어떠한 물질적 유체도 결여되어 있으며, 다만 어쩌면 매우 옅은 증기들 그리고 빛의 광선들이 혹시 지날 수도 있겠다.

투사체들은, 물론, 유체 속을 전진하면서 운동을 일으키며, 이 운동은 투사체의 앞쪽 부분에서의 유체의 압력이 그 뒤쪽 부분에서의 압력보다 더 큰 초과분에 의해서 생겨난다. 그리고 이것은 한없이 유동적인 유체 속이라 하더라도, 공기, 물, 그리고 수은 속에서와 비교해서, 각각의 물질의 밀도보다 더 작을 수는 없다. 그리고 이 압력의 초과분은, 그 양에 비례하여, 유체 속에서 운동을 일으킴은 물론이고, 또한 투사체에게 작용하여 그 운동을 늦춘다.

그러므로 모든 유체 속에서 그 저항은, 그 투사체가 유체 속에서 일으키는 운동에 비례한다. 그리고 이것은 아무리 미세한 에테르 속이라 하더라도, 공기, 물, 그리고 수은 속에서와 비교해서, 에테르의 밀도 대 이러한 유체들의 밀도들의 비율보다 더 작아질 수 없다.

제 8 장

유체를 통해서 전파되는 운동

법칙 41, 정리 32

유체의 입자들이 직선으로 놓여 있지 않는 한, 유체 속에서 압력은 직선들을 따라서 전파되지 않는다.

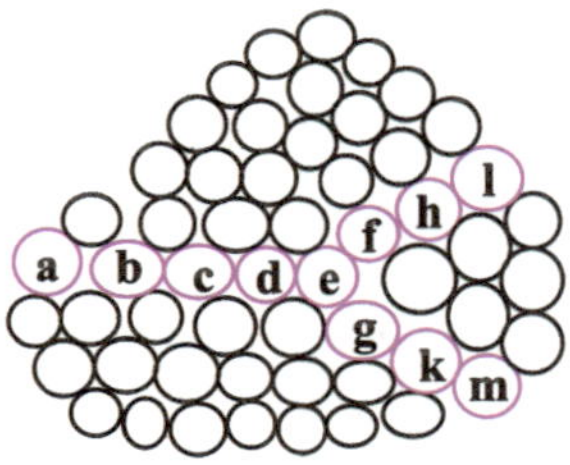

만약 입자들 a, b, c, d, e가 한 직선에 놓여 있다면, 압력은 정말로 a에서 e로 직접(직선으로) 전파될 것이다. 그러나 입자 e는 비스듬하게 위치한 입자들 f, g에게 (압력을) 비스듬하게 가할 것이며, 그 입자들 f, g는, 더 먼 입자들 h, k에 의해서 지탱되지 않으면, 이들에게 가해진 압력을 견뎌내지 못할 것이다. 그런데 이들이 이렇게 지탱되면, 지탱해 주는 입자들을 누른다. 그리고 그들도 더 먼 입자들 l, m에 의해서 지탱되지 않으면, 그들에게 가해진 압력을 견뎌내지 못하며, 이들을 누르고, 이렇게 무한히 계속된다.

그러므로 압력은, 한 직선에 놓여 있지 않은 입자들에게 처음 전파된 때부터, 갈라지기 시작해서 비스듬하게 무한히 전파된다. 그리고 비스듬하게 전파되기 시작한 이후, 만약 더 먼 입자들에게 가해지고, 그것들이 직선에 놓여 있지 않으면, 다시 갈라지게 된다. 그리고 이런 일은, 정확하게 직선을 따라서 놓여 있지 않은 입자들에게 가해질 때마다 일어날 것이다. [증명 끝]

딸린법칙 만약 주어진 점에서부터 유체를 통해서 전파되던 압력의 임의의 부분이 장애물에 의해서 방해를 받으면(가로채지면), 방해받지 않은 나머지 부분이 장애물의 뒤쪽 공간으로 퍼져나가게 된다. 이것도 역시 다음 방법으로 증명할 수 있다.

점 A에서 모든 방향으로 압력이 전파되는데, 만약 가능하면 직선들을 따른다고 하자. 그리고 BC에 구멍이 있는 장애물 NBCK가 있어서, 원뿔꼴의 부분 APQ를 제외한, 모든 부분이 가로채진다고 하자. 원뿔꼴의 부분 APQ는 원형 구멍 BC를 통과한다. 횡단하는 평면들 de, fg, hi를 가지고 원뿔 APQ를 잘라서, 원뿔대들을 만들어라.

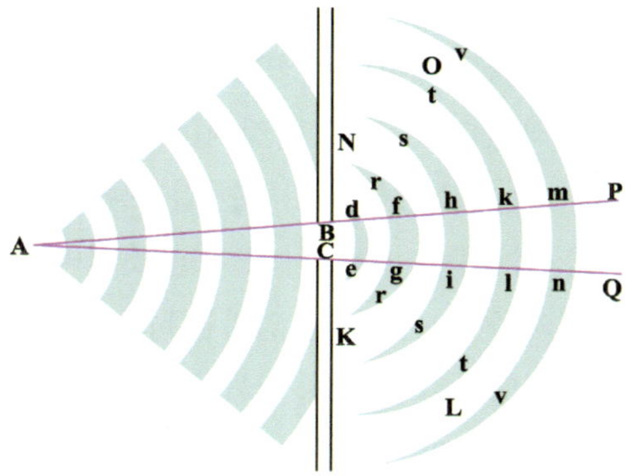

그러면 원뿔 ABC는, 압력을 전파하여서, 더 먼 원뿔대 degf에게 면 de로 압력을 가하며, 그리고 이 원뿔대는 접한 원뿔대 fgih에게 면 fg로 압력을 가하며, 그리고 그 원뿔대는 셋째 원뿔대에게 압력을 가하고, 이런 식으로 무한히 계속된다.

그러면 첫째 원뿔대 defg는 (운동 법칙 3에 따라서) 둘째 원뿔대 fghi의 반작용에 의해서, 그것이 그 둘째 원뿔대에게 가하고 누르는 그만큼, 면 fg로 가해지고 눌려지게 됨이 명백하다. 그러므로 원뿔대 degf는 원뿔 Ade와 원뿔대 fhig 사이에서 양쪽으로 압축된다. 그러므로 (2권 법칙 19, 경우 6에 따라서) 모든 방향에서 같은 힘으로 압축되지 않는 한, 그 형태를 유지할 수 없다.

그러므로 이것이 면들 de, fg에서 눌려진 것과 같은 기동력으로, 면들 df, eg를 향해 밀려나려고 노력하게 된다. 그러니 (전혀 단단하지 않고, 완전히 유체이니) 둘레 유체들에 의해서 이 노력이 억제되지 않으면, 흘러서 팽창하게 된다.

따라서 흘러 나가려는 노력으로, 원뿔대 fghi는 물론이고, 같은 기동력으로 둘레 유체들을 양쪽 면들 df, eg로 누르게 된다. 그러므로 압력은 표면 fg에서 공간 PQ를 향해 전파되는 것처럼, 마찬가지로 면들 df, eg에서 이쪽 저쪽 공간들 NO, KL로 전파된다. [증명 끝]

법칙 42, 정리 33

유체를 통해서 전파되는 모든 운동은 한 직선 경로로부터 벗어나, 운동 없는 공간들로 퍼진다.

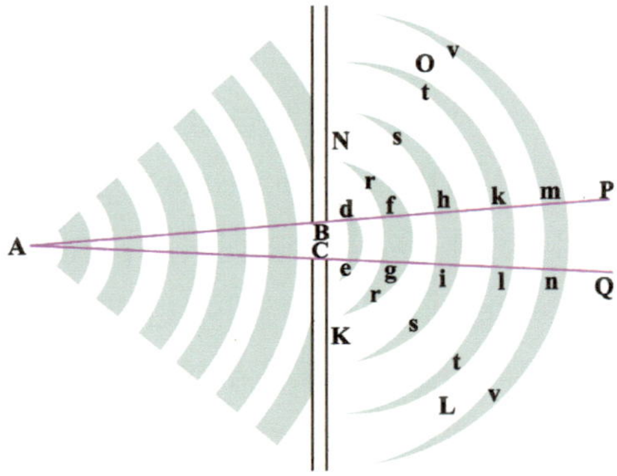

경우 1. 운동이 점 A에서부터 구멍 BC를 통해서 전파되며, 만약 가능하면, 점 A에서부터 갈라져 나온 직선들을 따른, 원뿔꼴 공간BCQP 속으로 계속 진행된다고 하자. 그리고 우선 이 운동이 고여 있는 물의 표면에서의 물결(파동)이라고 가정하자. de, fg, hi, kl, …은 각각의 물결의 가장 높은 부분(마루)들이며, 같은 개수의 골(낮은 부분)들에 의해서 서로 분리되어 있다고 하자.

그러면 물결의 마루 부분에서의 물은, 유체의 운동 없는 부분들 KL,

NO보다 더 높으니, 물은 마루들의 끝들 e, g, i, l, …, 그리고 d, f, h, k, … 로부터 이쪽 저쪽으로 KL, NO를 향해서 흐르게 된다. 그리고 물결의 골 부분에서의 물은, 유체의 운동 없는 부분들 KL, NO보다 더 낮으니, 물이 그 운동 없는 부분들로부터 물결의 골들로 흐르게 된다.

이전의 흐름에서는 물결의 마루들이, 이후에는 골들이 이쪽 저쪽으로 넓어지고, KL, NO를 향해서 전파된다. 그리고 A에서 PQ를 향한 물결의 운동도, 마루에서 인접한 골로의 연속적인 흐름으로 이루어지니, (마루에서 운동 없는 부분들로) 내려가는 속력보다 더 빠르지 않다. 그러므로 물이 이쪽 저쪽으로 KL, NO를 향해서 내려가는 것도, 같은 속력으로 행해져야 한다.

그러므로 물결의 확장이 이쪽 저쪽으로 KL, NO를 향해서 전파되는 것은, 그 물결들 자신들이 A에서 PQ를 향해서 직접 전파되는 것과 같은 속력이다. 그러므로 KL, NO를 향한 이쪽 저쪽의 모든 공간이, 물결들의 확장들 rfgr, shis, tklt, vmnv, …로 차게 된다.

누구든 이것을 고여 있는 물에서 실험해 볼 수 있다.

경우 2. 이제 de, fg, hi, kl, mn이 점 A에서부터 탄성적인 유체를 통해서 차례차례 전파되는 파동들을 나타낸다고 하자. 그리고 그 파동은, 매질의 응축 그리고 희박해짐이 번갈아 일어나서 전파되며, 그래서 각각의 파동의 가장 고밀도인 부분이 중점 A의 둘레에서 그린 구면을 차지하며, 연속적인 파동들의 사이에 같은 길이의 구간(간격)들이 끼여 있다고 하자.

이제 선들 de, fg, hi, kl, …로, 구멍 BC를 통해서 전파된, 파동들에서 가장 밀도가 높은 부분을 나타내자. 그리고 매질은 여기에서, 이쪽 저쪽으로 KL, NO를 향한 공간들보다, 밀도가 더 높으니, 양쪽 방향들에 위치한 그 공간들 KL, NO를 향해서, 파동들의 희박한 구간들을 향하는 것과 마찬가지로, 확장되어 나갈 것이다. 그러므로 매질은 항상 구간들의 지역에서는 더 희박해지고 파동들의 지역에서는 더 조밀해지니, 같은 운동에 참여하게 된다.

그리고 파동들의 전진 운동은, 조밀한 부분들이 선행하는 희박한 구간들을 향해서 이완되기(풀리기)를 계속함에 따라서 생겨난다. 그리고 그 파동은 매질 속의 정지해 있는 부분들 KL, NO 이쪽 저쪽으로, 거의 같은 속력으로 이완되어야 한다. 그 파동들은 정지해 있는 공간들 KL, NO 속에서 모든 방향들로, 중점 A로부터 직접 전파되는 것과 거의 같은 속력으로 확장될 것이다. 그러므로 전체 공간 KLON을 차지하게 된다.

우리는 이것을 소리로써 경험하게 된다. 산이 중간에 위치하여도 소리가 들리며, 또는 창문을 통하여 방으로 들어오면, 방의 모든 부분들로 확장되어서, 모든 구석들에서 들을 수 있다. 반대편 벽들에서 반사되기보다, 오히려 창문으로부터 직접 전파되었음을, 우리는 감각으로 판단할 수 있다.

경우 3. 마지막으로, 어떤 임의의 종류의 운동이 A에서부터 구멍 BC를 통해서 전파된다고 하자. 그리고 이러한 전파를 일으키는 것은, 중점 A에 더 가까운 매질의 부분들이 더 먼 부분들을 누르고 영향력을 끼치기 때문일 뿐이다. 그리고 눌려진 부분들은 유체이니, 따라서 임의의 모든 방향들로 밀려나서 덜 눌려진 영역들로 들어가며, 매질의 모든 정지해 있는 부분들을 향해서, 양쪽 측면들 KL 그리고 NO를 향해서, 앞쪽 PQ 부분을 향해서, 마찬가지로 밀려난다. 그렇기 때문에 모든 운동은, 구멍 BC를 통과하자마자 확장되기 시작하며, 따라서 마치 시작점 그리고 중점에서부터이듯이, 모든 부분들로 직접 전파된다. [증명 끝]

법칙 43, 정리 34

탄성적인 매질 속에서 떠는 물체는, 파동의 운동을 모든 방향들로 전파시키게 된다. 그러나 비탄성적인 매질 속에서는, 원형 운동을 일으키게 된다.

경우 1. 왜냐 하면 떠는 물체의 부분은 번갈아가며 앞으로 가고 그리고 뒤로 가니, 그들의 나아감으로 인접한 매질의 부분들을 누르고 추진시키게 되며, 누름으로써 그들을 응축시키고 압축시키게 된다. 그리고 뒤로 감으로, 그 응축되었던 부분들이 물러나며 그들 간에 확장되도록 한다.

그러므로 떠는 물체에 가장 가까운 매질의 부분들은, 번갈아가며 앞으로 그리고 뒤로 나아가게 된다. 마치 그 떠는 물체의 부분들처럼. 그리고 물체의 이 부분들이 매질의 이 부분들을 들썩여 놓는 것과 마찬가지 이유로, 이 부분들은 비슷한 떨림으로 가장 인접한 부분들을 들썩여 놓으며, 그리고 그들도 비슷하게 그 다음 부분들을 들썩여 놓으며, 이런 식으로 무한히 계속된다.

그리고 매질의 처음 부분들이 앞으로 갈 때 응축되고 뒤로 갈 때 이완되는 것처럼, 나머지 부분들도 매번 앞으로 갈 때 응축이 되고, 뒤로 갈 때 그들 사이에 이완되게 된다. 그러므로 이들 모두가 동시에 앞으로 가고 뒤로 가는 것이 아니다. (만약에 그렇다면, 이들은 서로 간에 결정된 거리들을 유지하게 되며, 번갈아 가며 희박해지고 그리고 응축되는 게 아니다.) 그런데 이들은 응축이 되는 곳에서 서로 간에 가까워지고, 희박해지는 곳에서 서로 간에 멀어지니, 어떤 것들이 앞으로 가는 동안 다른 어떤 것들은 뒤로 간다. 이것이 번갈아 가며 무한히 계속된다.

그런데 나아가는 부분들은, 나아가며 응축이 되니, 왜냐 하면 그들의 전진 운동은 장애물을 때리게 되니, 파동들이다. 그리고 따라서 모든 떠는 물체로부터 차례차례의 파동들이 똑바로 전파되게 된다. 그리고 이들은 서로 간에 거리들이 거의 같다. 물체가 그 각각의 떨림으로 그 각각의 파동을 일으키는, 시간 간격들이 같기 때문이다.

그리고 비록 물체의 떠는 부분들은 어떤 정해진 그리고 결정된 방향을 따라서 앞으로 뒤로 나아가지만, 그럼에도 파동들은, 거기에서부터 매질을 통해서 전파되며, 직전의 법칙에 따라서, 그들은 옆면들로 확장된다. 그리고 그 떠는 물체가 공통 중점인 것처럼, 거기서부터 모든 방향들로, 동심이며 거의 구형인 표면들을 따라서 전파된다.

파동들에서 이러한 예가 있다. 손가락을 떨어서 파동들을 일으키면, 손가락의 운동 방향에 따라서 이쪽 저쪽으로 진행됨은 물론이고, 즉시 손가락을 동심의 원들처럼 둘러싸서, 모든 방향들로 전파되어 나간다. 왜냐 하면 파동들의 중력이 탄성의 힘의 위치를 차지하기 때문이다.

경우 2. 그러나 만약 매질이 비탄성적이면, 그 부분들이 물체의 떠는 부분들에 의해서 응축되지 않으니, 그 운동은 즉시 매질에서 가장 쉽게 밀려나는 부분들로 전파된다. 그러니까 떠는 물체가 그 뒤쪽에 남기게 될 텅 빈 부분들로. 이 경우는 임의의 매질 속으로 물체가 투사되는 경우와 같다. 매질은 투사체에 밀려나 무한히 멀리 가는 게 아니라, 물체가 그 뒤에 남기는 공간으로, 원운동으로 들어간다.

그러므로 떠는 물체가 어떤 임의의 부분으로 나아가면, 매질은 밀려나 원을 따라서, 물체가 (뒤에) 남기는 부분으로 들어간다. 그리고 물체가 이전 위치로 되돌아올 때마다, 매질은 거기에서 밀려나 이전의 위치로 돌아가게 된다.

그리고 비록 떠는 물체가 단단하지 않고, 모든 방향으로 굽는다고 (휜다고) 하더라도, 만약 주어진 크기를 유지하면, 그 떨림으로 매질의 어느 한 위치를 누르려면, 동시에 다른 어디에서 후퇴해야만 하니, 물체는 그 매질이, 눌려진 부분으로부터 밀려나면서, 항상 둥글게 진행하여 (물체가) 후퇴한 부분들로 가도록 초래한다. [증명 끝]

딸린법칙 그러므로 불꽃의 부분들의 흔들림이, 압력이 둘레 매질들을 통해서 직선들을 따라서 전파되도록 공헌한다고 믿으면, 그것은 망상이다. 그러한 압력은 단지 불꽃의 부분만의 흔들림이 아니라, 전체의 팽창으로부터 유래되어야 한다.

법칙 44, 정리 35

도관 속의 물이 수직으로 세운 팔들 KL, MN에서 번갈아 상승 그리고 하강한다고 하자. 진자를 만들되, 매단 지점 그리고 진동의 중점 사이의 길이는 도관 속 물의 길이와 같도록 해라. 그러면 물이 상승 그리고 하강하는 것은, 진자의 진동과 시간이 같다.

나는 물의 길이를, 도관 그리고 팔들의 축들을 따라서 측정하며, 이러한 축들의 합과 같다고 놓는다. 그리고 도관의 마찰로부터 생겨나는 물의 저항은, 나는 여기서 고려하지 않는다.

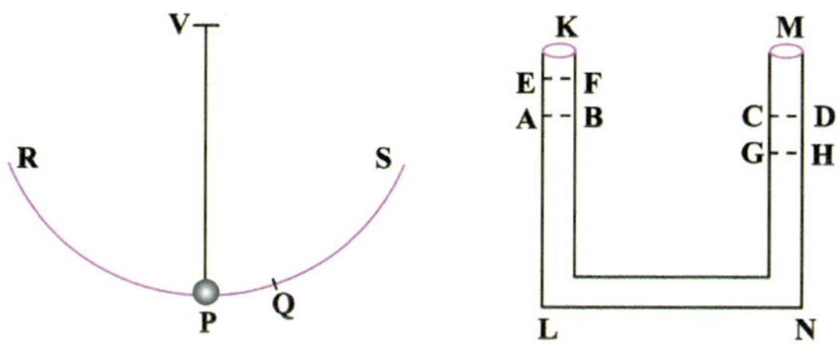

양쪽 팔들에서 물의 평균 높이를 AB, CD로 나타내자. 그리고 물이 팔 KL 속에서 고도 EF로 상승하면, 물은 팔 MN 속에서 고도 GH로 하강하게 된다. P를 진자의 추, VP를 실, V를 매단 지점, RPQS는 진자가

그리는 사이클로이드, P는 가장 낮은 지점, PQ는 고도 AE와 같은 호라고 하자.

물의 운동을 번갈아가며 가속시키고 그리고 늦추고 하는 힘은, 한 팔의 물의 무게가 다른 팔의 물의 무게보다 더 큰 초과분이다. 그러므로 팔 KL 속의 물이 EF로 상승하면, 다른 팔에서는 GH로 하강하니, 그 힘은 물 EABF 무게의 두 배이며, 따라서 전체 물 무게와의 비율이, AE 또는 PQ 대 VP 또는 PR의 비율과 같다. 무게 P가 사이클로이드의 임의의 위치 Q에서 가속되거나 또는 늦춰지게 되는 힘은 (1권 법칙 51, 딸린 법칙에 따라서) 그 전체 무게와의 비율이, 가장 낮은 지점 P로부터의 그 거리 PQ 대 사이클로이드의 길이 PR과의 비율과 같다.

그러므로 물 그리고 진자가, 같은 거리들 AE, PQ를 그리면, 동인의 힘들의 비율은, 움직여야 하는 무게들의 비율과 같다. 그러므로 만약 물 그리고 진자가 시작시 정지 상태였으면, 그 힘들이 그들을 같은 시간들 동안 같이 움직이게 되며, 상응하는 운동으로 동시에 전진 그리고 후진하도록 초래한다. [증명 끝]

딸린법칙 1 그러므로 물의 상승 그리고 하강은, 그 운동이 더 강력하든 또는 더 약하든, 모든 번갈음들이 등시(isochronous)이다.

딸린법칙 2 만약 도관 속 전체 물의 길이가 $6\frac{1}{9}$ 파리 피트이면, 물은 일 초의 시간 동안 내려가게 되고, 일 초의 시간 동안 올라가게 되며, 이렇게 번갈아 무한히 계속한다. 왜냐 하면 길이가 $3\frac{1}{18}$ 피트인 진자가 일 초의 시간 동안 진동하기 때문이다.

딸린법칙 3 그리고 물의 길이가 증가 또는 감소하면, 왕복의 시간은 길이의 제곱근의 비율로 증가 또는 감소한다.

법칙 45, 정리 36

파동들의 속력은 그 폭들의 제곱근의 비율이다.

이것은 다음 법칙의 구성으로부터 나온다.

법칙 46, 문제 10

파동들의 속력을 구하시오.

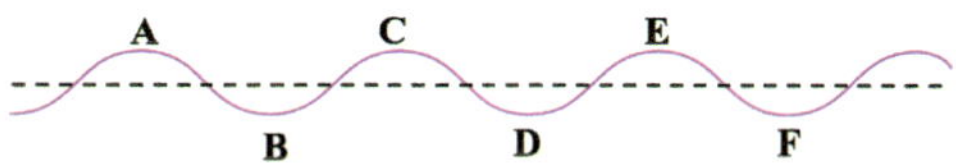

진자를 만들되, 매단 지점과 진동의 중점 사이 거리가 파동들의 폭과 같도록 해라. 그러면 진자가 그 각각의 진동들을 수행하는 시간에, 파동들은 전진하면서 거의 그들의 폭을 완성하게 된다. 파동들의 폭이라는 말은, 가장 깊은 골들 사이, 또는 가장 높은 마루들 사이의 횡단 측정을 가리킨다.

고여 있는 물의 표면이, 차례차례의 파동들로 상승 그리고 하강하는 것을 ABCDEF로 나타내자. A, C, E, …는 파도의 마루들, 그리고 B, D, F, …는 사이의 골들을 나타낸다.

그리고 파동들의 운동은 물의 차례차례의 상승 그리고 하강에 의해서 초래되며, 지금 가장 높은 A, C, E, …는 잠시 후 가장 낮아지게 된다. 그리고 가장 높은 부분들을 하강시키고, 가장 낮은 부분들을 상승시키는 동인의 힘은, 상승된 물의 무게이다. 그 번갈아의 상승 그리고 하강은, 도관 속에서 물의 왕복 운동과 유사하며, 같은 시간의 법칙들을 준수하게 된다.

그러므로 (법칙 44에 따라서) 만약 파동들의 가장 높은 위치들 A, C, E, 그리고 가장 낮은 위치들 B, D, F 사이 거리가 진자 길이의 두 배와 같으면, 가장 높은 부분들 A, C, E는, 진자가 한 번 움직이는 시간에, 가장 낮게 되고, 그리고 다른 한 번의 진동 시간에, 다시 상승하게 된다.

그러므로 각각의 파동들의 통과 사이에, 두 번의 진동들의 시간이 있다. 그러니까 진자가 두 번 진동하는 시간에, 파동은 그 폭을 그리게 된다. 그런데 같은 시간에, 길이가 네 배인 진자는, 그러니까 파동들의 폭과 같은 진자는, 한 번 진동하게 된다. [증명 끝]

딸린법칙 1 그러므로 그 폭이 $3\frac{1}{18}$ 파리 피트인 파동들은, 일 초 동안 전진하여 그들의 폭을 완결하게 된다. 그러므로 일 분의 시간 동안 $183\frac{1}{3}$ 피트 거리를 가로지르고, 한 시간에 11000피트 거리에 매우 근사하다.

딸린법칙 2 큰 또는 작은 (폭의) 파동들의 속력은, 그 폭의 제곱근의 비율로 증가 또는 감소한다.

이것은 물의 부분들이 직선으로 상승 또는 직선으로 하강한다는 가설에 바탕을 두고 있다. 그러나 그 상승 그리고 하강은 사실 원을 통해서 일어난다. 그러니 나는 이 법칙의 시간이 매우 근사하게 결정된다고 주장하였다.

법칙 47, 정리 37

파동들이 유체를 통해서 전파되면, 유체의 각각의 입자들은, 매우 짧은 왕복 운동으로 전진 그리고 후진하며, 진동하는 진자의 법칙에 따라서 항상 가속 그리고 감속된다.

AB, BC, CD, …로 연이은 파동들의 같은 거리들을 나타내자. ABC는 A에서부터 B를 향해 전파되는 파동들의 운동을 나타낸다. E, F, G는 직선 AC에 놓여 있는 매질의 세 개의 정지해 있는 물리적 점들이며, 서로 간의 거리들이 같다. Ee, Ff, Gg는 매우 짧은 같은 거리들이며, 그 점들이 각각의 떨림(진동)으로 전진 그리고 후진으로 왕복 운동하는 구간이다. ε , φ , γ 는 같은 점들의 중간의 임의의 위치들이다. 그리고 EF, FG는 물리적인 직선의 원소들 또는 그 점들 사이에 놓여 있는 매질의 직선 부분들이며, 연이은 이동들로 위치들 $\varepsilon\varphi$, $\varphi\gamma$, 그리고 ef, fg로 간다.

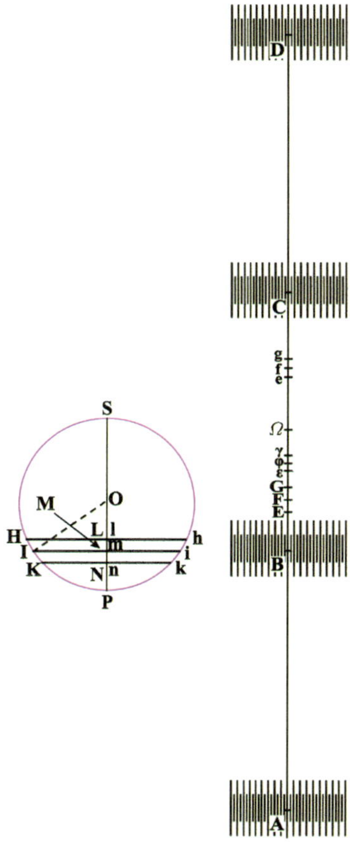

직선 Ee와 길이가 같도록 직선 PS를 그어라. 이 직선을 점 O에서 이등분하고, O를 중점으로 그리고 구간 OP로 원 SIPi를 그려라. 이 원의 전체 원둘레가 그 부분들과 더불어, 한 번의 진동 전체의 시간과 더불어

비례하는 부분들을 나타낸다고 하자. 그래서 임의의 시간 PH 또는 PHSh의 완결 이후, 만약 PS를 향해서 수직선들 HL 또는 hl을 내리긋고, PL 또는 Pl과 길이가 같도록 Ea를 잡으면, 물리적인 구멍(점) E가 ε 에서 발견된다.

이 규칙에 따라서 임의의 점 E가, E에서부터 ε 을 거쳐 e에 이르고, 그리고 거기에서부터 후진하여 ε 을 거쳐 E에 이르며, 각각의 떨림들을 진동하는 진자와 같은 정도의 가속 그리고 감속으로 행하게 된다. 매질의 각각의 물리적 점들이 그러한 운동으로 움직이게 됨을 증명해야 한다. 그러니 그 어떠한 임의의 원인에 의해서 그러한 운동이 초래되었다고 상상하고, 그로부터 무엇이 나오게 되는지 살펴보자.

원둘레 PHSh에서 (길이가) 같은 호들 HI, IK, 또는 hi, ik를 잡되, 이들은 전체 원둘레와의 비율이, (길이가) 같은 직선들 EF, FG 대 파동들의 전체 구간 BC와의 비율과 같게 되도록 해라. 그리고 수직선들 IM, KN 또는 im, kn을 내리그어라.

점들 E, F, G는 차례차례 비슷한 운동들에 의해서 들썩여지게 되고, 전진과 후진으로 구성되는 그들의 완전한 진동들을 수행하는 동안, 파동은 B에서 C로 전파된다. 만약 PH 또는 PHSh가 점 E의 운동의 시작부터의 시간을 나타내면, 그러면 PI 또는 PHSi는 점 F의 운동의 시작부터의 시간을 나타내고, PK 또는 PHSk는 점 G의 운동의 시작부터의 시간을 나타낸다. 그러므로 Eε , Fφ , Gγ 는 그 점들의 전진시에 PL, PM, PN과 각각 같고, Pl, Pm, Pn은 그 점들의 후진시에 각각 같다.

그러므로 ε γ 또는 EG + Gγ − Eε 는 점들의 전진시에 EG − LN과 같고, 후진시에 EG + ln과 같다. 그런데 ε γ 는, 매질의 EG 부분의 위치 ε γ 에서의 폭 또는 팽창이다. 그러므로 전진시 그 부분의 팽창

대 평균 팽창과의 비율은, EG − LN 대 EG이고, 후진시는 EG + ln 또는 EG + LN 대 EG이다.

그런데 LN 대 KH의 비율은 IM 대 반지름 OP의 비율과 같고, 그리고 KH 대 EG는 원둘레 PHShP 대 BC와 같다. 그러니까 만약 원둘레 길이가 파동들의 구간 BC와 같은 원의 반지름을 V라 놓으면, OP 대 V의 비율과 같다. 그리고 비례식의 같음에 따라서, LN 대 EG는 IM 대 V와 같다.

EG 부분 또는 물리적 점 F의 위치 $\varepsilon\gamma$ 에서의 팽창 대, 그 부분이 그의 처음 위치 EG에서 가지는 평균 팽창과의 비율은, 전진시 V − IM 대 V, 후진시 V + im 대 V이다.

그러므로 $\varepsilon\gamma$ 위치에서의 점 F의 탄성력 대 EG 위치에서의 그의 평균 탄성력과의 비율은, 전진시 $\frac{1}{V-IM}$ 대 $\frac{1}{V}$ 이고, 후진시 $\frac{1}{V+im}$ 대 $\frac{1}{V}$ 이다. 그리고 같은 추론으로, 물리적 점들 E, G의 탄성력들은, 전진시 $\frac{1}{V-HL}$, $\frac{1}{V-KN}$ 대 $\frac{1}{V}$ 이다.

그리고 이 힘들의 차이 대 매질의 평균 탄성력과의 비율은, $\frac{HL-KN}{VV-V\times HL-V\times KN+HL\times KN}$ 대 $\frac{1}{V}$ 이다. 그러니까 $\frac{HL-KN}{VV}$ 대 $\frac{1}{V}$, 또는 HL − KN 대 V이다. 여기서 (떨림들의 한계들이 매우 좁기 때문에) HL과 KN이 양 V보다 한없이 더 작다고 가정하면 말이다.

그런데 양 V가 주어졌으니, 힘들의 차이는 HL − KN에 비례한다. 그러니까 (왜냐 하면 HL − KN은 HK에 비례하고, OM은 OI 또는 OP에 비례하고, HK와 OP는 주어졌으니) OM에 비례한다. 그러니까 만약 Ff를

Ω에서 이등분하면, $\Omega\varphi$ 에 비례한다.

그리고 같은 추론으로, 물리적 점들 ε , γ 의 탄성력들의 차이는, 물리적 직선의 원소 $\varepsilon\gamma$ 의 후진시, $\Omega\varphi$ 에 비례한다. 그런데 그 차이는 (그러니까 점 ε 의 탄성력의 점 γ 의 탄성력에 대한 초과분) 사이에 놓여 있는 매질의 물리적 직선의 원소 $\varepsilon\gamma$ 가 전진시 가속되고 후진시 감속되는 힘이다. 그러므로 물리적 직선의 원소 $\varepsilon\gamma$ 의 가속의 힘은 떨림의 중점 Ω로부터의 그의 거리에 비례한다.

그러므로 시간은 (1권 법칙 38에 따라서) 호 PI가 옳게 나타낸다. 그리고 매질의 직선적인 부분 $\varepsilon\gamma$ 는 앞에서 언급한 규칙에 따라서 움직인다. 그러니까 진자의 진동 규칙에 따라서. 이것은 전체 매질을 구성하고 있는, 모든 직선적인 부분들에 대해서 마찬가지이다. [증명 끝]

딸린법칙 그러므로 전파되는 파동들의 개수는 떠는 물체가 진동한 횟수와 같으며, 그들의 전진에 의해서 더 많아지지 않음이 명백하다. 왜냐 하면 물리적인 직선의 원소 $\varepsilon\gamma$ 는 처음 위치로 되돌아오자마자 정지하며, 진동하는 물체의 가격에 의해서이든, 또는 진동하는 물체로부터 전파된 파동의 가격에 의해서이든, 새로운 운동이 초래되지 않으면, 더 이상 움직이지 않기 때문이다. 그러므로 진동하는 물체로부터 전파되어 오는 파동이 멎자마자, 그것은 정지하게 된다.

법칙 48, 정리 38

탄성적인 유체 속에서 전파되는 파동들의 속력들은, 탄성력의 제곱근의 비율을 바로, 그리고 밀도의 제곱근의 비율을 역으로 결합한 것에 비례한다. 만약 유체의 탄성력이 그 응축에 비례한다고 가정하면 말이다.

경우 1. 만약 매질들이 균질하고, 그리고 그 매질들 속에서 파동들의 거리들이 서로 간에 같은데, 그러나 한 매질 속에서의 운동이 더 강렬하면, 대응하는 부분들의 수축 그리고 팽창은 그 운동에 비례하게 된다. 사실 이 비율이 정확하지는 않다. 그렇지만 수축들 그리고 팽창들이 매우 강렬하지 않으면, 오차는 감지하기 어려울 정도가 되며, 그러므로 이 법칙이 물리적으로 정확하다고 간주해도 된다.

그러나 탄성의 동인력들은 수축들 그리고 팽창들에 비례한다. 그리고 같은 부분들에서 동시에 생성된 속력들은 힘들에 비례한다. 그러므로 대응하는 파동들의 같고 그리고 대응하는 부분들은, 그들의 전진 그리고 후퇴를 수축들 그리고 팽창들에 비례하는 공간들을 통해서, 동시에 행하며, 속력들도 거리들에 비례한다.

그러므로 파동들은, 전진 그리고 후진하여 그들의 폭 하나만큼의 진행을 완결하는 시간 동안, 그리고 항상 직전의 파동들의 위치들을 계승하면서, 거리들이 같기 때문에, 두 매질들에서 같은 속력들로 진행한다.

경우 2. 만약 파동들의 거리 또는 길이가 한 매질 속에서 다른 매질 속에서보다 더 크면, 대응하는 부분들이 각각의 회차에서 전진 그리고 후진하며 그리는 거리들이, 파동들의 폭들에 비례한다고 가정하자. 그러면 그들의 수축들 그리고 팽창들은 같게 된다. 그러므로 만약 매질들이 균질하면, 이들의 왕복 운동을 유발하는 탄성의 동인력들도 역시 서로 같게 된다.

그런데 이 힘들에 의해서 움직여지게 되는 물질은 파동들의 폭에 비례한다. 그리고 이들이 각각의 회차에서 전진 그리고 후진으로 움직여야 하는 거리도 같은 비율이다. 한 번의 전진 그리고 후진의 시간은, 물질의 제곱근의 비율 그리고 거리의 제곱근의 비율의 결합이니, 거리의 비율과 같다.

그런데 파동들은 한 번의 전진 그리고 후진의 시간 동안, 그들의 폭들을 완결한다. 그러니까 시간들에 비례하여 거리들을 가로지른다. 그러므로 그들은 같은 속력들을 가진다.

경우 3. 그러므로 밀도가 같고 탄성력들이 같은 매질들 속에서는, 모든 파동들이 같은 속력들을 가진다. 만약 매질의 밀도 또는 매질의 탄성력이 지향하면(증가하면), 동인력은 탄성력의 비율로 증가하고, 움직여야 할 물질은 밀도의 비율로 증가하니, 이전과 같은 운동들을 수행해 나갈 시간은, 밀도의 제곱근의 비율로 증가하게 되며, 탄성력의 제곱근의 비율로 감소하게 된다. 그러므로 파동들의 속력은, 매질의 밀도의 제곱근의 비율을 역으로, 그리고 탄성력의 제곱근의 비율을 바로 결합한 것에 비례한다. [증명 끝]

다음 법칙의 구성에 따라서, 이 법칙은 더욱 명백해질 것이다.

법칙 49, 문제 11

매질의 밀도 그리고 탄성력이 주어졌을 때, 파동들의 속력을 구하시오.

우리의 공기처럼, 기대고(내리누르고) 있는 무게에 의해서 그 매질이 압축된다고 상상하자. 그리고 A는 균질한 매질의 고도라 하고, 그 매질의 무게는 내리누르는 무게와 같고, 그 매질의 밀도는, 파동들이 전파되고 있는 압축된 매질의 밀도와 같다고 하자. 그리고 진자를 구성한다고 가정하되, 매단 지점 그리고 진동의 중점 사이 길이가 A이도록 해라. 그러면 진자가 전진과 후진으로 구성된 완전한 진동을 완결하는 시간 동안, 같은 파동은 반지름 A로 그린 원의 둘레와 같은 거리를 나아가게 된다.

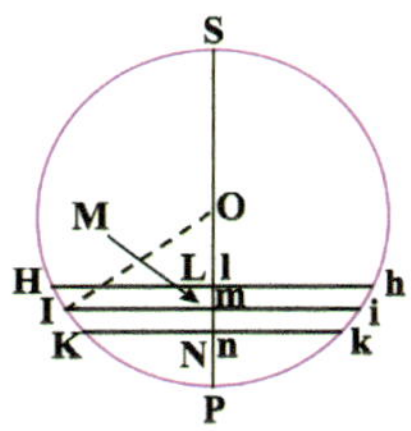

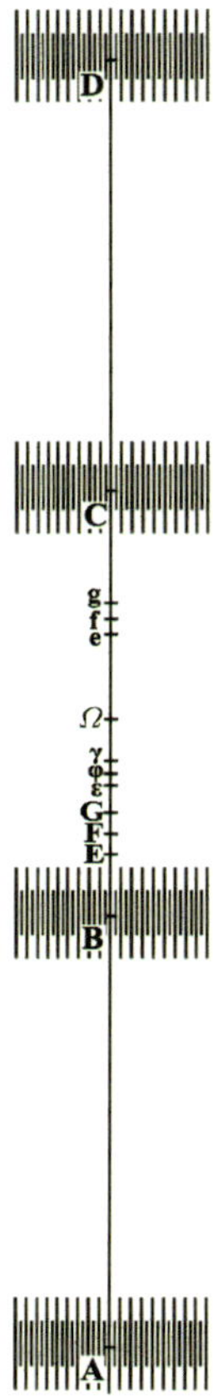

왜냐 하면 법칙 47에서 구성한 상태에서, 만약 임의의 물리적인 직선 EF가, 각각의 하나의 진동으로 거리 PS를 그리고, 각각의 전진 그리고 후진의 끝들에서 위치들 P 그리고 S에서, 그 자신의 무게와 같은 탄성력이 작용한다고 하면, 그것은 각각의 하나의 진동을 수행하는 시간이, 그 경계선이 전체 길이 PS와 같은 사이클로이드에서 진동할 수 있는 시간과 같다. 이렇게 되는 까닭은, 같은 힘들이 같은 (무게의) 물체들을 같은 거리들을 통해서 동시에 추진시키기 때문이다.

그런데 진동들의 시간들은 진자들의 길이의 제곱근에 비례하고, 진자의 길이는 사이클로이드 전체 호의 절반과 같으니, (파동의) 한 번의 진동의 시간 대 그 길이가 A인 진자의 진동 시간과의 비율은, 길이 $\frac{1}{2}$PS 또는 PO 대 길이 A의 비율의 제곱근과 같다.

그런데 물리적인 직선의 원소 EG에게, 그 끝들의 위치들 P, S에서 가해지는 탄성력은, (법칙 47에서 증명하였듯이) 그 전체 탄성력과의 비율이 HL − KN 대 V이다. 그러니까 (이제 점 K는 P에 놓이니) HK 대 V이다. 그리고 그 전체 힘은, 그러니까 직선의 원소 EG를 압축시키며 내리누르는 무게는, 그 직선의 원소의 무게와의 비율이, 내리누르는 무게의 고도 A 대 직선의 원소의 길이 EG와의 비율과 같다.

그러므로 비례식의 같음에 따라서, 직선의 원소 EG에게 P 그리고 S 위치들에서 가해지는 힘 대 그 직선의 원소의 무게와의 비율은, HK×A 대 V×EG, 또는 PO×A 대 VV의 비율과 같다. 왜냐 하면 HK 대 EG는 PO 대 V이기 때문이다.

그런데 같은 (무게의) 물체들이 같은 거리들로 추진되는 시간들은, 힘들의 비율의 제곱근에 역으로 비례하니, 탄성력의 작용에 의한 한 번 진동의 시간 대 무게의 작용에 의한 진동의 시간과의 비율은, VV 대 PO×A의 비율의 제곱근과 같으며, 따라서 길이가 A인 진자의 진동 시간과의 비율이, VV 대 PO×A의 비율의 제곱근과, PO 대 A의 비율의 제곱근을 결합한 것과 같다. 그러니까 V 대 A 의 완전한 비율과 같다.

그런데 전진과 후진으로 구성된 한 번의 진동 시간 동안, 파동은 그 폭 BC만큼의 진행을 완성한다. 그러므로 파동이 거리 BC를 가로지르는 시간 대, 진자가 전진과 후진으로 구성된 한 번의 진동을 하는 시간과의 비율은, V 대 A이다. 그러니까 BC 대 반지름이 A인 원의 둘레와의 비율과 같다.

그런데 파동이 거리 BC를 가로지르는 시간 대, 파동이 이 원둘레와 같은 길이를 가로지르는 시간과의 비율은, 같은 것들의 비율이다. 그러므로 그러한 진동의 시간 동안, 파동은 이 원둘레와 같은 거리를 가로지른다. [증명 끝]

딸린법칙 1 파동들의 속력은, 무거운 물체들이 일정한 가속 운동으로 하강하여서, 고도 A의 절반을 그릴 때 획득하는 속력이다. 왜냐 하면 이 하강의 시간 동안, 하강으로 획득한 속력으로 움직인다면, 파동은 전체 고도 A와 같은 거리를 가로지르게 되기 때문이다.

그러므로 전진과 후진으로 구성된 한 번의 진동 시간 동안, 반지름 A로 그린 원의 둘레와 같은 거리를 가로지른다. 이 하강의 시간 대 진동 시간과의 비율이, 원의 반지름 대 같은 원의 둘레와의 비율과 같기 때문이다.

딸린법칙 2 그러므로 그 고도 A는 유체의 탄성력에 바로 비례하고, 유체의 밀도에 역으로 비례하니, 파동들의 속력은, 밀도의 비율의 제곱근을 역으로, 탄성력의 비율의 제곱근을 바로 결합한 것에 비례한다.

법칙 50, 문제 12

파동들의 거리들을 구하시오.

그 떨림으로 파동을 불러일으키는 물체의, 주어진 시간에서의 진동 횟수를 구하여라. 같은 시간 동안 그 파동이 나아가는 거리를, 그 횟수로 나누어라. 그러면 나오는 답이, 파동의 하나의 폭이다. [증명 끝]

설명

직전의 법칙들은 빛과 소리의 운동들에 관해서이다. 왜냐 하면 빛은 직선들을 따라서 전파되니, 작용 혼자만으로 (법칙 41, 법칙 42에 따라서) 구성될 수 없다. 소리의 경우 떠는 물체들로부터 생겨나니, 법칙 43에 따라서, 소리란 공기의 파동들이 전파되는 것에 불과하다. 이 사실은, 마치 북소리들처럼, 소리가 매우 강하고 깊으면, 대상 물체들에게 떨림을 불러일으키는 것으로 확인이 된다. 그러나 빠르고 짧은 떨림들은 불러일으키기가 더 어렵다.

그렇지만 어떠한 소리이든, 물체의 현들을 동조하여 가격하면,

떨림들을 불러일으킴이 잘 알려져 있다. 소리의 속력으로부터 역시 이것을 확인할 수 있다. 빗물 그리고 수은의 비중들의 서로 간의 비율은 약 1 대 $13\frac{2}{3}$ 이다. 그리고 기압계에 든 수은의 고도가 30 영국 인치일 때, 공기 그리고 빗물의 비중들의 서로 간의 비율은 약 1 대 870이고, 공기 그리고 수은의 비중들의 비율은 1 대 11890이 된다.

그러므로 수은의 고도가 30인치일 때, 균질한 공기의 고도는, 그 무게가 그 아래 우리의 공기를 압축시키려면, 356700인치 또는 29725 영국 피트가 되어야 한다. 위의 문제의 구성에서 A라고 부른 그 고도가 바로 이것이다.

반지름이 29725피트로 그린 공의 둘레는 186768피트이다. 그리고 길이가 $39\frac{1}{5}$ 인치인 진자가 전진 그리고 후진으로 구성된 진동을 완결하는 시간은 2초임이 알려져 있다. 그러니 길이가 29725피트, 또는 356700인치인 진자는, 그와 같은 진동을 $190\frac{3}{4}$ 초의 시간에 완결하게 된다. 그러므로 그 시간 동안 소리는 186768피트 거리를 진행하며, 따라서 일 초의 시간 동안 979피트 거리를 진행한다.

그런데 이 계산에서, 공기의 단단한 입자들의 두께를 고려하지 않았다. 소리는 물론 순식간에 그 두께에 전파된다. 공기의 무게 대 물의 무게의 비율은 1 대 870이고, 소금은 물에 비해서 비중이 거의 두 배이다. 만약 공기 입자들의 밀도가 물 또는 소금과 거의 같다고 가정하면, 그리고 공기의 옅음(밀도가 낮음)이 입자들의 간격들로부터 생겨난다면, 공기의 입자의 지름 대 입자들의 중점들 사이 간격과의 비율은, 약 1 대 9 또는 10이 될 것이다. 그리고 입자들 사이의 간격과의 비율은, 약 1 대 8 또는 9가 될 것이다.

그러니 위에서 계산한 것에 따르면, 소리는 일 초 동안 979피트를 나아가는데, 여기에다 $\frac{979}{9}$ 또는 약 109피트를 더해야 할 것 같다. 공기 입자들의 두께를 고려한 것이다. 그러니 소리는 일 초 동안 약 1088 피트를 나아갈 것이다.

여기에 추가적으로 공기 속에 숨어 있는 증기들이 있는데, 탄성력도 다르고 톤(tone)도 다르니, 소리가 전파되는 공기의 진정한 운동에 거의 또는 전혀 참여하지 못할 것이다. 만약 이들이 정지해 있으면, 그 운동은 진짜 공기만을 통해서 더 빠르게 전파될 것이며, 부족한 물질의 제곱근의 비율이 될 것이다.

그래서 만약 대기가 진짜 공기 10 부분들 그리고 증기 1 부분으로 구성되어 있으면, 진짜 공기 11 부분들 속을 소리가 전파되는 것보다, 소리들의 운동은 11 대 10의 제곱근의 비율로, 또는 약 21 대 20의 정수비로 더 빠를 것이다. 그러니 위에서 구한 소리의 속력을, 이 비율에 따라서 증가시켜야 한다. 그러므로 소리는, 일 초의 시간 동안, 1142 피트를 나아가게 된다.

봄 그리고 가을철에는 이렇게 될 것이다. 공기가 열에 의해서 열어지고, 그 탄성력이 약간 지향되기(증가하기) 때문이다. 그러나 겨울철에는 추위에 의해서 공기가 수축되고, 탄성력이 누그려뜨려지니, 소리들의 속력은 밀도의 제곱근의 비율로 느려지게 된다. 반면에 여름철에는 더 빨라지게 된다.

게다가 실험들을 통해서, 일 초의 시간 동안, 소리는 1142 런던 피트 또는 1070 파리 피트 내외를 나아감이 확립되었다.

소리들의 속력을 구하였으니, 파동들의 구간들도 알 수 있다. 소버(Joseph Sauveur)는 자신의 실험들을 통해서, 길이가 5 파리 피트 내외인 열린 관이 내는 소리가, 현악기의 줄이 일 초에 100번 떨면서 내는 소리와 같은 톤(tone)임을 알았다. 그런데 소리는 일 초 동안 1070 파리 피트 거리를 진행하고, 그 속에 100개 내외의 파동들이 들어 있으니, 파동 한 개가 차지하는 거리는 거의 $10\frac{7}{10}$ 파리 피트이다. 그러니까 관 길이의 약 두 배이다. 그러니 열린 관들이 내는 소리는 모두, 파동들의 폭들이 관 길이의 두 배와 같다고 추정된다.

게다가 소리를 내는 물체의 운동이 멎으면 소리가 왜 즉시 멎게 되는지, 우리가 소리를 내는 물체로부터 매우 멀리 떨어져 있다 하더라도, 매우 가까이 있는 경우에 비해서, 전혀 더 오랜 시간 듣게 되지 못함이, 이 책의 법칙 47에 딸린 법칙으로부터 명백하다.

그리고 앞의 원리들로부터, 메가폰 관의 소리들은 왜 크게 증가하는지가 명백하다. 모든 왕복 운동이 생성시키는 근원의 각각의 반복에 의해서 증가하기 때문이다. 그리고 관 속에서의 운동은 소리들의 확장을 방해하며, 손실이 느려지고 반사를 강화하여서, 따라서 각각의 반사마다 새로운 운동의 가세에 의해서 증가한다.

그리고 이것들이 소리들의 중요한 현상들이다.

제 9 장

유체의 회전 운동

[가설]

유체의 부분들이 매끄럽지 않기 때문에 생기는 저항은, 여타 사항들이 같으면, 유체의 부분들이 서로 간에 분리되는(갈라지는) 속력에 비례한다.

법칙 51, 정리 39

한없이 긴 고체 원기둥이, 균질하고 끝없는 유체 속에서, 위치가 주어진 축의 둘레에서 일정한 회전 운동을 한다고 하자. 그리고 유체는 이 기동력에만 의해서 들썩여져 원을 따라서 움직이며, 유체의 각각의 부분들이 그의 일정한 운동을 유지한다고 하자. 그러면 유체의 부분들의 주기의 시간들은, 원기둥의 축으로부터 그들의 거리에 비례한다.

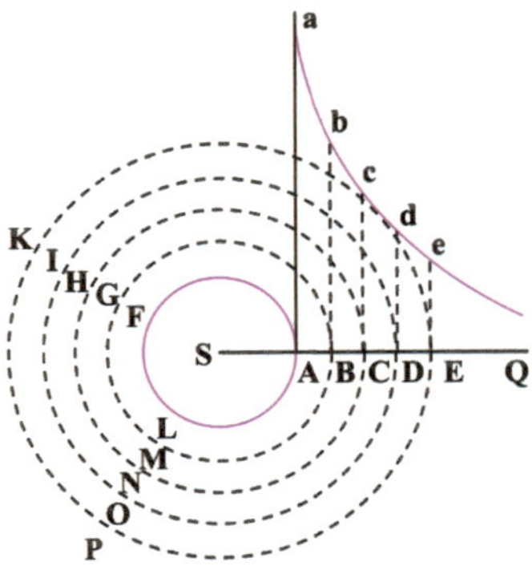

원기둥 AFL이 축 S의 둘레에서 원을 따라서 기동한다고 하자. 그리고 동심원들 BGM, CHN, DIO, EKP, … 로, 유체를 같은 두께의 한없이 많은 동심의 원기둥형 껍질들(orbes cylindricos)로 분리하여라. 그리고 이 유체는 균질하니, 접하는 껍질들이 서로 간에 가하는 영향들은, 그들

서로 간의 이동들에 비례하며, 그리고 영향들이 가해지는 접하는 표면적들에 비례한다.

만약 임의의 껍질에서 그 영향이 오목한 면에서 볼록한 면보다 더 크거나 또는 더 작으면, 더 강한 영향이 압도하여서, 그 (강한) 영역에서 그 운동과 같은 방향인지 또는 반대 방향인지에 따라서, 껍질의 운동은 가속 또는 감속될 것이다. 그러므로 각각의 껍질들이 그 일정한 운동을 유지하려면, 양쪽 면들에서의 영향들이 서로 크기가 같고, 반대 영역들로 만들어져야 한다.

그런데 영향들은 접하는 표면적들 그리고 그들 서로 간의 이동들에 비례하니, 이동들이 표면적들에 역으로 비례해야 한다. 그러니까 그 축으로부터 표면들의 거리들에 역으로 비례해야 한다. 그리고 축의 둘레에서의 각운동들의 차이들은, 이 이동들을 거리들로 나눈 것에 비례한다. 또는 이동들에 바로 비례하고 거리들에 역으로 비례한다. 그러니까 비율들을 결합하면, 거리들의 제곱들에 역으로 비례한다.

그러므로 만약 무한히 긴 직선 SABCDEQ의 각각의 부분들에서 수직선들 Aa, Bb, Cc, Dd, Ee, …를 세우되, 그 길이가 SA, SB, SC, SD, SE, …를 제곱한 것에 역으로 비례하도록 하고, 이 수직선들의 끝점들을 지나도록 쌍곡형 곡선을 그으면, 그 차이들이 합은, 그러니까 전체 각운동들은, 직선들 Aa, Bb, Cc, Dd, Ee, …의 대응하는 합들에 비례한다. 그러니까, 만약 매질을 균질한 유체로 구성하기 위해서, 껍질들의 개수를 한없이 증가시키고 그 두께를 한없이 감소시키면, 이 합들에 대응하는, 쌍곡형 도형의 넓이들 AaQ, BbQ, CcQ, DdQ, EeQ, …에 비례한다.

그리고 (주기의) 시간들은 각운동들에 역으로 비례하니, 역시 이 넓이들에 역으로 비례한다. 그러므로 임의의 입자 D는 그 주기가 넓이 DdQ에 역으로 비례한다. 그러므로 (곡선 도형의 넓이를 알려진 방법으로 구하면) 거리 SD에 바로 비례한다. [증명 끝]

딸린법칙 1 그러므로 유체의 입자들의 각운동들은 원기둥의 축으로부터 그들의 거리들에 역으로 비례하고, 그리고 절대 속력들은 같다.

딸린법칙 2 유체가 한없이 긴 원기둥형 통 속에 담겨 있고, 다른 내부 원기둥을 담고 있어서, 각각의 원기둥들이 (외부 원통 그리고 내부 원기둥이) 공통인 축에 대해서 회전하고, 회전들의 시간들은 그들의 반지름들에 비례한다고 하자. 그리고 유체의 각각의 부분이 그 운동을 유지한다고 하자. 그러면 각각의 부분들의 주기의 시간들은 원기둥들의 (공통인) 축으로부터 그들의 거리들에 비례한다.

딸린법칙 3 만약 이런 방식으로 운동하는 원기둥과 유체에게, 임의의 공통 각운동을 더해 주거나 또는 빼 주면, 이 새로운 운동에 의해서 유체의 부분들 상호 간의 마찰은 변화하지 않으니, 부분들 서로 간의 운동들은 변화하지 않는다. 왜냐 하면 부분들 상호 간의 이동들은 마찰에 의존하기 때문이다. 어떠한 부분이든, 양쪽 면들에서의 반대 방향들로의 마찰에 의해서, 감속되는 것보다 더 가속되지 않으면, 그 운동을 유지할 것이다.

딸린법칙 4 그러므로 원기둥들 그리고 유체의 전체 체계(system)에서, 외부 원통의 모든 각운동을 빼고 나면, 정지해 있는 (외부) 원통 속의 유체의 운동을 얻게 된다.

딸린법칙 5 유체 그리고 외부 원통이 정지해 있고, 내부 원기둥이 일정하게 회전한다고 하자. 그러면 원운동(회전 운동)을 유체에게 전달하게 되며, 전체 유체 속으로 차츰 전파될 것이다. 이러한 과정은, 유체의 각각의 부분들이 딸린 법칙 4에서 정의된 운동을 획득할 때까지, 멈추지 않을 것이다.

딸린법칙 6 그리고 유체는 그 자신의 운동을 더욱 바깥으로 전파하려 하니, 만약 외부 원통을 강하게 묶어 두지 않으면, 외부 원통도 역시 이 기동력에 따라서 회전하게 된다. 그리고 그 운동은 가속이 되어서, 결국 두 원기둥들은 (내부 원기둥과 외부 원통은) 주기의 시간들이 서로 간에 같아지게 된다.

만약 외부 원통을 강하게 묶어 두면, 그것은 유체의 운동을 늦추려고 노력한다. 그래서 내부 원기둥이 바깥으로부터의 어떤 힘이 가해져서 그 운동을 유지하지 않는 한, 외부 원통은 그것이 점차 멎도록 만든다.

이 모든 것들은 고여 있는 깊은 물에서 실험해 볼 수 있다.

법칙 52, 정리 40

고체인 구가, 균질하고 끝없는 유체 속에서, 위치가 주어진 축의 둘레에서 일정한 회전 운동을 한다고 하자. 그리고 유체는 이 기동력에만 의해서 들썩여져 원을 따라서 움직이며, 유체의 각각의 부분들이 그의 일정한 운동을 유지한다고 하자. 그러면 유체의 부분들의 주기의 시간들은, 구의 중점으로부터 그들의 거리들의 제곱들에 비례한다.

경우 1. 구 AFL이 그 축 S에 대해서 일정하게 회전한다고 하자. 동심의 원들 BGM, CHN, DIO, EKP, …로, 유체를 (양파 껍질처럼) 한없이 많고 두께가 같은 동심의 구형 껍질들(orbes)로 분리하여라. 이제 그 껍질들이 고체라고 상상하자. 그런데 그 유체는 균질하니, 접하는 껍질들이 서로 간에 가하는 영향은 (가설에 따라서) 서로 간의 이동들에 비례

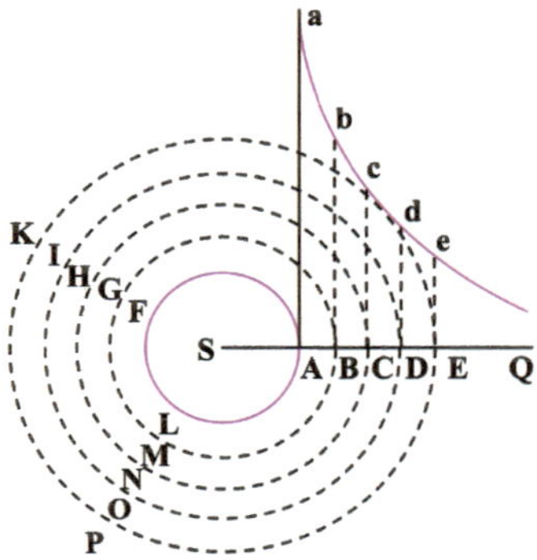

하고, 그 영향들이 가해지는 접하는 표면적들에 비례한다.

만약 임의의 껍질에서 그 영향이 오목한 면에서 볼록한 면보다 더 크거나 또는 더 작으면, 더 강한 영향이 압도하여서, 그 (강한) 영역에서 그 운동과 같은 방향인지 또는 반대 방향인지에 따라서, 껍질의 속력은 가속 또는 감속될 것이다. 그러므로 각각의 껍질들이 그 일정한 운동을 유지하려면, 양쪽 면들에서의 영향들이 서로 크기가 같고, 반대 영역들로 만들어져야 한다.

그런데 영향들은 접하는 표면적들 그리고 그들 서로 간의 이동들에 비례하니, 이동들이 표면적들에 역으로 비례해야 한다. 그러니까 그 중점으로부터 표면들의 거리들의 제곱들에 역으로 비례해야 한다. 그리고 축의 둘레에서의 각운동들의 차이들은, 이 이동들을 거리들로 나눈 것에 비례한다. 또는 이동들에 바로 비례하고 거리들에 역으로 비례한다. 그러니까 비율들을 결합하면, 거리들의 세제곱들에 역으로 비례한다.

그러므로 만약 무한히 긴 직선 SABCDEQ의 각각의 부분들에서 수직선들 Aa, Bb, Cc, Dd, Ee, …를 세우되, 그 길이가 SA, SB, SC, SD, SE, …를 세제곱한 것에 역으로 비례하도록 하면, 그 차이들이 합은, 그러니까 전체 각운동들은, 직선들 Aa, Bb, Cc, Dd, Ee, …의 대응하는 합들에 비례한다. 그러니까 (만약 매질을 균질한 유체로 구성하기 위해서, 껍질들의 개수를 한없이 증가시키고 그 두께를 한없이 감소시키면) 이 합들에 대응하는, 쌍곡형 도형의 넓이들 AaQ, BbQ, CcQ, DdQ, EeQ, …에 비례한다.

그리고 주기의 시간들은 각운동들에 역으로 비례하니, 역시 이 넓이들에 역으로 비례한다. 그러므로 임의의 궤도 DIO는 그 주기의 시간이 넓이 DdQ에 역으로 비례한다. 그러니까, 곡선 도형의 넓이를 알려진 방법으로 구하면, 거리 SD의 제곱에 바로 비례한다. 이것이 내가 우선 증명하려 한 것이다.

경우 2. 구의 중점으로부터 가능한 한 많은 개수의 무한 직선들을 긋되, 이들이 주어진 축과 만드는 각들이, 서로 간에 일정한 차이들로 초과하도록 해라. 그리고 이 직선들을 축의 둘레에서 회전시켜서, 껍질들(orbes)을 무수히 많은 고리(annulus, 환형)들로 자른다고 생각하자. 그러면 각각의 고리는 네 개의 고리들과 접하고 있다. 하나는 안쪽, 다른 하나는 바깥쪽, 그리고 둘은 옆쪽.

안쪽 그리고 바깥쪽의 마찰에 의해서, 각각의 고리에게 같은(크기의) 힘들이 반대 방향들로 가해지려면, 경우 1의 규칙에 따라서 운동해야만 한다. 이것은 경우 1의 증명에 따라서 명백하다. 그러므로 구에서부터 직선을 따라 무한히 쌓여 있는 임의의 고리들의 열은, 경우 1의 규칙에 따라서 움직여야 한다. 옆쪽 고리들의 마찰에 의해서 방해받지 않는다면 말이다. 그런데 이 규칙에 따라서 운동이 만들어지면, 옆쪽 고리들의 마찰이 없다. 그러므로 이 규칙에 따라서 만들어진 운동을 방해하지 않는다.

만약 중점에서부터 거리가 같은 고리들이, 적도 근처에서보다 극 근처에서 더 빨리 회전하거나 더 느리게 회전하면, 상호 간의 마찰에 의해서, 느린 것은 가속이 될 것이고, 빠른 것은 감속이 될 것이다. 그러므로 주기의 시간들은 항상 같아지도록 수렴하며, 경우 1의 규칙을 따르게 된다.

그러므로 이러한 마찰은, 경우 1의 규칙에 따른 운동이 만들어짐을 전혀 방해하지 않으며, 그러니 경우 1의 규칙이 지배하게 된다. 그러니까 각각의 고리의 주기의 시간은, 공의 중점으로부터 그들의 거리들의 제곱들에 비례한다. 이것이 내가 두 번째로 증명하려 한 것이다.

경우 3. 각각의 고리를 횡의 단면들로 분할하여서, 절대적 그리고 균질한 유체의 물질을 구성하는 무수한 입자들로 만들어라. 그리고 이렇게 자르는 것은 회전 운동의 규칙과는 아무런 상관이 없으며, 다만 유체의 구성에 기여할 뿐이다. 그러니 원운동(회전 운동)은 이전과 같이 유지될 것이다.

이렇게 자름에 따라서, 한없이 작은 모든 고리들은, 상호 간의 마찰의 힘 그리고 거칠음이 변화하지 않거나, 또는 같이 변화한다. 그리고 원인들의 비율이 그대로 유지되니, 결과들의 비율도 유지된다. 그러니까 운동들 그리고 주기 시간들의 비율이 유지된다. [증명 끝]

그런데 회전 운동, 그리고 그로부터 생겨나는 원심력은, 극들에서보다 적도에서 더 크다. 그러니 각각의 입자들이 그들의 원들에 그대로 억제되려면, 어떤 원인이 있어야 한다. 그렇지 않다면, 적도에서의 물질은 항상 중점으로부터 멀어지며, 바깥의 소용돌이를 통해서 극들로 이주하게 된다. 거기에서 축들을 따라서 적도로 되돌아오며, 순환을 영원히 계속한다.

딸린법칙 1 그러므로 유체의 부분들의 구의 축에 대한 각운동들은 구의 중점으로부터 거리들의 제곱들에 역으로 비례하고, 그 절대 속력들은 같은 제곱들을 축으로부터 거리들로 나눈 것에 역으로 비례한다.

딸린법칙 2 만약 균질하고 무한하며 정지해 있는 유체 속에서, 구가 위치가 주어진 축에 대해서 일정한 속력으로 회전하면, 그 운동을 소용돌이의 형태로 유체에게 전달하게 되며, 이 운동은 차츰 무한히 멀리 전파되어 나간다. 유체의 각각의 부분은 가속되기를 계속하여서, 마침내 각각의 부분들의 주기의 시간들이 구의 중점으로부터 거리들의 제곱들에 비례하게 된다.

딸린법칙 3 소용돌이의 안쪽 부분들은 그들의 속력이 더 빠르기 때문에, 바깥 부분들을 마찰하고 누르게 되며, 그 작용으로 그들의 운동을 계속해서 전달하며, 그리고 그 바깥 부분들은 같은 양의 운동을 더 바깥으로 동시에 전달한다. 그 작용에 의해서, 그들 자신의 운동의 양은 전혀 바뀌지 않고 유지된다.

운동은 중점으로부터 소용돌이의 둘레로 계속해서 전달되며, 무한한 둘레에서 흡수됨이 명백하다. 소용돌이와 동심인 임의의 두 구면들 사이의 물질은 전혀 가속이 되지 않는다. 왜냐 하면 안쪽 물질로부터 받은 모든 운동을 바깥쪽으로 항상 전달하기 때문이다.

딸린법칙 4 그러므로 소용돌이가 계속 같은 운동 상태를 유지하려면, 어떤 작용(활동)의 근원이 요구되며, 구는 소용돌이의 물질에게 가해 주는 것과 같은 양의 운동을, 그 근원으로부터 항상 받아야 한다. 그러한 근원이 없으면, 구 그리고 소용돌이 안쪽 부분이 항상 그들의 운동을 바깥쪽으로 전달해 주고, 새로운 운동을 받지 못하니, 필연적으로 점차 느려지게 되며, 회전 운동을 멈추게 된다.

딸린법칙 5 다른 어떤 구가 이 소용돌이 속에, 중점으로부터 어떤 거리에서 떠 있으며, 그리고 한편 주어진 기울기의 축에 대해서, 어떤 힘에 의해서 계속 회전한다고 하자. 그러면 이 운동에 의해서, 유체는 (새로운) 소용돌이 속으로 빠져들게 될 것이다. 그리고 처음에는 이 새롭고 작은 소용돌이가 그 구와 더불어, 다른 (원래) 구의 중점의 둘레에서 회전할 것이며, 그리고 한편 그의 운동이 널리 퍼져 나가, 점차 무한히 멀리 전달될 것이다. 처음 소용돌이처럼 말이다.

그리고 이 (새로운) 구가 다른 (기존의) 소용돌이 운동에 의해서 휩쓸린 것처럼, 같은 이유로 다른 (기존의) 구가 이 운동에 의해서 휩쓸리게 되며, 그래서 두 구들은 다른 어떤 중간의 점에 대해서 회전하게 될 것이며, 그 회전 운동 때문에 서로 간에 멀어지게 될 것이다. 다른 어떤 힘에 의해서 억제되지 않는다면 말이다.

그 이후, 그 구들이 그들의 운동들을 지속하도록 만들어 주는, 계속 가해지는 힘들이 만약 사라져 없어지면, 그리고 모든 것들이 역학의 법칙들에게 맡겨지면, 구들의 운동은 (딸린 법칙 3, 4에서 제시한 이유에 따라서) 점차 시들해질 것이며, 소용돌이들은 결국 멈추게 된다.

딸린법칙 6 만약 다수의 구들이 주어진 장소들에서 그 위치(방향)들이 주어진 축들의 둘레에서 어떤 속력들로 계속 회전한다면, 같은 개수의 소용돌이들이 무한히 전파될 것이다. 왜냐 하면 각각의 구들은, 하나가 그 운동을 무한히 전파하는 것과 같은 이유로, 그들의 운동들을 역시 무한히 전파하게 된다. 그러니 무한한 유체의 각각의 부분은 모든 구들의 작용들의 결과로 불러일으켜진 운동으로 움직이게 된다.

그러므로 소용돌이들은 어떤 한계들로 제한되지 않으며, 서로 간에 점차 흘러들어가게 된다. 그리고 구들은, 서로 간의 소용돌이들의 작용들에 따라서, 그들의 장소들로부터 계속 움직이게 된다. 이는 직전의 딸린 법칙에서 설명한 바 있다. 그리고 그들은 서로 간에 어떤 위치를 유지할 수 없다. 다른 어떤 힘에 의해서 제한되지 않는다면 말이다.

구들에게 계속 가해져서 그 운동들을 유지하게 하는, 그 힘들이 멎으면,

딸린 법칙 3, 4에서 제시한 이유에 따라서, 물질은 점차 정지하게 되며, 소용돌이로 움직이지 않게 된다.

딸린법칙 7 만약 균질한 유체가 구형 물통(용기) 속에 밀폐되어 있고, 중점에 위치한 구가 일정한 회전 운동으로 (유체에게) 소용돌이를 불러일으키면, 그리고 구와 물통이 같은 축에 대해서 같은 방향으로 회전하고, 그들의 주기의 시간들이 반지름들의 제곱들에 비례한다면, 유체의 부분들은 가속 그리고 감속 없이 그들의 운동들을 계속 유지할 수 없으며, 마침내 그들의 주기의 시간들이 소용돌이의 중점으로부터 거리들의 제곱들에 비례하게 된다. 소용돌이들의 다른 어떠한 구성도 영구적이지 않다.

딸린법칙 8 물통, 내포된 유체, 그리고 구가 이 운동을 유지하면서, 추가적으로 주어진 임의의 축에 대해서 공통인 각운동으로 회전한다고 하자. 그러면 유체의 부분들의 상호 간의 마찰은 이 새로운 운동에 의해서 변화하지 않으니, 부분들의 서로 간의 운동들은 변화하지 않는다.

왜냐 하면 부분들 서로 간의 이동들은 마찰에 의존하기 때문이다. 임의의 부분이 그 운동을 유지하게 되니, 한 면에서의 (그 운동에 따른) 마찰에 의해서 느려지는 정도가, 다른 한 면에서의 (그 운동에 따른) 마찰에 의해서 가속되는 정도보다 더 크지 않다.

딸린법칙 9 그러므로 만약 물통이 정지해 있고, 구의 운동이 주어지면, 유체의 운동이 주어지게 된다. 왜냐 하면 구의 축을 지나는 한 평면이 반대 운동으로 회전한다고 생각하자. 그리고 이 회전의 시간과 구의 회전의 시간의 합 대 구의 회전의 시간의 비율이, 물통의 반지름의 제곱 대 구의 반지름의 제곱의 비율과 같다고 하자. 그러면 이 평면에 대한 유체의 부분들의 주기의 시간들은, 구의 중점으로부터 그들의 거리들의 제곱들에 비례하게 된다.

딸린법칙 10 따라서 만약 물통이 구와 같은 축에 대해서 움직이든, 또는 다른 축에 대해서 주어진 임의의 속력으로 움직이든, 유체의 운동이 주어지게 된다. 왜냐 하면 전체 체계(system)에서 물통의 각운동을 빼고 나면, 딸린 법칙 8에 따라서 모든 운동들은 서로 간의 관계가 이전과 같다. 그리고 이 운동들은 딸린 법칙 9에 따라서 주어지게 된다.

딸린법칙 11 만약 물통과 유체가 정지해 있고, 구가 일정한 운동으로 회전하면, 그 운동이 점차 물통 속의 전체 유체에게 전달되며, 그리고 물통도 강하게 묶여 있지 않으면 회전하게 된다. 물통과 유체는 가속되기를 멈추지 않아서, 마침내 그 주기의 시간들이 구의 주기의 시간과 같아지게 된다.

그러나 만약 물통이 어떤 힘에 의해서 묶여 있거나, 또는 임의의 지속적이고 일정한 운동으로 회전하면, 매질은 점차 딸린 법칙 8, 9, 10에서 정의해 놓은 운동 상태에 수렴하며, 그 이외의 다른 어떠한 상태도 계속 유지될 수 없다.

그런데 만약, 물통과 구가 정해진 운동들로 회전하도록 만드는 힘들이 사라지고, 전체 체계가 역학의 법칙들에게 맡겨지면, 물통과 구는 그 중간의 유체를 통해서 상호 간에 작용하며, 유체를 통해서 그들의 운동들을 서로 간에 전파하기를 멈추지 않을 것이며, 마침내 그들의 주기의 시간들이 서로 간에 같아져서, 전체 체계가 하나의 고체처럼 회전하게 된다.

설명

이 모든 것들에서, 나는 유체가 일정한 밀도와 유동성의 물질로 구성되었다고 가정하고 있다. 유체가 그러하여서, 주어진 구가 유체의 어떠한 곳에 배치되든, 같은 운동으로, 같은 간격의 시간 동안, 닮은꼴이며 같은 운동들을, 항상 서로 같은 거리들로, 전파시킬 수 있다.

실제로 물질은 그 회전 운동으로 소용돌이의 축으로부터 멀어지려고 하며, 그러니 따라서 더 먼 모든 물질을 누르게 된다. 이 압력으로부터 부분들의 마찰이 더 강해지며, 상호 간에 분리가 더 어려워진다. 그리고 따라서 그 물질의 유동성이 감소한다.

다시, 만약 유체의 부분들이 어떤 곳에서 더 진하거나 또는 더 크면, 유동성은 거기에서 더 작을 것이다. 왜냐 하면 부분들을 상호 간에 분리시키는 표면들이 더 적기 때문이다. 이러한 경우들에는, 유동성의 부족이 부분들의 매끄러움 또는 유연성 또는 다른 어떤 조건으로 회복된다고 나는 가정하고 있다. 만약 이렇게 만들어지지 않으면, 덜 유동적인 곳에서 유체는 더 응집하고 더 느려질 것이다. 따라서 운동을 더 느리게 받고, 위에서 구한 비율보다 더 멀리 전파해 줄 것이다.

만약 물통의 형태가 구형이 아니면, 입자들은 원이 아니라 용기의 형태와 일치하는 곡선들을 따라서 움직인다. 그리고 주기의 시간들은 중점으로부터 평균 거리들의 제곱들에 매우 근사하게 비례하게 된다.

중점과 둘레 사이 부분들에서, 공간들이 더 넓은 곳에서는 운동들이 느려질 것이고, 좁은 곳에서는 빨라질 것이다. 그렇지만 빠른 입자들이 둘레를 찾지는 않을 것이다. 왜냐 하면 그들은 덜 굽은 곡선들을 그리고 되고, 중점으로부터 멀어지려는 시도는, 이 곡률의 감소에 따라서 줄어드는 것이, 속력의 증가에 따라서 늘어난 것보다 작지 않기 때문이다.

좁은 공간들에서 더 넓은 곳으로 나아가면, 그들은 중점으로부터 약간 더 멀어지지만, 이 멀어짐으로 느려지게 된다. 그리고 이후에 넓은 곳에서 좁은 곳으로 접근함에 따라서 가속이 되며, 그러니 각각의 입자들은 번갈아가며 느려지고 그리고 가속되기를 영원히 계속한다. 이것들이 이렇게 되는 것은 단단한 물통(용기) 속에서이다. 왜냐 하면 무한한 유체 속에서의 소용돌이의 구성은 이 법칙의 딸린 법칙 6에서 구하였기 때문이다.

그런데 내가 이 법칙에서 소용돌이의 성질들을 조사하기 위해서 애를 쓴 까닭은, 천체들의 현상들을 소용돌이를 사용하여 설명할 수 있는지 따져 보기 위해서이다. (천체들의) 현상으로, 목성의 둘레를 회전하는 위성들의 주기의 시간들은 목성의 중점으로부터 거리들의 1.5승에 비례한다. 그리고 같은 규칙이 해의 둘레를 회전하는 행성들에게도 지배적이다. 게다가 천문학 관측들이 현재에 이르기까지 제시한 바에 따르면, 이 규칙들은 두 종류의 행성들에게 가능한 한 정확하게 성립한다. 그러므로 만약 목성 그리고 해의 둘레를 회전하는 행성들(그리고 위성들)이 소용돌이들에 의해서 운반된다면, 이 소용돌이들도 반드시 같은 규칙에 따라서 회전해야 한다.

그러나 소용돌이들의 부분들의 주기의 시간들은, 운동의 중점으로부터 거리들의 제곱에 비례하는 것으로 구해졌다. 그 비율이 감소되어서 1.5승의 비율이 되려면, 소용돌이의 물질이 중심에서 멀면 멀수록 더 유동적이 되거나, 또는 유체의 부분들이 매끄러움이 부족해서 생겨나는 저항이, 유체의 부분들이 상호 간에 분리되는 속력이 증가함에 따라서, 그 속력의 증가보다 더 큰 비율로 증가하여야 한다.

그러나 이들 중 어느 것도 합리적이지 않다. 더 진하고 덜 유동적인 부분들은, 중심을 향해서 무게가 작용하지 않으면, 둘레를 찾게 된다. 그리고 비록 내가 이 장의 시작 부분에서, 증명을 간단하게 하기 위해서,

저항은 속력에 비례한다는 가설을 제시하였지만, 그렇지만 저항은 속력의 그것보다 더 작은 비율일 것 같다. 이것을 받아들이면, 소용돌이의 부분들의 주기의 시간들은 중점으로부터 그들의 거리들의 제곱의 비율보다 더 크게 된다.

그런데 만약 소용돌이들이 (어떤 사람들의 의견처럼) 중점 근처에서 더 빨리 움직이고, 그 다음에 어떤 한계(경계)에 이르기까지 더 느려지고, 그 다음에 둘레 근처에서 다시 빨라진다면, 1.5승의 비율은 고사하고, 그 어떠한 고정되고 결정된 비율도 성립할 수 없음이 명백하다. 그러니 소용돌이를 가지고 어떻게 1.5승의 비율의 현상을 설명할 수 있는지, 철학자들이 알아내기 바란다.

법칙 53, 정리 41

물체가 소용돌이 속에 운반되어서, 같은 궤도로 되돌아오면, 그 물체는 소용돌이와 밀도가 같다. 그리고 운동의 속력과 방향의 결정에 관련하여, 소용돌이의 부분들과 같은 규칙에 따른다.

왜냐 하면 만약 소용돌이의 어떤 작은 부분이 있어서, 그 입자들 또는 물리적 점들이 서로 간에 주어진 위치를 유지한다면, 얼어붙어 있다고 가정하자. 이것은 그 밀도가 바뀌지 않고, 내재된 힘 또는 형태도 변화하지 않으니, 이전과 같은 규칙에 따라서 움직이게 된다.

그리고 역으로, 만약 유체에서 얼어붙어 고체인 부분이 유체의 나머지 부분들과 밀도가 같다면, 이것이 녹아 유체가 된다고 하자. 이것은 이전과 같은 규칙에 따라서 움직이게 된다. 그렇지만 그 입자들이, 이제 유체가 되었으니, 서로 간에 움직일 수 있다. 그러므로 입자들 서로 간의 운동은 무시하자. 전체의 전진 운동과 아무런 상관이 없으며, 전체의 운동은 이전과 같기 때문이다.

그런데 그 운동은, 중점으로부터 같은 거리인 소용돌이의 다른 부분들의 운동과 같게 된다. 왜냐 하면 그 고체가 녹아서 유체가 되면, 소용돌이의 한 부분이 되며, 다른 부분들과 모든 면에서 같기 때문이다. 그러므로 만약 고체가 소용돌이의 물질과 밀도가 같으면, 그것은 (소용돌이의) 부분들과 같은 운동으로 움직이게 되며, 접하여 둘러싼 물질들과 상대적으로 정지해 있게 된다.

만약 고체의 밀도가 더 높으면, 이전에 비해서 더 강하게 소용돌이의 중점으로부터 멀어지려 한다. 그러므로 소용돌이의 그 힘은, 그것에 의해서 이전에 그 궤도에 유지되어 있었으니, 평형 상태를 유지하였으며, 이제 그것을 능가하여서, 고체는 중점으로부터 멀어져서, 회전하면서 나선을 그리며, 더 이상 같은 궤도로 돌아가지 않는다. 그리고 같은 추론으로, 만약 밀도가 더 낮으면, 중점으로 접근하게 된다.

그러므로 유체와 밀도가 같지 않으면, 같은 궤도로 돌아가지 않는다. 그리고 그 경우는, 소용돌이의 중점으로부터 같은 거리인 유체의 부분들과 같은 규칙에 따라서 회전하게 됨을 증명하였다. [증명 끝]

딸린법칙 1 그러므로 고체가 소용돌이 속에서 회전하면서 항상 같은 궤도로 되돌아가면, 그것이 잠겨 있는 유체 속에서 상대적으로 정지해 있다.

딸린법칙 2 그리고 만약 소용돌이의 밀도가 일정하면, 같은 물체는 소용돌이의 중점으로부터 임의의 거리에서 회전할 수 있다.

설명

그러므로 행성들은 유체의 소용돌이에 의해서 운반되는 게 아님이 이것으로부터 명백하다. 왜냐 하면 코페르니쿠스의 가설에 따르면, 행성들은 해의 둘레에서 운반되면서, 초점이 해에 놓이는 타원을 따라서 회전하며, 해로 그은 반지름들이 시간들에 비례하는 넓이들을 그린다. 그러나 소용돌이의 부분들은 그러한 운동으로 회전할 수 없다.

해 S의 둘레에 그린 세 개의 원들을 AD, BE, CF로 나타내자. 이들 중 가장 바깥의 원 CF는 해를 중점으로 가지고, 안쪽 두 원들의 원일점들을 A, B라 하고, 근일점들을 D, E라 하자.

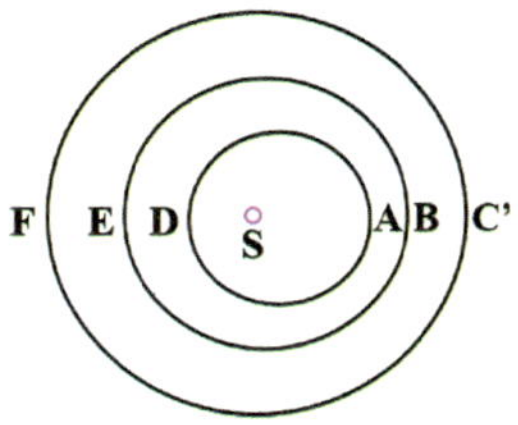

그러므로 궤도 CF를 따라서 회전하는 물체는, 해에게로 그은 반지름이 시간들에 비례해서 넓이들을 그리면, 일정한 운동으로 움직이게 된다. 그렇지만 궤도 BE를 따라서 회전하는 물체는, 천문학 법칙들에 따르면, 원일점 B에서 느리게 그리고 근일점 E에서 빠르게 움직이게 된다. 그렇지만 역학 법칙들에 따르면, 소용돌이의 물질은 D와 F 사이의 넓은 공간에서보다 A와 C 사이의 좁은 공간에서 더 빨리 움직여야 한다. 그러니까 근일점보다 원일점에서 더 빠르다. 이 둘은 서로 간에 모순된다.

그러니 처녀자리의 시작 부분에서, 현재 화성의 원일점이 놓여 있는데, 화성과 금성의 궤도들 사이의 거리 대, 물고기자리의 시작 부분에서 그 두 궤도들의 거리와의 비율은, 약 3 대 2 비율이다. 그러므로 그 궤도들 사이의 소용돌이 물질은, 물고기자리 시작 부분이 처녀자리 시작 부분에 비해서, 3 대 2 비율로 빨라야 한다. 왜냐 하면 공간이 좁으면, 같은 양의 물질이 한 번 회전의 같은 시간 동안 통과해야 하니, 더 빠른 속력으로 통과해야 한다.

그러므로 만약 지구가 이 천체 물질 속에 상대적으로 정지해 있어서, 그것에 의해 운반되어서, 더불어 해의 둘레를 회전하면, 물고기자리 시작 부분에서 그 속력 대 처녀자리 시작 부분에서 그 속력과의 비율은, 1.5 비율이다. 그러므로 처녀자리 시작 부분에서 해의 겉보기 운동은 하루에 (각의 단위로) 70분 이상이어야 하고, 물고기자리 시작 부분에서 하루에 48분 이하이어야 한다.

그렇지만 (경험이 확인해 주듯이) 해의 이 겉보기 운동은 처녀자리 시작 부분에서보다 물고기자리 시작 부분에서 더 빠르며, 그러므로 지구는 물고기자리 시작 부분에서보다 처녀자리 시작 부분에서 더 빠르다.

그러므로 소용돌이들의 가설은 천문학 현상들과 완전히 어긋나며, 천체들의 운동들을 설명하기보다 오히려 훼방하는 데 기여하고 있다. 그렇지만 자유로운 공간들 속에서 이 운동들이 어떻게 수행되는지는, 제 1권으로부터 이해할 수 있으며, 이제 (제 3권) 태양계의 체계에서 더욱 완전하게 설명할 것이다.

프린키피아 제2권 물체들의 움직임 (저항이 있는 공간)

개정판 발행 2024년 12월 10일

지은이 유클리드
옮긴이 이무현
펴낸이 오판근
펴낸곳 (주) 교우
주 소 서울시 동대문구 약령시로 8 교우빌딩 2층 (주)교우
전 화 02-925-2861 / **팩 스** 02-925-2860. **편집부** 02-925-2825
홈페이지&북스토어 www.kyowoo.co.kr / **이메일** kyowoo@kyowoo.co.kr

등 록 1994년 3월 24일 제1994-000013호
ISBN 978-89-8172-124-4 (94420) / 978-89-8172-090-2 (세트)

Published by Kyowoo Co., Ltd. Printed in Korea

값 25,000원

교우미디어는 (주) 교우의 Imprint 사입니다.
수학정원·과학정원은 (주) 교우의 새로운 브랜드명입니다.

잘못된 책은 구입하신 서점에서 교환해 드립니다.